河南省"十四五"普通高等教育规划教材

精密与特种加工技术
（第 3 版）

明平美　马文锁　何文斌　　主　编

秦　歌　郑建新　王明环

明五一　杨晓红　　副主编

电子工業出版社.

Publishing House of Electronics Industry

北京·BEIJING

内 容 简 介

本书融合了"精密与超精密加工技术"、"特种加工"、"3D 打印技术"和"微纳加工技术"等课程的核心教学内容，以此为基础构建了本书的知识体系，重点讲解精密与特种加工技术的基本原理、工艺特点和典型应用。全书共 10 章，涉及精密、超精密切削与磨料加工，热作用、电化学作用、化学作用、机械作用等能量作用的特种加工及其复/组合加工、3D 打印、微纳加工与 MEMS 等内容。除了第 1 章，其他章均附有典型案例和拓展知识，便于读者加深理解。

本书可作为高等工科院校机械设计制造及其自动化专业的教材，也可作为从事机械制造业的工程技术人员的参考书。

图书在版编目（CIP）数据

精密与特种加工技术 / 明平美，马文锁，何文斌主编. —3 版. —北京：电子工业出版社，2024.1
 ISBN 978-7-121-47202-2

Ⅰ. ①精⋯ Ⅱ. ①明⋯ ②马⋯ ③何⋯ Ⅲ. ①精密切削－高等学校－教材②特种加工－高等学校－教材
Ⅳ. ①TG506.9②TG66

中国国家版本馆 CIP 数据核字（2024）第 020923 号

责任编辑：郭穗娟

印　　刷：北京虎彩文化传播有限公司
装　　订：北京虎彩文化传播有限公司
出版发行：电子工业出版社
　　　　　北京市海淀区万寿路 173 信箱　　　邮编　100036
开　　本：787×1092　1/16　印张：19.75　　字数：505.6 千字
版　　次：2011 年 3 月第 1 版
　　　　　2024 年 1 月第 3 版
印　　次：2025 年 1 月第 2 次印刷
定　　价：79.80 元

凡所购买电子工业出版社图书有缺损问题，请向购买书店调换。若书店售缺，请与本社发行部联系，联系及邮购电话：(010)88254888，88258888。

质量投诉请发邮件至 zlts@phei.com.cn，盗版侵权举报请发邮件至 dbqq@phei.com.cn。

本书咨询联系方式：(010)88254502，guosj@phei.com.cn。

第 3 版前言

精密与特种加工技术在工业生产中得到了广泛应用，已成为集成电路、先进制造、高端装备等领域的核心支撑。新材料、新结构、新应用场景的大量涌现，使得精密与特种加工技术的发展极为迅速，相关知识更新明显加快。为此，编者对第 2 版的内容进行了全面系统的更新，并在每章结尾增加了思政素材、拓展知识、典型案例等内容。

本书汇聚了精密与超精密加工、特种加工、3D 打印、微纳加工等领域的基础知识和最新进展，包括各种加工技术的基本原理、工艺特点、承载装备、主要应用和发展趋势等内容，力求体现知识性、可读性、思想性和实用性。

本书各章的编写分工如下：河南理工大学明平美教授编写第 1 章的 1.1～1.3 节，河南科技大学马文锁教授编写 1.4～1.5 节，河南理工大学郑建新教授编写第 2 章、第 3 章的 3.1 节和第 7 章的 7.1 节，郑州轻工业大学何文斌教授编写第 4 章的 4.1 节，郑州轻工业大学明五一副教授编写第 4 章的 4.2～4.4 节，河南理工大学鹤壁工程技术学院杨晓红副教授编写第 5 章和第 8 章，浙江工业大学王明环教授编写第 6 章，河南理工大学秦歌副教授编写第 3 章的 3.2～3.3 节、第 7 章的 7.2～7.5 节和第 9～10 章。全书由明平美、马文锁、何文斌担任主编并负责审稿和统稿，秦歌、郑建新、王明环、明五一、杨晓红担任副主编。

在本书编写过程中，编者参阅了国内外同行有关资料，得到了特种加工技术界许多专家和朋友的支持与帮助，在此对相关人员表示衷心感谢。

由于本书涉及的内容广泛且相关技术发展速度很快，限于编者的技术水平，疏漏和不当之处在所难免，殷切地希望广大师生及读者提出宝贵意见。

编者的电子信箱：mingpingmei@163.com

编者

2023 年 6 月

第 2 版前言

精密、微细与特种加工是先进制造技术的重要组成部分。它们在工业生产与高科技产品研发中的地位与作用越来越高。基于它们的技术发展与进展，并结合高等学校工科专业教学改革的需求，本书在继承第 1 版特色的基础上进行了不少内容更新与增删。

本书涵盖了原机械制造类专业教学中精密与超精密加工、特种加工、增材制造、微细加工与微机电系统等课程的教学内容。以系统讲述精细与特种加工工艺为目的，以加工过程的主要能量来源及其作用形式为主线，以阐明各加工技术的基本原理与方法为基础，以实现物理、化学和复/组合加工的综合交叉和融合为重点，以激发和培养学生创新意识、创新思维和创新能力为目标，力图构建出集精细加工、特种加工、复/组合加工与增材制造为一体的现代精密与特种加工技术体系。

本书各章的编者如下：河南理工大学明平美教授（第 1 章、第 8 章）；河南理工大学郑建新教授（第 2 章、第 3 章、第 7 章）；青岛理工大学彭子龙副教授（第 4 章）；青岛科技大学王蕾副教授（第 5 章、第 6 章）；河南理工大学秦歌副教授（第 9 章、第 10 章）。全书由明平美任主编，负责组稿、审稿和统稿，郑建新、秦歌、彭子龙、王蕾任副主编。

在本书编写过程中，编者参阅了国内外同行有关资料，得到了特种加工技术界许多专家和朋友的支持与帮助。河南理工大学特种加工技术与装备研究团队的不少研究生也参与了大量的编辑与整理工作，在此对相关人员表示衷心感谢。

由于本书涉及的内容广泛且相关技术发展速度很快，限于编者的技术水平，疏漏和不当之处在所难免，殷切地希望广大师生及读者提出宝贵意见。

编者的电子信箱：
明平美：mingpingmei@163.com

编者

2018 年 8 月

第 1 版前言

为满足高等院校机械制造类专业宽口径的培养要求和适应高等教育课程体系更加系统化和综合化的发展趋势，结合现代加工技术发展及近年来专业教学改革与探索的实践，把目前众多机械制造类专业常开的特种加工、精密加工等课程的内容系统性综合，编写了《精密与特种加工技术》一书。

本教材在编写中具有以下几个特色。

1. 集成性

现代机械制造技术的发展呈现出高度综合集成趋势，各学科、专业之间不断渗透、交叉和融合，其界限逐渐模糊。在教材内容构建方面着力突出其系统集成性，以拓宽知识视野和树立通识教育观。

2. 逻辑性

各种加工方法的根本区别是其加工原理，现代加工技术分类的主要基础是其能量来源及其作用形式。本教材按加工方法的能量作用形式，从常规机械能到非常规能，从单一能量、复合能量到组合能量，串接各种加工技术，以便读者理解各加工技术的本质特点。

3. 先进性

各式各样的新的应用需求，新产品、新材料的出现，不断推动现代加工技术的创新与发展。在教材内容取舍方面，在确保其基础内容系统完整的基础上，尽可能地吸收本领域及相关领域的最新发展成果，使教材具有鲜明的时代特征。

4. 实用性

精细加工、特种加工和复合加工都是现代机械制造业生产中常用的最重要的加工技术，也是先进制造工艺技术的重要组成部分。本教材突破了传统模式，将精细加工、特种加工和复合加工有机地整合为一体，并按能量来源及其作用形式来编排，是教材建设与改革的新尝试。此外，各项技术的讲述均力求结合实际应用进行，最大限度地凸显其实用性。

本书涵盖了原机械制造类专业教学中精密与超精密加工、特种加工、微细加工等课程的教学内容。以系统讲述精细与特种加工工艺为目的，以加工过程的主要能量来源及其作用形式为主线，以阐明现代加工技术的基本原理与方法为基础，以实现物理、化学和复合加工的综合交叉和融合为重点，以激发和培养学生创新意识、创新思维和创新能力为目标，力图构建出集精细加工、特种加工和复合加工技术为一体的现代精密与特种加工技术体系。

本书各章的编者如下：河南理工大学明平美（第 1 章、第 8 章）；河南理工大学郑建新（第 2 章、第 7 章）；河南理工大学杨志波（第 3 章、第 4 章（合编）、第 9 章）；南阳理工学院李国慧（第 4 章（合编））；郑州航空工业管理学院马高山（第 4 章（合编）、第 6 章）；黄河科技学院邹景超、杨汉嵩（第 5 章）。全书由明平美任主编，负责审稿、统稿，杨志波、郑建新任副主编。

　　由于本书编写是一种探索和尝试，疏漏和不当之处在所难免，殷切地希望广大师生及读者提出宝贵意见。

编　者

2011 年 5 月

目　　录

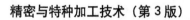

第1章 绪 论

本章重点

（1）精密加工、超精密加工的定义。
（2）特种加工技术的定义与特点。
（3）特种加工技术对机械制造工艺技术的影响。

1.1 精密与超精密加工的产生与主要特点

机械制造技术的主要发展趋势一是自动化与智能化，二是精密化和高效化。精密与超精密加工技术已经成为在国际竞争中取得成功的关键技术。这是因为，一方面，许多高技术产品需要高精度制造；另一方面，发展尖端技术、国防工业、微电子工业等都需要精密与超精密加工制造出来的仪器、设备和装备予以保障。当前现代制造技术的前沿——极端制造与智能制造，也需要精密与超精密加工技术作为发展基础。此外，从现实生产角度看，提高加工精度有利于提高产品的性能与质量、工作稳定性与可靠性，有利于增强零件的互换性和装配效率，并促进产品小型化。

目前，工业发达国家的一般工厂能稳定掌握的加工精度是 1 μm。与此相对应，通常将加工精度在 0.1～1 μm、加工表面粗糙度 Ra 在 0.02～0.1 μm 之间的加工方法称为精密加工，而将加工精度高于 0.1 μm 且加工表面粗糙度 Ra 小于 0.01 μm 的加工方法称为超精密加工。

精密与超精密加工，不是指某一特定的加工方法，也不是指比某一给定的加工精度高一个数量级的加工技术，而是指在机械加工领域中，某个历史时期所能达到的最高数量级或最高加工精度的各种精密加工方法的总称。精密与超精密加工的精度界限，在不同的时代与科学发展阶段有不同的标准。例如，在瓦特时代发明蒸汽机时，加工汽缸的精度是用厘米级衡量的，能达到毫米级的精度即超精密加工。从那以后，大约每 50 年，加工精度便提高一个数量级；进入 20 世纪以后，大约每 30 年加工精度提高一个量级，1900—2000 年加工精度的演变如图 1-1 所示。目前，人类已经实现了原子级加工精度。

也可以按去除或堆叠材料的最小尺度划分加工方法。物质是由原子组成的，从机械破坏的角度看，最小则是以原子为单位（原子的大小为几埃，即 Å，$1\text{Å}=10^{-8}\text{cm}$）的破坏。在加工中以原子为单位去除和堆叠材料是加工的极限。从这一角度可以把接近于加工极限的加工技术称为超精密加工。去除单位及其相关因素如图 1-2 所示。有时，人们把光整加工、精整加工和微细加工也归为精密与超精密加工。但实际上，它们是有区别的。光整加工主要指降低表面粗糙度和提高表层物理性能和力学性能的一些加工方法，如研磨、抛光、珩磨、无屑加工（滚压加工）等。精整加工兼顾提高精度和提高表面质量。微细加工主要是指制造微小尺寸特征和零件的加工方法。

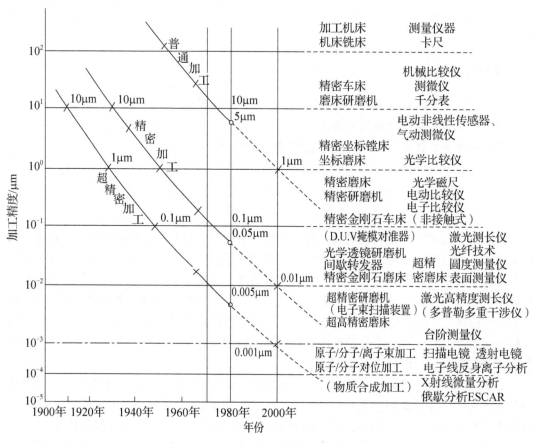

图 1-1　1900—2000 年加工精度的演变

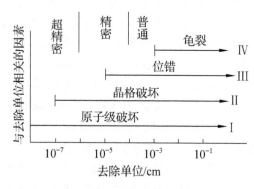

图 1-2　去除单位及其相关因素

2

实际上,加工精度的提高不仅取决于加工方法的选择,还与很多因素有关,如加工原理、被加工材料、加工设备、工艺装备、工件的定位与夹紧、检测与误差补偿、工作环境和人的技艺等。可见,加工精度是由综合因素共同决定的。一般而言,精密与超精密加工有如下特点:

(1) 基于创造性原则,精密与超精密加工一般需要专门机床或辅以特别工艺手段/仪器设备,才能达到加工要求。

(2) 材料微量去除或堆叠。

(3) 需要高性能的综合制造工艺系统。

(4) 需要借助特种加工或复合加工手段。

(5) 自动化程度高。

(6) 加工检测一体化,精密与超精密加工,不仅要进行离线检测,而且时常需要在线检测和误差补偿。

就加工方法来说,精密与超精密加工主要包括 3 个领域:

(1) 超精密切削加工,如超精密金刚石刀具切削,可加工各种镜面,它成功地解决了高精度陀螺仪、激光反射镜和某些大型反射镜的加工。

(2) 精密与超精密磨削、研磨和抛光,如大规模集成电路和高精度硬磁盘的加工。

(3) 精密特种加工,如电子束加工和离子束加工等。

1.2 特种加工技术的产生与主要特点

传统的机械加工在漫长的历史发展进程中,极大地推进了人类生产和物质文明的进步。例如,汽缸镗床的发明与不断改进,最终解决了蒸汽机主要部件(汽缸)的精密加工难题,才使蒸汽机得以广泛应用,进而引起了世界性的第一次工业革命。这一事例说明,新加工方法与新装备对人类科技进步、社会经济发展等有重大推动作用。

第一次世界大战以后,车削、镗削和铣削等机械切削加工技术已经得到比较广泛的应用,机械制造进入工业化规模生产阶段。从 20 世纪 30 年代末开始,许多工业部门,尤其是国防工业部门对产品的要求逐渐向高精度、高速度、高温、高压、大功率、小型化等方向发展。为了适应这些要求,各种新材料、新结构和新形状的零件大量涌现,对加工精度、表面粗糙度与完整性的要求也越来越高,使机械制造面临如下问题。

(1) 解决难切削材料的加工问题,如硬质合金、钛合金、耐热钢、不锈钢、淬火钢、金刚石、宝石、石英、锗、硅等高硬度、高强度、高韧性、高脆性的金属及非金属材料的加工。

(2) 解决复杂型面和结构的加工问题,如喷气涡轮机叶片、整体涡轮、发动机机匣以及锻压模和注塑模的立体成型表面,各种冲模、冷拔模上特殊截面的型孔,炮管内膛线,喷油嘴、栅网、喷丝头上的异型小孔、窄缝等的加工。

(3) 解决超精密表面的加工问题,如对表面质量和精度要求很高的航空航天用陀螺仪、

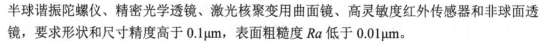

半球谐振陀螺仪、精密光学透镜、激光核聚变用曲面镜、高灵敏度红外传感器和非球面透镜，要求形状和尺寸精度高于 0.1μm，表面粗糙度 Ra 低于 0.01μm。

（4）解决特殊零件的加工问题，如大规模集成电路、复印机和打印机的感光鼓、微纳米级特征尺度零件、细长轴、薄壁零件、弹性元件等低刚度零件的加工。

要解决上述加工问题，仅依靠传统的切削加工方法是很难实现的。于是，人们一方面深入研究和揭示机械能在切削加工中的新作用形式及其原理，以大幅度提高加工精度和表面质量；另一方面探索除机械能以外的电能、化学能、声能、光能、磁能等能量形式在加工中的应用，旨在开发出新的加工方法。特种加工技术就是在这种要求的驱动下产生和发展起来的。例如，1943 年，苏联的拉扎林柯夫妇在研究开关触点因火花放电而被电蚀损坏的有害现象和原因时，发现电火花的瞬时高温可使局部的金属熔化、气化而被蚀除，开创和发明了电火花加工方法，并用铜丝在淬火钢上加工出小孔，实现了用软的工具进行硬金属材料的加工，首次摆脱了传统切削加工的惯性思维，直接利用电能和热能来去除金属，获得"以柔克刚"的效果。这些加工方法不必使用常规刀具对工件材料进行切削加工，为了区别于金属切削加工，国内把这类加工统称为特种加工，国外把这类加工称为非传统加工（Nontraditional Machining，NTM）或非常规机械加工（Nonconventional Machining，NCM）。

与切削加工不同，特种加工不是依靠比工件材料更硬的刀具、磨具和主要借助机械能作用来实现材料去除和堆叠的，而是有自己内在的本质特点：

（1）不是主要依靠机械能，而是主要用其他形式的能量 （如电能、化学能、光能、声能、热能等）去除和堆叠材料。

（2）工具硬度可以比被加工材料的硬度低，可以实现"以柔克刚"，如水射流加工。此外，使用激光、电子束等加工时甚至没有成型的工具。

（3）在加工过程中工具和工件之间大都无明显的机械力作用，例如，在电火花加工或电解加工过程中工具与工件不接触。

总体而言，特种加工可以加工任何硬度、强度、韧性、脆性的金属或非金属材料，并且擅长加工复杂形状、微细尺度和低刚度等特殊几何形状或性能特征的结构与零件。此外，不少特种加工方法还是获得超精密加工精度、镜面光整加工精度和纳米级（原子级）加工精度的重要手段。

特种加工技术不仅可以单独使用，还可以复合使用。近年来，复合加工方法发展迅速，应用日益广泛。目前，许多精密与超精密加工方法采用了激光加工、电子束加工、离子束加工等特种加工工艺，开辟了精密与超精密加工的新途径。一些高硬度、高脆性的难加工材料和刚度差、加工中易变形的零件等，在进行精密与超精密加工时，特种加工已经成为优先手段，甚至是唯一的手段，由此组成精密与特种加工技术。

精密与特种加工技术的发展，尤其是电加工、刻蚀加工等技术的长足发展，促进了硅加工技术的出现，从而使加工技术也进入一个新纪元，逐渐形成以"高速、高效、精密、微细、智能化、绿色化"为特征的现代加工技术体系。

1.3 精密与特种加工的分类

特种加工方法的分类至今还没有明确的标准，常常根据需要进行分类，因此有多种不同的分类方法。精密与特种加工按成型原理和特点分类，可统分为去除加工、增材加工、结合加工、变形加工四大类。根据应用目的不同，精密与特种加工也可大致归纳为如图 1-3 所示的基本分类。按加工方法的原理分类，精密与特种加工还可分为传统加工、特种加工、复合加工。传统加工是指使用刀具进行的切削加工以及磨削加工；特种加工是指利用特殊形式的机械能、光能、电能、声能、热能、化学能、磁能、原子能等能量形式进行加工的方法；复合加工是指采用两种或两种以上加工方法的复合作用（其中包括传统加工和特种加工的复合、特种加工与特种加工的复合）进行优势互补、相辅相成的加工。目前，在制造业中，占主要地位的仍然是传统加工方法，而特种加工和复合加工是极其重要的辅助加工方法，并且在国防、高新技术产品制造中的占比越来越大。表 1-1 列出了按切削加工、磨料加工、特种加工、复合加工分类的常用精密加工方法，及其所用的工具、所能达到的精度和表面粗糙度、被加工材料及应用情况等。

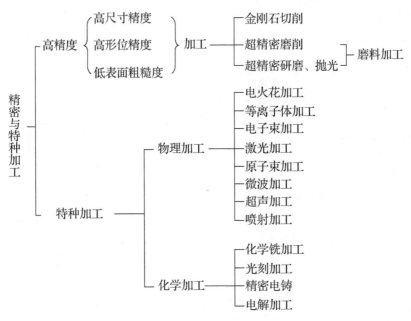

图 1-3 精密与特种加工的基本分类

到目前为止，包括机械能在内的几乎所有的能量形式，如电能、光能、声能、热能、化学能、生物能等，都已经应用于加工中。这些能量形式有单独使用的，也有复合使用的。

现代加工方法的发展与创新的重要途径之一是通过能量形式的复合或组合实现的。因此，直接按承担工件"加工"（如去除、堆叠、变形等）任务的主要能量形式划分特种加工方法，可能更加有助于理解某种具体加工技术的加工原理与本质，也有助于创造新的加工技术。例如，依据是否主要依靠机械能，可把加工方法分为传统加工方法与特种加工方法。又如，按作用能量源的数量，特种加工方法可分为单一能量特种加工方法和复合能量特种加工方法。常用的精密与特种加工方法分类见表1-2。

表 1-1 常用精密与特种加工方法

分类	加工方法		加工工具		精度/μm	表面粗糙度 Ra/μm	被加工材料	典型应用
切削加工	切削加工	精密、超精密车削	天然单晶金刚石刀具、人造聚晶金刚石刀具、立方氮化硼刀具、陶瓷刀具、硬质合金刀具		1～0.1	0.05～0.008	金刚石刀具有色金属及其合金	球、磁盘、反射镜
		精密、超精密铣削						多面棱体
		精密、超精密镗削						活塞销孔
		微孔钻削	硬质合金钻头、高速钢钻头		20～10	0.2	低碳钢、铜、铝、石墨、塑料	印制电路板、石墨模具、喷嘴
磨料加工	磨削	精密、超精密砂轮磨削	氧化铝、碳化硅立方氮化硼、金刚石等磨料	砂轮	5～0.5	0.05～0.008	黑色金属、硬脆材料、非金属材料	外圆、孔、平面
		精密、超精密砂带磨削		砂带				平面、外圆磁盘、磁头
	研磨	精密、超精密研磨	铸铁、硬木、塑料等硬质研具，氧化铝、碳化硅、金刚石等磨料		1～0.1	0.025～0.008	黑色金属、硬脆材料、非金属材料	外圆、孔、平面
		油石研磨	氧化铝油石、玛瑙油石、电铸金刚石油石					平面
		磁性研磨	磁性磨料				黑色金属	外圆去毛刺
		滚动研磨	固结磨料、游离磨料、起化学或电解作用的液体		10～1	0.01	黑色金属等	型腔
	抛光	精密、超精密抛光	抛光器、氧化铝、氧化铬等磨料		1～0.1	0.025～0.008	黑色金属、铝合金	外圆、孔、平面
		弹性发射加工	聚氨酯球抛光器、高压抛光液		0.1～0.001	0.025～0.008	黑色金属、非金属材料	平面、型面
		液体动力抛光	带有楔槽的工作表面抛光器、抛光液		1～0.1	0.025～0.008	黑色金属、非金属材料、有色金属	平面、圆柱面
		水合抛光	聚氨酯抛光器、抛光液		1～0.1	0.01	黑色金属、非金属材料	平面
		磁流体抛光	非磁性磨料、磁流体		1～0.1	0.01	黑色金属、非金属材料、有色金属	平面
		挤压研抛	黏弹性物质、磨料		5	0.01	黑色金属等	型面或型腔去毛刺、倒棱
		喷射加工	磨料、液体		5	0.01～0.02	黑色金属等	孔、型腔
		砂带研抛	砂带、接触轮		1～0.1	0.01～0.008	黑色金属、非金属材料、有色金属	外圆、孔平面、型面
		超精研抛	研具（脱脂木材、细毛毡）、磨料、纯水		1～0.1	0.01～0.08	黑色金属、非金属材料、有色金属	平面

分类		加工方法	加工工具	精度/μm	表面粗糙度 Ra/μm	被加工材料	典型应用
磨料加工	超精密加工	精密与超精密加工	磨条、磨削液	1～0.1	0.025～0.01	黑色金属等	外圆
	珩磨	精密珩磨	磨条、磨削液	1～0.1	0.025～0.01	黑色金属等	孔
特种加工	电火花加工	电火花穿孔成型加工	成型电极、脉冲电源、煤油、去离子水	50～1	2.5～0.02	导电金属	型腔模
		电火花线切割加工	钼丝、钢丝、脉冲电源、去离子水	20～3	2.5～0.16	导电金属	冲模、样板（切断、开槽）
	电化学加工	电解加工	工具电极（铜、不锈钢）、电解液	100～3	1.25～0.06	导电金属	型孔、型面、型腔
		电铸	导电原模、电铸溶液	1	0.02～0.012	金属	小零件
	化学加工	刻蚀	掩模版、光敏抗蚀剂	0.1	2.5～0.2	金属、非金属、半导体	刻线、图形
		化学铣削	光学腐蚀溶液、耐腐蚀涂料	20～10	2.5～0.2	黑色金属、有色金属等	下料、成型加工
		超声加工	超声波发生器、换能器、变幅杆、工具电极	30～5	2.5～0.04	任何硬脆金属和非金属	型孔、型腔
		微波加工	针状电极（钢丝、铱丝）、波导管	10	6.3～0.12	绝缘材料、半导体	打孔
		红外线加工	红外线发生器	10	6.3～0.12	任何材料	打孔、切割
		电子束加工	电子枪、真空系统、加工装置（工作台）	10～1	6.3～0.12	任何材料	微孔、镀模、焊接、刻蚀
	粒子束加工	粒子束去除加工	离子枪、真空系统、加工装置（工作台）	0.01～0.001	0.02～0.01	任何材料	成型表面、刃磨、刻蚀
		粒子束附着加工		1～0.1	0.02～0.01	任何材料	镀模
		粒子束结合加工				任何材料	注入、掺杂
		激光束加工	激光器、加工装置（工作台）	10～1	6.3～0.12	任何材料	打孔、切割、焊接、热处理
复合加工	电解加工	精密电解-磨削	工具电极、电解液、砂轮	20～1	0.08～0.01	导电黑色金属、硬质合金	轧辊、刀具刃磨
		精密电解-研磨	工具电极、电解液、磨料	1～0.1	0.025～0.008	导电黑色金属、硬质合金	平面、外圆、孔
		精密电解-抛光	工具电极、电解液、磨料	10～1	0.05～0.008	导电金属	平面、外圆、孔、型面
	超声加工	精密超声车削	超声波发生器、换能器、变幅杆、车刀	5～1	0.1～0.01	难加工材料	外圆、孔、端面、型面
		精密超声磨削	超声波发生器、换能器、变幅杆、砂轮	3～1	0.1～0.01	难加工材料	外圆、孔、端面
		精密超声研磨	超声波发生器、换能器、变幅杆、研磨剂、研具	1～0.1	0.025～0.008	黑色金属等硬脆材料	外圆、孔、端面
	化学加工	机械-化学研磨	研具、磨料、化学活化研磨剂	0.1～0.01	0.025～0.008	黑色金属、非金属材料	外圆、孔、平面、型面
		机械-化学复合抛光	抛光器、增压活化抛光液	0.01	0.01	各种材料	外圆、孔、平面、型面
		化学-机械复合抛光	抛光器、化学活化抛光液	0.01	0.01	各种材料	外圆、孔、平面、型面

表 1-2　常用特种加工方法分类

特种加工方法			主要加工能量	主要加工原理	英文缩写
单一能量特种加工	热作用特种加工	电火花穿孔成型加工	热能	熔化、气化	EDM
		电火花线切割加工		熔化、气化	WEDM
		激光加工		熔化、气化	LBM
		等离子弧加工		熔化、气化	PAM
		电子束加工		熔化、气化	EBM
	电化学作用特种加工	电解加工	电化学能	金属离子阳极溶解	ECM
		电解-抛光		金属离子阳极溶解	ECP
		电铸加工		金属离子阴极沉积	EFM
		电镀加工		金属离子阴极沉积	EPM
	化学作用特种加工	化学铣削	化学能	化学腐蚀	CHM
		化学抛光		化学腐蚀	CHP
		光化学腐蚀加工		光化学腐蚀	PCM
		化学镀加工		金属离子置换反应沉积	CHP
	机械作用特种加工	超声加工	机械能	磨料高频撞击	USM
		水射流加工		射流强力冲刷	WJM
		离子束加工		离子剥离、注入和沉积	IBM
		磨料流加工		磨料刮削	AFM
		磁性磨料加工		磨料刮削	MAM
复合能量作用特种加工	电化学复合加工	电解-磨削	电化学能、机械能	阳极溶解、机械磨削	ECG
		电解-珩磨	电化学能、机械能	阳极溶解、机械研磨	ECH
		电解-研磨	电化学能、机械能	阳极溶解、机械研磨	ECL
		电化学-机械复合抛光	电化学能、机械能	阳极溶解、机械研抛	ECMP
		电解-电火花复合加工	电化学能、热能	电化学溶解、热熔（气）化	ECAM
		激光辅助电解加工	电化学能、热能	阳极溶解、热蚀除	LAECM
		超声辅助电解加工	电化学能、机械能	阳极溶解、空化冲击去除	USECM
	热作用复合加工	电火花-磨削加工	热能、机械能	熔化、气化、磨削	EDG
		超声辅助电火花加工	热能、机械能	熔化、气化、空化	USEDM
	化学复合加工	化学-机械复合抛光	化学能、机械能	化学腐蚀、研抛	CMP
组合特种加工	LIGA加工	紫外线、激光、X射线光刻→电铸→塑铸	光化学能、电化学能、热能	光化学腐蚀、复制	LIGA
					UV-LIGA
					Laser-LIGA
	3D打印技术	光固化成型	热能、化学能	材料逐层堆叠	SL
		熔融沉积成型	热能、化学能		FDM
		激光选区烧结	热能		SLS
		三维立体打印	热能、机械能		3DP
		材料喷射成型	热能		SF

1.4 特种加工技术对机械制造工艺的影响

特种加工技术所应用的能量及其作用方式一般不同于常规机械加工，因而，它对材料的可加工性、工艺路线的安排、新产品试制过程、产品零件设计的结构、零件结构工艺性好坏衡量标准等会产生一系列的影响。

（1）提高了材料的可加工性。金刚石、硬质合金、淬火钢、石英、玻璃、陶瓷、金属陶瓷等材料在以往都被认为是很难加工的，现在却广泛应用于工业与消费产品中。这是因为（对一些特种加工工艺而言）工件材料的可加工性与其硬度、强度、韧性、脆性等无直接关系。例如，对于电火花加工等加工方法而言，淬火钢比未淬火钢更容易加工。

（2）改变了零件的典型工艺路线。以往除磨削加工以外，其他的切削加工、成型加工等都必须安排在淬火之前，这是所有工艺人员绝对不可违反的工艺准则。特种加工技术的出现，改变了这种一成不变的程序格式。例如，电火花穿孔成型加工和电解加工等一般是先淬火后加工。

（3）改变了新产品试制的模式。以往试制新产品的关键零部件时，必须先设计制造相应的刀具、夹具、量具和模具，以及进行二次工装。现在采用特种加工技术，可以直接加工出各种标准和非标准直齿轮（包括非圆齿轮、非渐开线齿轮）、微型电动机定子、转子硅钢片、各种变压器铁芯、各种特殊且复杂的二次曲面体零件等，这样就可以大大缩短新产品的试制周期。增材制造技术更是试制新产品的极佳技术手段，从根本上改变传统的新产品试制模式。

（4）对产品零件的结构设计产生很大影响。例如，为减少应力集中，按设计观点，花键孔、轴以及枪炮膛线的齿根部分最好做成小圆角，但进行拉削加工时用圆角刀齿对排屑不利，容易磨损，刀齿只能被设计制造成清棱清角的齿根。而采用电解加工时，由于存在尖角变圆的现象，需采用小圆角齿根的工具电极。以前，各种复杂冲模（如山形硅钢片冲模）因难以制造而采用镶拼式结构，后来有了电火花加工技术，硬质合金模具或刀具也可被制成整体式结构，喷气发动机涡轮也可被制成带冠的整体式结构。特种加工技术的应用使更多产品零件采用整体式结构。

（5）对传统的结构工艺性好坏的衡量标准产生重要影响。以往普遍认为方孔、小孔、弯孔、窄缝等是结构工艺性差的典型，这是设计人员和工艺人员非常"忌讳"的，有的甚至是"禁区"。特种加工技术的应用大大改变了这一状况。对电火花穿孔、电火花线切割加工来说，加工方孔和加工圆孔的难易程度是一样的。采用电火花加工技术，容易实现喷油嘴小孔、喷丝头小异型孔、涡轮叶片上大量小且深的冷却孔/窄缝、静压轴承和静压导轨的内油囊型腔的加工。过去，在工件淬火前忘了钻定位销孔、铣槽等工艺，淬火后这种工件只能报废，现在则可采用电火花打孔、切槽等工艺进行补救。有时为了避免工件在淬火后开裂、变形等影响，特意把钻孔、开槽等工艺安排在淬火之后，使工艺路线安排更为灵活。过去，很多被认为不可修复的"废品"，现在可用特种加工方法进行修复。例如，对磨损了

的轴或孔，可用电刷镀修复。

（6）特种加工已经成为微细制造、精密与超精密制造领域的主要加工手段。电子束、离子束、激光、电火花、电化学等电物理/电化学特种加工是承担精细制造任务的主要技术。

1.5　精密与特种加工技术的地位与发展趋势

1.5.1　精密与特种加工技术的地位

目前，先进制造技术是推动一个国家科技进步的重要力量。工业发达国家都十分重视先进制造技术，利用它进行产品革新、扩大生产和提高国际竞争力。发展先进制造技术是世界各国发展国民经济的主攻方向和战略决策，也是一个国家实现独立自主、繁荣富强、经济持续稳定发展、科技保持先进水平的长远大计，而精密与特种加工技术是先进制造技术的重要组成部分。

先进制造主要涉及精密/超精密加工技术与制造自动化（或智能化）等两大方面。前者追求加工精度和表面质量极限；后者包括产品设计、制造和管理的自动化或智能化，它不仅是快速响应市场需求、提高生产率、改善劳动条件的重要手段，而且是保证产品质量的有效举措。两者关系密切，有许多精密/超精密加工要依靠自动化和人工智能技术才能达到预期效果，制造的自动化或智能化需精密加工的零件和结构予以保障。两者具有全局性和决定性的作用，是先进制造技术的支柱。

精密与特种加工技术水平是一个国家制造业水平的重要标志之一。精密加工所能达到的精度、表面粗糙度可以体现一个国家的制造技术水平。例如，金刚石刀具切削刃钝圆半径的大小是金刚石刀具超精密切削加工的一个关键技术参数。日本声称，他们的精密加工精度已经达到2nm。而我国的精密加工精度尚处于亚微米水平，与日本相比，相差一个数量级。此外，精密与特种加工技术水平的高低，直接影响一个国家的国防武器制造能力。

精密与特种加工技术已成为在国际竞争中取得成功的关键技术，发展尖端技术，发展国防工业，发展微电子工业，等等，都需要应用精密与特种加工技术制造相关的仪器、设备和产品。

1.5.2　精密与特种加工技术的发展趋势

产品的服役性能与工作品质不断要求产品日益极限化和极端化，精密与特种加工技术也因此向极限化制造、智能化制造及绿色化制造方向发展。其发展趋势主要体现在以下7个方面：

（1）加工对象特征尺度极限化和跨尺度化。

（2）多种能场复合化。

（3）工艺控制过程数字化。

（4）加工、测量、控制一体化。

（5）控形、控性一体化。

（6）能量作用微量化和极速化。

（7）制造过程的智能化。

习　　题

1-1　试分析精密与特种加工技术在机械制造领域的作用和地位。

1-2　精密与特种加工技术的广泛应用引发机械制造领域的哪些变革？

1-3　试列举常用的特种加工方法，并指出哪些是减材加工，哪些是增材加工。

1-4　试列举几种因采用特种加工工艺而对材料的可加工性和结构工艺性产生重大影响的实例。

思政素材

■　**主题：** 科学精神、解放思想、勇于创新、突破陈规、敢于创造、不甘落后、奋勇争先

我国特种加工技术研究的先行者之一 ——刘晋春

刘晋春，男，1928年生。1952年，他从上海同济大学机械系毕业后，分配到哈尔滨工业大学研究生班学习，后来留校并从事机械制造工艺过程自动化的教学及科研工作。1960—1962年，他去苏联莫斯科机床与工具学院进修电火花加工及特种加工新技术，师从苏联著名电工学专家哈利卓缅诺夫教授及电火花加工发明人拉扎连柯院士。1963年，刘晋春在国内最早开设、创建特种加工课程并编印相关教材；历任哈尔滨工业大学机械制造教研室副主任及主任、特种加工研究室主任，曾兼任中国机械工程会第六届理事、全国电加工学会第四届理事长、全国高等工业院校特种加工教学研究会理事长、哈尔滨市电加工学会理事长。刘晋春教授是我国特种加工技术研究的先行者之一，为我国特种加工技术的启蒙普及、人才培养、学术活动和国际交流等做出重要贡献。

特种加工技术能"以柔克刚"，可以加工出任何复杂形状、超高精度、微细或纳米材料的特殊零件。刘晋春教授从1960年留学苏联接触该技术的那一刻起便对其情有独钟，他学成回国后即全身心投入特种加工事业中，编写了国内最早的教材《特种加工工艺学》，开

始举办"特种加工"短训班，还联合许多高校建议他们将"特种加工"课程纳入教学计划。现在全国约有百所高等院校开设此课程，培养了大批人才。后来，在原三机部刘鼎副部长的支持下，刘晋春教授参加了中国机械工程学会特种加工分会（电加工学会的前身）的筹建工作。如今，他已93岁，看到为之奋斗终生的特种加工技术蓬勃发展，在我国从"制造大国"向"制造强国"的转变中发挥着越来越重要的作用，甚感欣慰。他认为，高等院校教育工作者除了要编写好教材，用创新性思维，理论联系实际地教会学生深入掌握各种特种加工技术，还要努力研制适合国情的教学实验设备，提高学生的实践动手能力，让培养出来的莘莘学子能在各个工作岗位上生根、发芽、开花、结果，为国家和人民多做贡献。中国机械工程学会特种加工分会作为一个接地气、具有很大向心力和凝聚力的群众性学术团体，其会员中不乏能工巧匠和"国之大师"，随着会员水平不断提高，也将持续对特种加工技术起到普及和提高的作用。

——摘自以下资料：

[1] 中国机械工程学会特种加工分会, 本刊编辑部. 庆建党百年 展特种担当[J]. 电加工与模具, 2021, 3: 1-5.

第 2 章　精密与超精密切削加工技术

本章重点

（1）精密与超精密切削原理。

（2）金刚石刀具的设计与刃磨。

一般认为，精密与超精密切削加工技术起源于单刃金刚石车削（Single Point Diamond Turning，SPDT）。单刃金刚石车削是指采用天然单晶金刚石车刀，对铝、铜和其他软金属及其合金进行切削加工，以获得极高的加工精度和极低的表面粗糙度。在金刚石精密车削加工的基础上，又发展出了金刚石精密铣削和镗削加工方法，前者用于加工平面和型面，后者用于加工内孔。

金刚石精密切削是当前加工软金属材料最主要的精密加工方法，其切削加工误差为 $0.1 \sim 10\ \mu m$，表面粗糙度 Ra 达到 $0.025 \sim 0.1\ \mu m$。除了金刚石刀具，还可采用立方氮化硼（CBN）、复方氮化硅和陶瓷等新型超硬刀具进行精密与超精密切削加工，它们主要用于黑色金属的精密加工。

2.1　主要特点和关键技术

2.1.1　主要特点

精密与超精密切削加工技术具有以下特点。

（1）精密与超精密切削加工技术是一门多学科的综合性技术。精密与超精密切削加工包括机、电、光等多种技术，是一个内容极其广泛的制造系统工程，不仅要考虑加工方法、加工设备、加工刀具、加工环境、被加工材料、加工中的检测与补偿等，还要研究切削原理及其相关技术。

（2）加工和检测一体化。由于加工精度很高，表面粗糙度很低，如果在工件加工完后进行检测，出现的缺陷问题就难以解决了，因此要在加工过程中进行在线检测和在位检测。

（3）精密与超精密切削加工技术与自动化技术联系紧密。采用计算机控制、误差分离与补偿、自适应控制和工艺流程优化等技术，可以进一步提高加工精度和表面质量。而且，它们还能有效地减小甚至避免机器自身和手工操作引起的误差，保证了加工质量及其稳定性。

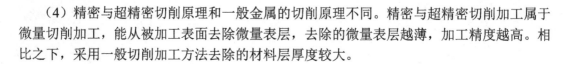
（4）精密与超精密切削原理和一般金属的切削原理不同。精密与超精密切削加工属于微量切削加工，能从被加工表面去除微量表层，去除的微量表层越薄，加工精度越高。相比之下，采用一般切削加工方法去除的材料层厚度较大。

2.1.2　关键技术

精密与超精密切削加工技术是一项涉及内容广泛的综合性技术。只有将各个相关领域的技术与理论成果集成起来，才有可能实现和发展精密与超精密切削加工技术。

精密与超精密切削加工的关键技术包括金刚石刀具制造技术、精密与超精密切削加工机床制造技术、精密测量与误差补偿技术等。

1）金刚石刀具制造技术

精密与超精密切削加工刀具必须能够均匀地切除极薄的金属层。金刚石刀具是精密与超精密切削加工的主要工具。对于金刚石刀具，有两个重要的问题要解决：一是金刚石晶体的晶面选择，这对刀具的使用性能有重要影响；二是金刚石刀具刃口的锋利度，即刃口的圆弧半径，它直接影响切削加工中的最小切削深度，决定微量切除能力和加工质量。

2）精密与超精密切削加工机床制造技术

精密与超精密切削加工机床是实现精密与超精密切削加工的首要条件和基础。机床主轴回转精度、工作台的直线运动精度和刀具微量进给精度直接决定机床的精度。精密与超精密切削加工机床主轴的轴承必须具有很高的回转精度，转动平稳而无振动。工作台的直线运动精度由导轨决定，精密与超精密切削加工机床使用的导轨有滚动导轨、液体静压导轨、气浮导轨和空气静压导轨等。为提高刀具微量进给精度，必须使用微量进给机构。目前，比较适用的进给机构主要有弹性变形式微量进给机构和电致伸缩式微量进给机构等。

3）精密测量与误差补偿技术

精密与超精密切削加工技术离不开精密测量技术。精密与超精密切削加工要求测量精度比加工精度高一个精度等级。目前，精密与超精密切削加工中所使用的测量仪器大多以干涉法和高灵敏度电动测量微技术为基础，如激光干涉仪、多次光波干涉显微镜及重复反射干涉仪等。国外广泛发展非接触式测量方法并研究原子级加工精度的精密测量技术。

当加工精度高于一定精度等级后，若仍然采取提高机床的制造精度、保证加工环境的稳定性等误差预防措施，以提高加工精度，则会使成本大幅度增加。此时，应采取误差补偿措施，即通过消除或抵消误差本身的影响，以达到提高加工精度的目的。

2.2　切　削　原　理

2.2.1　概述

金刚石刀具的精密与超精密切削原理与一般金属的切削原理有较大的差别。当采用金刚石刀具切削时，其切削深度（背吃刀量）、进给量都很小，切削厚度一般在 1 μm 以下，因此其精密与超精密切削加工属于微量切削加工。由于切削深度小于被加工材料的晶粒尺寸，因此精密与超精密切削是在晶粒内进行的。

从切削力和切削热方面来看，切削力要超过分子或原子间巨大的结合力，从而使刀刃承受很大的剪切应力，并产生很大的热量，造成刀刃在局部区域处于高应力、高温的工作状态，因此要求刀刃要有很高的高温强度和高温硬度。而这对于普通的刀具材料是无法承受的，因为其在高温、高压下会快速磨损和软化，使切削无法继续进行。

从刀刃锐利度方面来看，普通材料刀具的切削刃不可能被磨得非常锐利，平刃性也难保证。事实上，无论刃磨条件如何改善，对于给定的刀具材料和刀具角度，所能获得的刀刃圆弧半径具有一定的最小极限值。例如，当刀具楔角为 70° 时，一般硬质合金刀具的刃口圆弧半径只能达到 18～24 μm，高速钢刀具的刃口圆弧半径可达到 12～15 μm，而金刚石刀具的刃口圆弧半径则可达到 0.005～0.01 μm。同时，因为金刚石材料本身质地细密，经过仔细修磨，刀刃的几何形状很好，其直线度误差极小（0.01～0.1 μm）。

在金刚石刀具超精密切削过程中，虽然刀刃处于高应力和高温环境，但由于其切削速度很高、进给量和切削深度极小，故工件的温升不高，塑性变形量小，可以获得高精度、极小表面粗糙度值的加工表面。

在超精密切削加工中，各种因素对金刚石刀具磨损、最小切削厚度、积屑瘤的生成等的影响有一定的特殊性。研究这些问题对提高切削加工表面质量、减小变质层厚度和减小表面残留应力等有直接影响。

近年来，对超精密切削原理的研究有了不少进展。目前采用计算机仿真和分子动力学模拟等方法对超精密切削过程及原理的研究获得了很好效果，一方面深化了对极薄层材料切削原理的认知，同时可以对超精密切削效果做出比较准确的预报。例如用计算机仿真预测超精密切削单晶铝不同晶面时的切削力，以及利用计算机仿真对超精密切削过程进行分子动力学模拟，以此对超精密切削极薄层材料的动态切除过程进行观察和分析。

2.2.2　切屑的形成

金刚石刀具超精密切削所能切除金属层的厚度标志其加工水平。当前，最小切削深度可达到 0.1 μm 以下，其主要影响因素是刀具的锋利程度，一般以刀具的切削刃钝圆半径 r_ρ 来表示。超精密切削所用金刚石刀具的切削刃钝圆半径一般小于 0.5 μm。由于切削时的切削深度 a_p 和进给量 f 都很小，在一定的切削刃钝圆半径下，若切削深度太小，则不可能形成切屑。在超精密切削加工过程中，切屑能否形成，主要取决于切削刃钝圆圆弧上各个质点的受力情况。在正交切削条件下，切削刃钝圆圆弧上某一质点 i 的受力分析如图 2-1 所示。质点 i 仅承受两个方向的切削力，即垂直切削力 P_{Yi} 和水平切削力 P_{Zi}，水平切削力 P_{Zi} 使被切削质点 i 向前移动，经过挤压形成切屑，而垂直切削力 P_{Yi} 则将被切削材料压向被切削零件本体，不能构成切屑形成条件。最终能否形成切屑，取决于作用在此质点上的垂直切削力 P_{Yi} 和水平切削力 P_{Zi} 的比值。

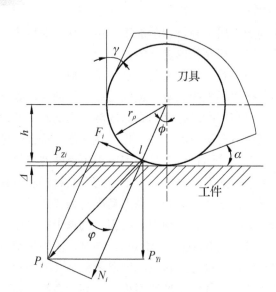

γ—前角；α—后角

图 2-1　切削刃钝圆圆弧上某一质点 i 的受力分析

　　根据材料的最大剪切应力理论可知，最大剪切应力应发生在与切削合力 P_i 成 $45°$ 的方向上。此时，若切削合力 P_i 的方向与切削运动方向成 $45°$，即 $P_{Yi}=P_{Zi}$，作用在质点 i 上的最大剪应力方向与切削运动方向一致，质点 i 处的材料被刀具推向前方，形成切屑，而质点 i 处以下的材料不能形成切屑，只产生弹性/塑性变形。因此，当 $P_{Zi}>P_{Yi}$ 时，质点 i 被推向切削运动方向，形成切屑；当 $P_{Zi}<P_{Yi}$ 时，质点 i 被压向零件本体，被加工材料表面形成挤压过程，无切屑产生。当 $P_{Zi}=P_{Yi}$ 时，所对应的切削深度（图 2-1 中所示的 Δ）便是最小切削深度。这时，质点 i 对应的角度为

$$\phi = 45°-\varphi = 45°-\arctan（F_i/N_i）$$

对应的最小切削深度 $a_{p\,min}$ 可表示为

$$a_{p\,min}= r_\rho-h = r_\rho（1-\cos\phi）$$

式中，φ——金刚石刀具切削时产生的摩擦角；

　　　　F_i——金刚石刀具切削时产生的摩擦力；

　　　　N_i——金刚石刀具切削时产生的正压力。

　　可见，影响最小切削深度的主要因素是金刚石刀具的锋利性，锋利性由金刚石刀具的切削刃钝圆半径决定。一般情况下，刀具材料的表面结合能决定刀具的锋利性，用表面结合能较大的材料制作的刀具可以刃磨出锋利的刃口，在使用过程中能够持久地保持其锋利性，即保持其较小的切削刃钝圆半径。

　　使用金刚石刀具进行超精密切削加工时，切削刃钝圆半径小，切薄能力强，可形成流动的切屑，因此切削作用是主要的。但实际切削刃钝圆半径不可能为零，以及修光刃等的作用，还伴随着挤压作用，由此可以判断，使用金刚石刀具进行精密与超精密切削加工得到的表面是由微量切削和微量挤压形成的，以微量切削为主。

2.2.3 加工表面的形成

在用金刚石刀具进行精密与超精密切削加工过程中，加工表面的形成主要取决于几何特性、塑性变形和振动等。

几何特性主要指金刚石刀具的形状、几何角度、刀刃的表面粗糙度和进给量等，几何特性主要影响与切削运动方向相垂直的横向表面粗糙度。在切削时，刀具的主偏角 κ_r、副偏角 κ'_r 和进给量 f 对残留高度的影响如图 2-2（a）所示。其中，a_p 为切削深度，R_y 为表面粗糙度的轮廓最大高度。由几何关系可知：

$$R_y = f / \left(\cot\kappa_r + \cot\kappa'_r \right)$$

在切削时，切削刃钝圆半径 r_ρ 和进给量 f 对残留高度的影响如图 2-2（b）所示，其几何关系如下：

$$R_y = f^2 / 8r_\rho$$

塑性变形不仅影响横向表面粗糙度，而且影响与切削运动方向平行的纵向表面粗糙度。加工中的振动对纵向表面粗糙度有影响，因此，在超精密切削加工中，振动是不允许的。

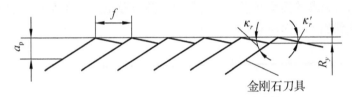

（a）刀具的主偏角、副偏角和进给量对残留高度的影响

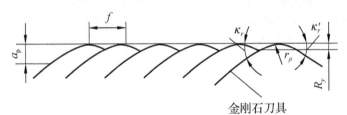

（b）切削刃钝圆半径和进给量对残留高度的影响

图 2-2 加工表面的形成

2.2.4 表面破坏层及其应力状态

用金刚石刀具进行精密与超精密切削加工时，虽然切削深度和进给量都很小，但是在切削软金属时会在被加工工件的表面留下较深的破坏层，产生较高的应力，使工件表层产生塑性变形，内层产生弹性变形。切削后，一方面，内层弹性变形恢复，受到表层阻碍，从而使表层产生残余压应力；另一方面，由于微量挤压作用，也使工件表层产生残余压应力。

2.3 金刚石刀具

精密与超精密切削加工时的切削深度一般在 0.075 μm 以内，相当于从材料晶格上逐个地去除原子，只有在切削力超过晶体内部的原子结合力时才能实现切削。目前，只有天然金刚石刀具能承受如此大的切削力，并且具有较高的刀具耐用度。

天然单晶金刚石具有一系列优异的特性，如硬度极高、耐磨性好、强度高、导热性能好、和有色金属之间的摩擦因数低、能磨出极锋锐的刀刃等，被一致公认为理想的、不能替代的超精密切削刀具材料。但它与钢铁材料的亲和性很强，因而其应用范围受到限制。

人造聚晶金刚石（PCD）也被逐步用作超精密加工用刀具材料，但其性能远不如天然金刚石。在超精密切削加工中也可以采用高性能陶瓷刀具、TiN、金刚石涂层的硬质合金刀具以及立方氮化硼（CBN）刀片，但因其加工质量不如天然金刚石刀具的加工质量，而仅用于表面质量要求不高的场合。

金刚石刀具有两个较重要的问题：一是晶面的选择，这对刀具的使用性能有着重要的影响；二是金刚石刀具的刃磨质量——切削刃钝圆半径 r_p，它关系到切削变形和最小切削厚度，因而影响到加工表面质量。

2.3.1 金刚石性能、晶体结构与晶体定向

1. 金刚石性能

金刚石是人类所知的最硬的材料，它有很多特殊的优异性能，在工业中得到广泛的应用。约在 5000 年前在印度就首先发现了天然单晶金刚石，而人造金刚石是由美国通用电气公司于 1954 年首先研制成功的。我国于 1963 年合成第一颗人造金刚石，1965 年投入工业生产。

超精密切削加工刀具用金刚石需要大颗粒（0.5～1.5 克拉，1 克拉=0.2 克）优质（一级品）的单晶金刚石。优质天然单晶金刚石多数为规整的 8 面体或菱形 12 面体，少数为 6 面立方体或其他形状，浅色透明，无杂质，无缺陷。大颗粒人造单晶金刚石是在超高压、超高温下由子晶生长而成的，其性能和天然金刚石相近，但制造技术复杂，价格仍较昂贵。

尽管金刚石价格昂贵，但在超精密加工领域采用天然金刚石刀具无论在价格上还是在精度上都比传统加工方法具有明显优势。

金刚石晶体各向异性，因此，在不同晶向其物理性能和力学性能有明显差别。金刚石的物理性能和力学性能见表 2-1。

金刚石的硬度和热导率都较高，它与有色金属之间的摩擦因数小，开始氧化温度较高，因此非常适合作为超精密切削加工的刀具。此外，单晶金刚石可以通过研磨达到极锋利的切削刃（r_p 可以小到 0.05～0.01μm），而其他材料尚无法被磨到如此锋利并能长时间用于切削且磨损量较小。

表 2-1　金刚石的物理性能和力学性能

物理性能和力学性能	数　　　值
硬度 HV	6000～10000，随晶体方向（晶向）和温度而定
抗弯强度/MPa	210～490
抗压强度/MPa	1500～2500
弹性模量/MPa	$(9～10.5)×10^{12}$
热导率/[W/（m·K）]	$(2～4)×418.68$
质量热容/[J/（g·℃）（常温）]	0.516
开始氧化温度/K	900～1000
开始石墨化温度/K	1800（在惰性气体中）
与铝合金、纯铜之间的摩擦因数	0.06～0.13

2. 金刚石晶体结构

金刚石晶体属于立方晶系。天然单晶金刚石为规整的八面体、十二面体和六面体。金刚石晶体具有各向异性和解理现象。不同晶向的物理性能相差很大。

1）金刚石晶体的晶轴和晶面

由晶体学原理知，立方晶系的金刚石晶体有三个主要晶面，即（100）晶面、（111）晶面和（110）晶面。用 X 射线垂直照射这些晶面时，形成的衍射图形呈现出四次、三次和二次对称现象，因此称与上述晶面垂直的轴分别为四次对称轴[垂直于（100）晶面]、三次对称轴[垂直于（111）晶面]和二次对称轴[垂直于（110）晶面]。规整的八面体、十二面体和六面体单晶金刚石晶体中均有三根四次对称轴、四根三次对称轴和六根二次对称轴。

2）金刚石晶体的晶面

晶体内部分布有原子的面称为晶面（也称为面网）。如上所述，金刚石属立方晶系，主要有（100）晶面、（111）晶面和（110）晶面。三种晶面上原子排列形式的不同、原子密度的不同以及晶面之间距离的差异，决定了金刚石晶体的各向异性。

（1）金刚石晶体各晶面的原子排列形式——最小单元。金刚石晶体的（100）晶面的最小单元为正方形，边长为 D，有 5 个碳原子；（110）晶面的最小单元为矩形，边长分别为 $\sqrt{2}D$ 和 $\sqrt{3/2}D$，有 8 个碳原子；（111）晶面的最小单元为等边三角形，边长为 $\sqrt{2}D$，有 6 个碳原子。其中 D（$D=a_0=0.35667$ nm）为金刚石晶体中单位晶胞（六面体）的边长。

（2）金刚石晶体的面间距。晶体晶面之间的距离称为面间距。金刚石晶体的（100）晶面和（110）晶面的分布是均匀的，（100）晶面的面间距为 $D/4=0.089$ nm，（110）晶面的面间距为 $\sqrt{2}D/4=0.126$ nm；而（111）晶面的面间距出现一宽一窄的交替结构，宽面间距为 $\sqrt{3}D/4=0.154$ nm，窄面间距为 $\sqrt{3}D/12=0.051$ nm。窄面间距极小，在实际应用中可以把这相邻的两个晶面看成一个加厚的晶面。两个加厚晶面的面间距即（111）晶面的宽面间距，该面间距成为（111）晶面的实际面间距。（111）晶面的宽面间距（0.154 nm）是金刚石晶体中所有晶面的面间距中最大的一个。

（3）金刚石晶体的晶面密度。晶面单位面积上的原子数称为晶面密度，晶面密度决定了金刚石的硬度和耐磨性。（100）晶面、（110）晶面和（111）晶面的密度之比为 1∶1.414∶2.308。

测试表明，金刚石晶体的（111）晶面的硬度和耐磨性均为最高，证明了晶面密度分析结果的正确性。

3）金刚石晶体的解理现象

解理现象是金刚石晶体的一个非常重要的特性。它是指晶体受到定向的机械力作用时，可以沿平行于某个平面平整地劈开的现象。由于（111）晶面的宽面间距比（100）晶面和（110）晶面的面间距都大，并且其连接共价键数最少（只有一个），所以在面间距大的（111）晶面之间，只需击破一个共价键就可以使其劈开。实际上，金刚石内部的解理被劈开，在绝大多数情况下得到的晶面就是与（111）晶面平行且很平坦的劈开面。

3. 金刚石晶体定向

金刚石晶体属于平面立方晶系，每个晶面上原子排列形式和原子密度的不同，以及晶面之间距离的不同，造成天然金刚石晶体的各向异性。因此，可以利用这个特性对金刚石晶体进行定向。刀具金刚石晶体的定向原则就是确定刀具的前/后刀面及刀刃的位置，使切削刀具承受切削力的方向在某一确定的基本晶面上，并与该晶面硬度最大的方向一致，以使刀具磨损量最大的方向具有最高的耐磨性。在定向时必须注意：刀具的受力方向不能与金刚石的解理面平行，同时还应该考虑每个面在研磨时的易磨方向。

晶体定向主要有 3 种方法：人工目测晶体定向、激光晶体定向和 X 射线晶体定向。各种定向方法都有各自的优缺点。

2.3.2 金刚石刀具设计

衡量金刚石刀具质量的好坏，首先看其能否加工出高质量的超精密表面（表面粗糙度 Ra=0.005～0.02 μm），其次是看它能否有较长的切削时间保持切削刃锋锐（一般要求切削长度数百千米），切出极高质量的加工表面。

为满足上述要求，设计金刚石刀具时最主要问题有 3 个，即确定切削部分的几何形状、选择合适的晶面作为刀具的前/后刀面、确定金刚石在刀具上的固定方法和刀具结构。

1. 切削部分几何形状

1）刀头形式

金刚石刀具刀头一般采用在主切削刃和副切削刃之间加过渡刃——修光刃的形式，以对加工表面起修光作用，获得好的加工表面质量。若采用主切削刃与副切削刃相交为一点的尖锐刀尖，则刀尖不仅容易崩刃和磨损，而且还会在加工表面上留下加工痕迹，从而增大表面粗糙度。

修光刃有小圆弧修光刃、直线修光刃和圆弧修光刃之分。国内多采用直线修光刃，这种修光刃制造研磨简单，但要求对刀良好，即直线修光刃应严格和进给方向一致，才能得到令人满意的加工表面。对直线修光刃的长度，一般选取 0.1～0.2 mm。国外金刚石刀具多采用圆弧修光刃。国外标准的金刚石刀具，推荐的修光刃圆弧半径 R=0.5～3 mm。因为超精密切削时进给量甚小（一般 f<0.02 mm/r），即使圆弧修光刃留下一定的残留高度，对表面粗糙度也没有太大影响。采用圆弧修光刃时，对刀容易，使用方便。但刀具制造研磨困难，价格也高。

金刚石刀具的主偏角一般为 30°～90°，一般用 45° 主偏角。

2）前角和后角

根据加工材料不同，金刚石刀具的前角可取 0°～5°，后角一般取 5°～6°。因为金刚石为脆性材料，在保证获得较小的加工表面粗糙度前提下，为提高刀刃的强度，应采用较大的刀具楔角 β，所以宜取较小的刀具前角和后角。但增大金刚石刀具的后角，减少刀具后面和加工表面的摩擦，可减小表面粗糙度值，所以加工球面和非球曲面的圆弧修光刃刀具，常取 10°。

2. 晶面选择

单晶金刚石晶体各方向性能（如硬度和耐磨性、微观强度和解理碎裂的概率、研磨加工的难易程度等）相差极为悬殊。因此，前刀面和后刀面选择是金刚石刀具设计的一个重要问题。目前国内制造金刚石刀具，一般前刀面和后刀面都采用（110）晶面或者和（110）晶面相近的晶面。这主要从金刚石的这两个晶面易于研磨加工角度考虑，而未考虑对金刚石刀具的使用性能和刀具耐用度的影响。

目前关于国外的金刚石刀具前刀面和后刀面的晶面选择资料很难找到，但从相关报道可以看出，有选用（100）晶面作为前刀面或后刀面的，也有选用（110）晶面作为前刀面或后刀面的。选用的理由说法不一，也不够详尽。但是选用（111）晶面作为前刀面或后刀面者极少，其主要原因在于（111）晶面硬度太高，而微观破损强度并不高，研磨加工困难，很难研磨加工出精密金刚石刀具所要求的锋锐的刃口。

3. 金刚石固定方法

对于金刚石车刀，通常是把金刚石固定在小刀头上，小刀头用螺钉或压板固定在车刀刀杆上，或将金刚石直接固定在车刀刀杆上。

金刚石在小刀头上的固定方法如下：

（1）机械夹固。将金刚石的底面和加压面磨平，用压板加压固定在小刀头上。采用这种固定方式时，需要较大颗粒的金刚石。

（2）用粉末冶金法固定。将金刚石放在合金粉末中，经加压在真空中烧结，使金刚石固定在小刀头内。采用这种固定方法可使用较小颗粒的金刚石，较为经济，因此目前国际上多采用该方法。

（3）使用黏结剂或钎焊固定。可以使用无机黏结剂或其他黏结剂固定金刚石，但黏结强度有限，金刚石容易脱落。钎焊固定方法是一种很好的办法，但相关技术不易掌握。

2.3.3　金刚石刀具刃磨

利用金刚石车削可以获得高精度的球面、非球面、自由曲面类光学零件，这类零件的制造精度不仅取决于机床的运动控制精度和稳定的环境因素，同时也取决于圆弧刃金刚石刀具的制造精度和刀具切削工艺参数。由于天然金刚石晶体的各向异性的特征，并且在加工中刀刃上各点沿晶向有不同程度的磨损，因此在使用一定时间后需要修磨，才能满足各类形状零件的高精度加工要求，生产企业购买新刀和刀具修磨的费用在加工成本中占有很高的比重。

天然金刚石刀具刃磨的主要目的是获得刃口锋利、刀面光滑、刀刃轮廓精度高的刀头。目前最常用也最有效的刃磨方法是机械研磨。金刚石刀具的加工研磨和用钝后的重磨，是一项难度很大的技术。国内刃磨技术落后，需要大量进口国外天然金刚石刀具，如圆弧刃金刚石刀具基本全部依赖进口,这些进口产品主要是日本联合材料株式会社和英国 Contour Fine Tooling 公司生产的产品。进口刀具价格昂贵，精度较低，对于高精度圆弧刃金刚石刀具目前仍处于禁运状态。

天然金刚石刀具的硬度高且难磨削，刀刃的形状一般较简单，只需要刃磨前刀面与后刀面即可。金刚石刀具的前刀面一般为平面，但也有被设计成圆锥前刀面，这主要是为了使刀刃任一点都具有相同的负前角。后刀面的形式与刀刃形状相关，直线刀刃刀具的后刀面为平面，圆弧刃刀具的后刀面为圆锥面或圆柱面。圆锥后刀面可使刀刃上任一点都具有相同的后角，圆柱后刀面则可保证圆弧半径不随刃磨次数的增大而变小。不同的金刚石刀具生产商采用的前、后刀面刃磨工艺顺序不一定相同。例如，欧美国家的金刚石刀具生产商一般采用先后刀面、再前刀面的刃磨工艺顺序，而日本的金刚石刀具生产商则偏向于采用先前刀面、再后刀面的刃磨工艺顺序。两种刃磨工艺顺序各有优缺点，先后刀面、再前刀面的刃磨工艺对机床振动的要求低，锋利刀刃通过前刀面刃磨而形成，但刀刃高度随着修磨次数增加而降低。先前刀面、再后刀面的刃磨工艺对机床振动的要求高，锋利刀刃通过后刀面刃磨而形成，但刀刃高度不随刃磨次数而改变。

国内外的金刚石刀具使用者一般都不自己磨刀，而将金刚石刀具送回原制造厂重磨。重磨收费很高且很不方便。Sumitomo 公司推出一次性使用不重磨的精密金刚石刀具，即将金刚石钎焊在硬质合金片上，再用螺钉夹固在车刀杆上。刀片上的金刚石由制造厂研磨得很锋锐，用钝后不再重磨。这种刀具使用颗粒很小的金刚石，因而，价格比较便宜，具有很好的推广价值。

2.4　典型超精密切削加工设备

各国对超精密切削加工设备的研发来源于航空航天等领域的需求。目前，世界上超精密切削加工最高水平的三台大型超精密机床分别是美国 LLNL 国家实验室研制的 DTM-3

型卧式大型光学金刚石车床、大型立式光学金刚石超精密车床和英国的 OAGM 2500 型超精密磨床。

美国 LLNL 国家实验室在 1984 年研制的大型立式光学金刚石超精密车床（Large Optical Diamond Turning Machine，LODTM）主要用于美国国家航空航天局（NASA）SPARCLE 初级抛物面反射镜的加工。该机床加工范围为 ϕ1625 mm×500 mm，其设计精度如下：半径方向上的形状误差不超过 27.9 nm，圆度和平面度误差不超过 12.5 nm，表面粗糙度 Ra 不超过 4.2 nm。英国 Granfield 公司和 SERC British 公司于 1991 年合作研制成功 OAGM 2500 型超精密磨床，并把它用于 X 射线天体望远镜的大型曲面反射镜的精密磨削和坐标测量。该磨床有高精度回转工作台，由精密数控系统驱动，导轨采用液体静压，磨轴头和测量头采用空气轴承；床身结构高刚度、尺寸高度稳定，有很强的振动衰减能力。除了欧美的超精密切削加工设备，日本的超精密加工技术也很先进，日本在用于声、光、图像、办公设备中的小型/超小型电子和光学零件的超精密加工技术方面具有优势。

国外典型超精密切削加工设备除上述三台大型超精密机床外，还有美国摩尔（MOORE）公司的 Nanotech 650FG 五轴联动超精密自由曲面磨床、美国普瑞斯泰克（Precitech）的 Nanoform®L1000 多轴超精密加工系统、德国科恩（KERN）公司的 Pyramid Nano 高精密纳米型加工中心、日本捷太科特（JTEKT）公司的 AHN15-3D 自由曲面金刚石加工机床和那智（NACHI）公司的超精密非球面纳米加工机 ASP 系列等。

随着超精密加工技术从军工行业向民用行业的转移，从 20 世纪 90 年代末开始，就有商业化的超精密切削加工设备走向国际市场。我国第一台超精密车床是长春光机所应用光学国家实验室引进的，该车床是 20 世纪 80 年代由美国 Pneumo Precision 公司研制生产的 MSG-325 超精密车床。

国内在 20 世纪八九十年代系统地提出超精密加工技术的概念，由于航空航天等行业的发展对零部件的加工精度和表面质量都提出了更高的要求，因此相关企业投入资金，支持行业内的科研院所和高等院校进行超精密加工技术基础研究。组成超精密切削加工设备的基础是超精密元部件，包括空气静压主轴及导轨、液体静压主轴及导轨等，因此国内相关单位以超精密基础元部件及天然金刚石刀具等为突破口，并很快就取得了一些进展。

国内超精密加工技术发展的里程碑是非球面曲面超精密切削加工设备的研制成功。非球面光学零件由于具有独特的光学特性，在航空航天及民用光学等行业得到应用，简化了产品结构并提高了产品的性能。当时只有美国、日本和西欧少数国家能够生产相应的加工设备，国内引进受限并且价格高昂。在"九五"末期，我国成功研制了代表当时国内超精密加工最高技术水平的非球面超精密切削加工设备，打破了国外技术封锁。

2.5　精密与超精密切削加工应用

精密与超精密切削以 SPDT 技术开始，该技术以空气轴承主轴、气动滑板、高刚性且高精度工具、反馈控制和环境温度控制为支撑，可获得纳米级表面粗糙度。精密与超精密切削加工在航空航天装备、武器装备、汽车、电子产品等领域有着广泛的应用。

2.5.1 精密与超精密车削加工

目前，人们一般认为尺寸精度能达到 IT5 级以上精度的车削就称为精密车削。在超精密车床上用经过精细研磨的单晶金刚石车刀进行微量车削，常用于加工有色金属材料的球面、非球面和平面的反射镜等高精度、高表面质量的零件。这类零件的加工精度已达到亚微米级，这个级别的车削加工称为精密与超精密车削加工。

1. 镜面和虹面车削

镜面和虹面车削主要用来加工铝合金或铜合金零件。这种方法也可用于钢、石墨、塑料等材料的加工，但加工效果不如铝合金或铜合金的加工效果。镜面车削的典型形状有平面和二次曲线面。平面镜面车削加工原理示意如图 2-3 所示，二次曲线面镜面车削加工原理示意如图 2-4 所示。

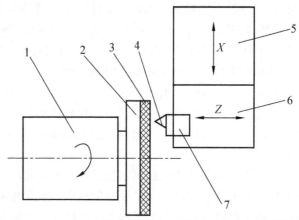

1—工作主轴；2—夹具；3—工件；4—金刚石刀具；5—X 轴方向工作台；6—Z 轴方向工作台；7—刀架

图 2-3　平面镜面车削加工原理示意

2. KDP 晶体超精密车削

KDP（磷酸二氢钾）晶体是一种性能优良的非线性光学材料，具有较大的非线性光学系数、较宽的透光波段、较高的激光损伤阈值、优良的光学均匀性和易于生长大尺寸的单晶体等优点，是目前惯性约束核聚变（ICF）固体激光器和强激光武器等现代高科技领域唯一能被用作激光变频器、电光调制器和光快速开关等元件的光学晶体材料。

但是，KDP 晶体是一种软脆材料，硬度非常低，具有很强的吸湿性，温度急剧变化时容易破裂，镜面加工是非常困难的。KDP 晶体在采用研磨、抛光（如 ELID 磨削、浴法抛光和磁流变抛光等）加工方法时很容易让加工过程中使用的磨料嵌入 KDP 晶体表面，并且很难通过超精密抛光的方法将杂质从晶体表面去除，而这些杂质或缺陷又将严重降低 KDP

晶体的激光损伤阈值。对于大型固体激光器和强激光武器等激光装置来说，这些加工方法带来的致命缺陷显然是无法接受的。

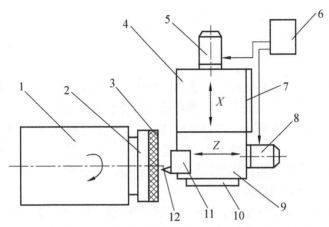

1—工作主轴；2—夹具；3—工件；4—X 轴方向工作台；5—X 轴方向直流伺服电动机；6—数控装置；
7—X 轴方向位移检测装置；8—Z 轴方向直流伺服电动机；9—Z 轴方向工作台；
10—Z 轴方向位移检测装置；11—刀架；12—金刚石刀具

图 2-4　二次曲线面镜面车削加工原理示意

KDP 晶体超精密加工采用了 20 世纪 80 年代发展起来的单点金刚石切削（SPDT）加工技术。单点金刚石切削加工是利用天然单晶金刚石作为刀具、在计算机控制下飞刀铣削加工光学表面的新兴技术。单点金刚石切削加工 KDP 晶体时，通常采用"飞刀"切削的加工方式。切削加工时，装有金刚石刀具的刀架安放在高速旋转的主轴上，KDP 晶体零件安装在具有真空吸盘的工作台上，工作台作直线进给运动，高速转动的刀具对工件进行切削。图 2-5 所示为 KDP 晶体超精密切削加工机床结构示意。

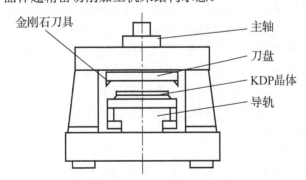

图 2-5　KDP 晶体超精密切削加工机床结构示意

1986 年，美国 LLNL 国家实验室在 PNEUMO 超精密机床上对 KDP 晶体进行了 SPDT 试验研究。1997 年，LLNL 国家实验室研发了 KDP 晶体的专用机床，但用来制造"国家点火装置（National Ignition Facility，NIF）"核聚变计划中的 KDP 晶体时仍有所不足。在研制 NIF 时，美国委托 Nanotechnology System 公司制造了 Nanotech VF 8500S 型机床，实

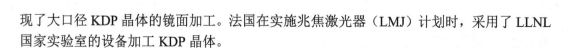

现了大口径 KDP 晶体的镜面加工。法国在实施兆焦激光器（LMJ）计划时，采用了 LLNL 国家实验室的设备加工 KDP 晶体。

2.5.2 精密与超精密铣削加工

1. 平面精密铣削

在进行平面的大面积精密铣削时，要求在铣削过程中不换刀，完成整个平面的铣削。因此，铣刀精度和耐用度是保证大面积精密铣削质量的首要条件。

军事电子装备中的大量零件由铝合金材料制造。对该类零件，除了采用一般机械加工，还采用精铣和超精铣加工工艺。由于铝合金塑性较好、熔点低，因此在铣削时粘刀现象严重，排屑不畅，不易降低表面粗糙度。可见，铝合金零件精密与超精密铣削加工对铣床、铣刀和铣削工艺均有较高的要求。

在进行铝合金平面精密铣削时，一般选用煤油或柴油作切削液。为了增加润滑效果，也可在煤油中添加少量的动物或植物性油脂。铝合金平面精密铣削选用大前角鳞片面铣刀，它不仅前角大，而且采用了凸圆柱形的刀刃形式，形成圆弧刃切削，使刃倾角大、刃口锋利、表面修光作用好。

2. 成型面镜面铣削

镜面铣床在超精密机床中属于最简单的一类。其关键部件为高精度主轴和低摩擦高平稳性的滑台。在现有的镜面铣床中，主轴多采用气体静压支撑，只有个别主轴采用液体静压支撑技术。滑台支撑多数为气体静压系统，但最近几年液体静压系统呈上升趋势，其主要原因是液体静压系统具有高阻尼、高刚度特点。

镜面铣削的切削速度在 30 m/s 左右，为了能加工出精度高的工件，主轴在换刀后必须进行动平衡实验，以尽量减少振动对工件表面造成的波纹。刀具的几何形状除与工件的几何形状有关外，还与工件材料的物理特性有关。加工塑性材料（如铜、铝和镍）时，刀具的前角为 0°，后角一般在 5°～10°之间，刀尖圆弧半径常为 0.5～5 mm。机床刚度高，可采用较大的刀尖圆弧半径，以降低工件表面粗糙度。当采用较小的刀尖圆弧半径时，为不使表面质量恶化，必须相应地减小进给量。加工脆性材料（如硅、锗、CaF_2 和 ZnS）时，刀具前角一般在 15°～45°之间。前角除取决于工件材料外，还取决于机床和装夹系统的刚度，最好通过生产试验来确定。

1）多面镜的镜面铣削

镜面铣削用于加工激光打印机的多面镜、激光复印机的旋转多面体等零件。其中，多面镜可用于钢板探伤、印制板、激光加工等系统，是现代装备中重要的镜面零件。

加工多面镜时，一般用一个单晶金刚石刀具的飞刀切削，即单刀铣削，也可称为金刚石刀具铣削。图 2-6 为多面镜的镜面铣削原理示意，其中主轴前端装有飞刀盘，工作台为立轴，可作两个相互垂直的水平方向的进给运动，工作台上安装有分度装置，并装有夹具。刀具旋转时，工作台作垂直于刀具轴向的进给运动，就能切出多面镜的一面，然后进行分度，继续切削另一面，直至完成零件的加工为止。由于刀具轴上装有飞刀盘，并且高速回转，因此必须进行严格的动平衡。另外，工件装夹时不得产生夹紧变形。

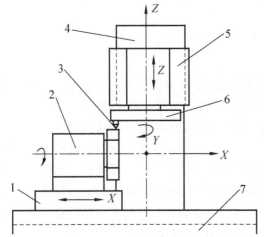

1—水平滑台；2—分度转台；3—金刚石飞刀；4—立柱；5—垂直滑台；6—飞刀盘；7—床身

图 2-6　多面镜的镜面铣削原理示意

2）球面镜的镜面铣削

球面镜的镜面铣削是按照展成原理进行加工的。飞刀盘装在刀具轴上并作高速回转，工件安装在主轴上并作低速回转，刀具轴与工件主轴安装在同一水平面上，刀具轴与工件主轴的夹角为 θ。凹球面镜的镜面铣削原理示意如图 2-7 所示。

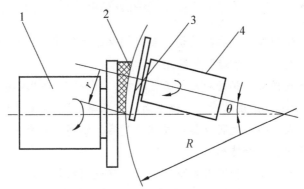

1—工件主轴；2—工件；3—金刚石刀具的刀盘；4—刀具轴

图 2-7　凹球面镜的镜面铣削原理示意

加工球面的半径 R 由下式决定：

$$R=r/\sin\theta$$

式中，r——金刚石刀具回转半径；

θ——刀具轴与工件主轴的夹角。

用展成法加工球面，生产率高，工件中心不会出现残留面积。利用这一原理，还可以加工凸球面镜。

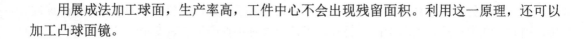

习 题

2-1 金刚石刀具超精密切削加工有什么特点？有哪些应用范围？

2-2 简述精密与超精密切削加工涉及的关键技术。

2-3 试述超精密切削时金刚石刀具磨损和破损特点。

2-4 试述金刚石刀具在超精密切削时切削速度的选择原则及积屑瘤的生成规律。

2-5 试述精密与超精密切削加工原理与一般金属切削加工原理的区别。

2-6 为什么金刚石适合作为超精密切削加工的刀具材料？

2-7 精密加工机床关键部件是如何影响精密与超精密切削加工质量的？

2-8 有哪些新工艺可用于超精密切削加工？

思政素材

■ 主题：工匠精神

弘扬和传承工匠精神

在精密与超精密切削加工领域，迫切需要我们弘扬和传承工匠精神，坚持自主创新，实现从"中国制造"到"中国智造"的跨越。

我国自古至今一直推崇、弘扬和传承工匠精神。"尚巧"和"求精"，是我国传统工匠精神的体现。"执着专注、精益求精、一丝不苟、追求卓越"，则是新时代工匠精神的精辟概括。高铁动车、航天飞船、大国重器等成就的背后，都离不开当代工匠精神的支撑，离不开我们对工匠精神的弘扬和传承。

立足岗位，砺匠人之心，行匠人之事。在当今建设科技强国的大潮中，我国已涌现出一大批大国工匠。例如，徐立平——中国航天科技集团有限公司第四研究院7416厂航天发动机固体燃料药面整形组组长，国家高级技师、航天特级技师；他专注雕刻火药30余年，仅凭手感就能将药面整形误差从允许的0.5 mm提高到0.2 mm。又如，郑志明——广西汽车集团有限公司首席技能专家，他从事钳工工作20余年，将钳工技能练得炉火纯青，将手工锉削零件的精度控制在"航天级"的0.002 mm以内。再如，赵舜——中国工程物理研究院机械制造工艺研究所成都超精密研究中心技师，他创新改进超精密对刀技术、特殊脆性难加工材料切削技术等10余项技术，在新材料上加工出纳米级精度的零件。

"器物有形，匠心无界"。我们每个人都可以是工匠精神的传承者和践行者，为中华民族伟大复兴贡献力量。

——摘自以下资料：

[1] 张柏春. 工匠精神自古就是"中国气质". 人生与伴侣：上半月，2017，5：10.

[2] 马巍. 弘扬工匠精神 奋力实现中国梦. 光明网-理论频道，2021-06-07.

[3] 龚群. 工匠精神及其当代意义. 光明日报，2021-01-18，15版.

[4] 李玉滑. 以工匠精神筑梦新时代. 光明日报，2023-05-08，02版.

[5] 肖群忠，刘永春. 工匠精神及其当代价值. 湖南社会科学，2015，（6）：5.

拓展知识

1．部分精密与超精密切削加工技术与机床研发机构

[1] 劳伦斯利弗莫尔国家实验室（Lawrence Livermore National Laboratory，LLNL），见 https://www.llnl.gov/

[2] 罗切斯特大学光学研究所（The Institute of Optics, University of Rochester），见 https://www.hajim.rochester.edu/optics/

[3] 克莱菲尔德大学精密工程研究所（Precision Engineering Institute, Cranfield University），见 http://www.ultraprecision.org/

[4] 弗劳恩霍夫生产工程研究所（Fraunhofer IPT），见 https://www.ipt.fraunhofer.de/en.html

[5] 航空精密机械研究所，见 https://www.cpei.avic.com

2．其他拓展资料

[1] 中国航空新闻网：精密与超精密加工——为什么航空制造如此追求极致？见http://www.cannews.com.cn/2016/0315/149944.shtml

[2] 王先逵，吴丹，刘成颖. 精密加工和超精密加工技术综述[J]. 中国机械工程，1999，（5）：570-576.

[3] 王振忠，施晨淳，张鹏飞，杨哲，陈熠，郭江. 先进光学制造技术最新进展[J]. 机械工程学报，2021，57（8）：23-56.

典型案例

本章的典型案例为KDP晶体元件及其加工机床，如图2-8所示。

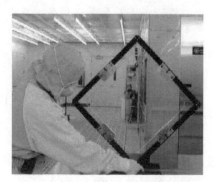
（a）加工完成的 KDP 晶体元件

（b）大用于口径 KDP 晶体超精密飞切加工的机床

图 2-8　KDP 晶体元件及其加工机床

- **应用背景：** KDP（磷酸二氢钾）晶体是目前唯一适用于高功率激光装置的大口径非线性光学晶体，主要用作光学频率转换元件及电光开关器件。高能激光系统的建造对大口径 KDP 晶体元件的加工质量提出了极高的要求，而且 KDP 晶体材料具有特殊性能，因此，大口径 KDP 晶体元件被美国国家实验室认为最难加工的激光光学元件。

- **加工要求：** 加工光学系统中的 KDP 晶体时，要求面形精度小于 $2\mu m$，表面粗糙小于 1.5nm。

- **加工方法选择分析：** KDP 晶体为各向异性的软脆晶体，具有易潮解、对温度变化敏感、易开裂等不利于加工的物理和化学性能。若使用研磨抛光方法加工，极易使抛光粉颗粒嵌入 KDP 晶体，在高能激光应用中将导致严重的激光诱导损伤。采用配备大直径飞刀盘的单点金刚石超精密飞切方法时，切削方向变化较小，这种超精密加工方法是当前最理想的加工 KDP 晶体的方法。

- **加工效果：** 随着单点金刚石超精密飞切技术的不断发展，KDP 晶体的超精密加工质量有了质的飞跃。与研磨抛光加工相比，采用单点金刚石超精密飞切加工方法能高精度高效率地加工出光学元件的表面，没有塌边，表面无残留夹杂物。例如，采用单点金刚石超精密飞切加工方法加工 400mm×400mm 的铝镜平面试件时，面形精度 PV 值（峰值与谷值的差值）小于 2 μm，加工表面粗糙度 $Ra<1.5$ nm，达到了高能激光系统对大口径 KDP 晶体元件的加工要求。

第3章　精密与超精密磨料加工技术

本章重点

（1）精密与超精密磨削原理。
（2）砂轮修整方法；砂带磨削特点与磨削原理。
（3）精密研磨与抛光加工原理。
（4）研磨抛光新工艺。
（5）珩磨加工原理、特点与加工工艺。
（6）超精加工原理与加工特点。

精密与超精密磨削加工都是在 20 世纪 60 年代发展起来的，近年来已扩大到磨料加工的范围。按磨料作用方式分类，精密磨削加工大致可分为固结磨料加工和游离磨料加工两大类。固结磨料加工可分为砂轮磨削或砂带磨削、超精加工、珩磨、砂带研抛、超精研抛等；游离磨料加工可分为抛光、研磨、滚磨、挤压珩磨和喷射加工等。

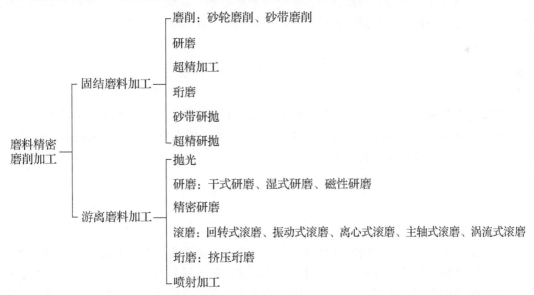

按形状和特征分类，精密与超精密磨料加工使用的磨具可分为固结磨具、涂敷磨具和研磨剂三类。先将一定粒度的磨粒或微粉与结合剂结合在一起，形成一定形状并具有一定强度，再采用烧结、黏结、涂敷等方法，即可形成砂轮、砂条、油石、砂带等磨具。其中用烧结方法形成砂轮、砂条、油石等称为固结磨具，其性能评价指标主要有磨粒粒度、磨

料结合剂、组织与浓度、硬度、强度等。用涂敷方法形成砂带的磨具称为涂敷磨具，常用的涂敷磨具有砂纸、砂布、砂带、砂轮和砂布套等。当前，涂敷磨具的制造方法有重力落砂法、涂敷法和静电植砂法等，如图 3-1 所示。研磨剂是指用磨粒、分散剂（又称为研磨液）和辅助材料制成的混合物，用于研磨和抛光，使用时磨粒呈自由状态。

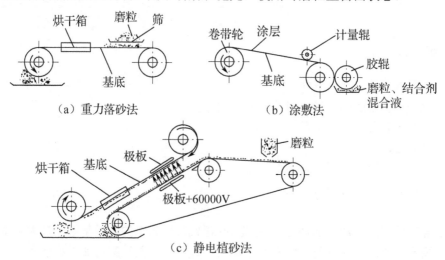

图 3-1　涂敷磨具的制造方法示意

本章主要介绍精密与超精密磨削、精密研磨和抛光、珩磨、超精加工等精密与超精密磨料加工技术。挤压珩磨和磁性磨料研磨加工等内容将在第 7 章介绍。

3.1　精密与超精密磨削加工

精密与超精密磨削是一种可获得亚微米级精度的加工方法，并向纳米级精度发展。这种砂轮磨削加工方法获得的精度达到或高于 0.1μm、表面粗糙度 Ra 低于 0.025μm，适用于钢铁材料、陶瓷和玻璃等材料的加工。

3.1.1　精密与超精密砂轮磨削加工

1. 精密磨削原理

精密磨削主要是依靠砂轮的具有微刃性和等高性的磨粒实现的（见图 3-2），精密磨削多用于机床主轴、轴承、液压阀件、滚动导轨、量规等的精密加工。精密磨削原理如下。

（1）微刃的微切削作用。应用较小的修整导程（纵向进给量）和修整深度（横向进给量）对砂轮实施精细修整，从而得到微刃，其效果等同于砂轮磨粒的粒度变小。通过微刃的微切削，可得到表面粗糙度小的加工表面。

（2）微刃的等高切削作用。由于微刃是在砂轮精细修整的基础上形成的，因此分布在砂轮表层的同一深度上的微刃数量多、等高性好，从而使加工表面的残留高度极小。

（3）微刃的滑挤、摩擦、抛光作用。修整得到的砂轮微刃比较锐利，切削作用强，虽然它会随着磨削时间的增加而逐渐钝化，但等高性逐渐得到改善，因而切削作用减弱，滑挤、摩擦、抛光作用加强。同时磨削区的高温会使金属软化，钝化微刃的滑擦和挤压将工件表面的凸峰辗平，降低了表面粗糙度。

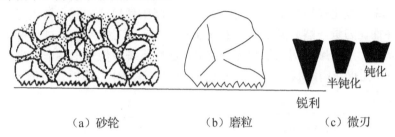

（a）砂轮　　　　　　（b）磨粒　　　　　　（c）微刃

图 3-2　磨粒具有微刃性和等高性

2. 超精密磨削原理

超精密磨削是近年来发展起来的有最高加工精度、最小表面粗糙度的砂轮磨削方法，特别适合硬脆材料的超精加工。

超精密磨削是一种极薄切削，切屑厚度极小，磨削在晶粒内进行，因此磨削力大小要超过晶体内部非常大的原子或分子的结合力，从而使磨粒上所承受的切应力急速增加，甚至可能接近被磨削材料的剪切强度极限。同时，磨粒切削刃处受到高温和高压的作用，要求磨粒材料有很高的高温强度和高温硬度。对于普通磨粒，在这种高温、高压和高剪切力的作用下，磨粒将会很快磨损或崩裂，以随机方式不断形成新切削刃，虽然可以连续磨削，但不能得到高精度、表面粗糙度小的磨削质量。因此，在超精密磨削时，一般多采用人造金刚石、立方氮化硼等超硬磨料砂轮。

对超精密砂轮磨削加工过程的分析，可从单颗粒磨削和连续磨削两个方面进行。

1）单颗粒磨削

砂轮中磨粒的分布是随机的，磨削时磨粒与工件的接触是无规律的，为研究方便起见，先对单颗粒的磨削加工过程进行分析。图 3-3 所示为单颗粒磨削的切入模型，设磨粒以切削速度 v、切入角 α 切入平面状工件，理想磨削轨迹是从接触点开始的，但是由于磨削系统的刚性，实际磨削轨迹变短，因此磨削深度减小。从该模型中可以说明以下几点。

（1）磨粒是一颗具有弹性支撑物（结合剂）的和大负前角切削刃的弹性体。弹性支撑物是指结合剂，磨粒虽有相当硬度，但本身受力变形量极小，实际上仍属于弹性体。

（2）磨粒切削刃的切入深度是从零开始逐渐增加的，到达最大值后逐渐减小，最后减小到零。

（3）磨粒磨削时在工件的接触过程中，开始是弹性区，继而塑性区、切削区、塑性区，最后是弹性区，与切屑形成的形状相符合。

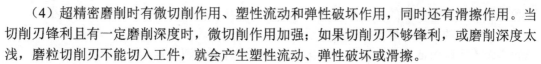

（4）超精密磨削时有微切削作用、塑性流动和弹性破坏作用，同时还有滑擦作用。当切削刃锋利且有一定磨削深度时，微切削作用加强；如果切削刃不够锋利，或磨削深度太浅，磨粒切削刃不能切入工件，就会产生塑性流动、弹性破坏或滑擦。

2）连续磨削

磨削加工是指无数单颗磨粒的连续磨削，即工件连续转动，砂轮持续切入。磨削开始时，整个磨削系统发生弹性变形，磨削切入量和实际工件尺寸的减小量之间产生差值，这种差值称为弹性让刀量。然后磨削切入量逐渐变得与实际工件尺寸的减小量相等，磨削系统处于稳定状态。最后磨削切入量到达给定值，磨削系统弹性变形逐渐消失，到达无切深磨削状态（或称无火花磨削状态）。在超精密磨削加工过程中，弹性让刀量十分重要，应尽量减小弹性让刀量。

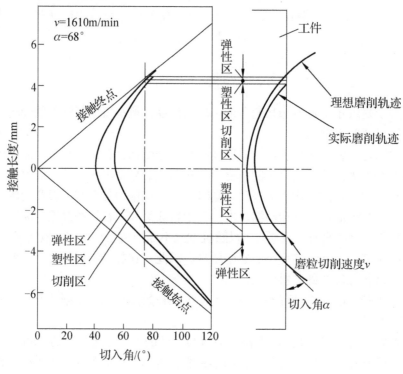

图 3-3　单颗粒磨削的切入模型

3. 砂轮修整

在实际磨削过程中，由于砂轮磨粒的磨损、脱落等因素使砂轮工作型面发生不均匀磨损而使砂轮的几何精度降低，同时随着磨削的进行，砂轮工作表面的磨粒会被磨钝，磨削下来的切屑也会黏附在砂轮磨粒的切削刃上或者堵塞容屑空间，造成砂轮钝化，使磨削性能下降，甚至会因摩擦导致的高温而烧伤工件，使表面加工质量下降，影响砂轮的正常使用，因此必须对砂轮进行修整。

修整通常包括整形和修锐两个过程，修整是整形和修锐的总称。整形是指使砂轮达到一定精度要求的几何形状；修锐是指去除磨粒间的结合剂，使磨粒凸出结合剂一定高度（一般是磨粒尺寸的 1/3 左右），形成足够的切削刃和足够的容屑空间。前者是为了获得理想的砂轮几何形状，后者是为了提高磨削锋利度。普通砂轮的整形和修锐一般是合二为一进行的，超硬磨料砂轮的整形和修锐一般分开进行。砂轮修整从本质上讲是对砂轮的加工，因此有很多方法都可以用于砂轮修整，如车削、磨削及电解等。

1）普通精密磨削砂轮修整

砂轮的修整方法有车削、磨削、电解、电火花等，这些方法均可应用于修整精密磨削砂轮。下面着重介绍金刚石笔和金刚石滚轮修整技术。精密磨削中使用最广泛的是单颗粒金刚石笔修整，所用金刚石颗粒尺寸较大，一般要求质量大于 1mg。用金刚石笔修整砂轮时按车削法进行工作，该修整器的切入量和进给速度都应该使修整出来的新磨粒刃口精细地排列在砂轮表面。金刚石笔修整器及其与砂轮的相对位置如图 3-4 所示。金刚石笔修整器一般安装在低于砂轮中心 0.5～1.5mm 处，并向右上倾斜 10°～15°，以减小承受的作用力。

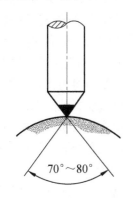

（a）金刚石笔修整器　　　　　（b）金刚石笔修整器与砂轮的相对位置

图 3-4　金刚石砂轮修整器及其与砂轮的相对位置

砂轮的修整参量有修整速度、修整深度、修整次数和光修次数。修整速度一般为 10～15mm/min；修整深度为 2.5μm/单行程；修整速度（纵向进给）和修整深度越小，工件表面粗糙度值越低。但修整速度过小，容易烧伤工件、产生螺旋形等缺陷。修整深度一般为 0.05mm 即可恢复砂轮的切削性能。修整一般分为初修与精修，初修用量可大些，逐次减小，精修一般为 2～3 次单行程。光修为无深度修整，一般为 1 次单行程，主要目的是去除砂轮表面个别凸出的微刃，使砂轮表面更加平整。

此外，比较常用的还有金刚石滚轮修整法。金刚石滚轮是用烧结或电镀的方法把金刚石固结在滚轮金属基材的圆周表面上制成的。金刚石滚轮本身像砂轮一样由电动机单独驱动，并可以正反转。用滚轮修整时的运动与用单颗粒金刚石笔修整时不同，其运动类似切入磨削法的运动。滚轮按磨削法来修整砂轮，一般时间很短，仅用几秒就可以完成。

2）超硬磨料砂轮修整

超硬磨料砂轮目前主要指金刚石砂轮和立方氮化硼（CBN）砂轮，用来加工各种高硬度、高脆性的难加工材料。超硬磨料砂轮的修整是超硬磨料砂轮使用中的重要问题和技术难题，直接影响被加工工件的质量、生产率和成本。超硬磨料砂轮的整形和修锐一般分两步进行，有时对整形和修锐采用不同的方法。这是因为整形和修锐的目的与要求不同，整形要求高效率和高砂轮几何形状，修锐要求有好的磨削性能。

超硬砂轮修整的方法很多，可归纳以下几类。

（1）车削法。车削法是用单点/聚晶金刚石笔、修整片等车削金刚石砂轮达到修整目的。这种方法的修整精度和效率都比较高，但修整后的砂轮表面平滑，切削能力低。

（2）磨削法。磨削法是用普通磨料砂轮或砂块与超硬磨料砂轮对磨进行修整，普通磨料磨粒被破碎，切削超硬磨料砂轮上的树脂、陶瓷、金属结合剂，失去结合剂的超硬磨粒就会脱落。这种方法效率和质量都较好，是目前广泛采用的修整法。

（3）滚压挤轧法。滚压挤轧法是指用碳化硅、刚玉、硬质合金或钢铁等制成修整轮，与超硬磨料砂轮在一定压力下进行自由对滚（修整轮无动力），使结合剂破裂而形成容屑空间，并使超硬磨粒表面崩碎形成微刃。加入碳化硅、刚玉等游离磨料，依靠这些游离磨料的挤轧作用进行修锐，效果较好。该方法的修整效率低，修整压力大，对磨床的刚度要求高。

（4）喷射法。有气压喷砂法和液压喷砂法两种。气压喷砂法是指将碳化硅、刚玉磨料从高速喷嘴喷射到转动的砂轮表面上，从而去除部分结合剂，使超硬磨粒凸出；主要用于修锐，效果较好。液压喷砂法是指用高压泵打出冷却液，当冷却液进入喷嘴的旋涡室时，形成低压，从边孔吸入碳化硅或刚玉等磨粒及空气，与冷却液形成混合液，然后以高速从喷嘴喷射到转动的砂轮上；这种方法修锐的砂轮精度高且锋利，修锐时间短。

（5）电加工修整法。主要有电解修锐法和电火花修整法。电解修锐法其原理是利用电化学的腐蚀作用蚀除金属结合剂；该方法多用于金属结合剂砂轮的修锐，非金属结合剂砂轮无效，并且不能用于整形。电火花修整法的原理是火花放电，适用于各种金属结合剂砂轮的修整。若在结合剂中加入石墨粉，可用于使用树脂、陶瓷结合剂的砂轮。既可整形，又可修锐，效率高，质量可与磨削法相当。

（6）超声修整法。可以分为金刚石笔辅助振动修整和游离磨料超声修整。金刚石笔辅助振动修整砂轮时，金刚石笔切入砂轮表面并沿砂轮轴向进给。同时，金刚石笔在振动装置的驱动下进行有规律的振动，这相当于车床的振动车削。在振动条件下，金刚石笔具有优良的切削性能，能够很好地改善砂轮的微观形貌。采用游离磨料进行超声修整时，在砂轮和修整器之间放入游离磨料，以撞击砂轮的结合剂，使超硬磨粒从结合剂中凸出，游离磨料修锐效果较好。

3.1.2 砂带磨削加工

砂带磨削是一种新的高效磨削方法，能得到高的加工精度和表面质量，具有广泛的应用范围，可以补充或部分代替砂轮磨削。

1. 砂带磨削方式和特点

砂带磨削方式从总体上可以分为闭式和开式两大类。

1) 闭式砂带磨削

采用无接头或有接头的环形砂带，通过张紧轮撑紧，由电动机通过接触轮带动砂带高速回转。工件回转，砂带头架或工作台纵向及横向进给运动，从而实现工件的磨削。闭式砂带磨削效率高、但是噪声大、易发热，适用于粗加工、半精加工和精加工。

2) 开式砂带磨削

采用成卷砂带，由电动机经减速机构通过卷带轮推动砂带，使其极缓慢地移动。砂带绕过接触轮并以一定的工作压力与工件被加工表面接触。工件回转，砂带头架或工作台纵向及横向进给，从而实现对工件进行磨削。砂带在磨削过程中的连续缓慢移动，切削区不断出现新砂粒，磨削质量高且稳定，磨削效果好。开式砂带磨削效率不如闭式砂带，多用于精密与超精密磨削加工中。

砂带磨削的特点如下。

(1) 砂带与工件是柔性接触，磨粒载荷小而均匀，砂带磨削工件表面质量高，表面粗糙度可达到 0.05～0.01μm。因此，砂带磨削有"弹性"磨削之称。

(2) 静电植砂法制作的砂带使磨粒具有方向性，力作用和热作用小，有较好的切削性，有效地避免了工件变形和表面烧伤。工件的尺寸精度可达到 5～0.5μm，平面度可达到 1μm。因此，砂带磨削有"冷态"磨削之称。

(3) 砂带磨削效率高，可以与铣削和砂轮磨削媲美，强力砂带磨削的效率可为铣削的 10 倍，普通砂轮磨削的 5 倍。砂带磨削无须修整，磨削比可高达 400：1。因此，砂带磨削有"高效"磨削之称。

(4) 砂带制作简单方便，无烧结、动平衡等问题，价格也便宜，砂带磨削设备结构简单。因此，砂带磨削有"廉价"磨削之称。

(5) 砂带磨削有广阔的工艺性、应用范围和很强的适应性，不仅可以加工各种金属材料，而且可以加工木材、塑料、石材、水泥制品、橡胶等非金属，以及单晶硅、陶瓷、宝石等硬脆材料。因此，砂带磨削有"万能"磨削之称。

2. 砂带磨削原理

用砂带磨削时，砂带经接触轮与工件被加工表面接触。接触轮的外缘材料一般都是有一定硬度的橡胶或塑料（弹性体），同时砂带的基材是纸、布或聚酯薄膜，也有一定的弹性。因此，砂带磨削时的弹性区的面积较大，使磨粒承受的载荷大大减小，载荷值也较均匀且有减振作用。图 3-5 所示为砂轮磨削和砂带磨削的接触区与载荷分布情况，由该图可知，砂带磨削时的材料塑性变形量和摩擦力均较砂轮磨削时减小，力作用和热作用影响降低，工件温度降低。砂带上的磨粒大小均匀、等高性好，磨粒的尖刃向上，有方向性且切削刃间隔长，不易造成切屑堵塞，有较好的切削性。

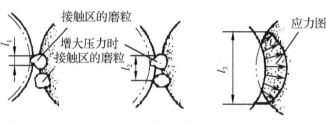

（a）砂轮磨削

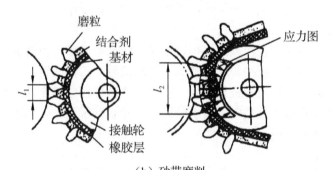

（b）砂带磨削

l_1—接触区起始长度；l_2—压力增大时接触区长度；l_3—应力区长度

图 3-5　砂轮磨削和砂带磨削的接触区与载荷分布情况

用砂带磨削时，除了砂轮磨削的滑擦、犁耕和切削作用，还有弹性和磨粒的挤压作用，使加工表面产生塑性变形、磨粒的压力使加工表面产生加工硬化或断裂，以及因摩擦升温引起的加工表面塑性流动等。因此，从加工原理看，砂带磨削兼有磨削、研磨和抛光的综合作用，它是一种复合加工。精密与超精密加工对加工精度和表面质量均要求很高，砂带磨削在提高加工表面质量，特别是在减小表面粗糙度方面效果明显，但是在如何提高加工精度的机理和实践方面还需要进一步研究。

3.1.3　精密与超精密磨削加工的应用

普通磨料精密磨削是最早的精密磨削方法，其加工精度范围为 0.1～1μm，表面粗糙度 Ra 为 0.04～0.16μm，主要应用于早期机床主轴、轴承、液压滑阀、滚动导轨和量规等的加工。

随着超硬材料和航空材料的发展，以及人们对超硬材料和航空材料零件的精度要求越来越高，越来越多的科研工作者研究超硬材料和航空材料的超精密磨削技术。

1.　微结构功能表面的超精密磨削

物体表面的一些特定形状的微结构特征会使该物体具有一些特定的功能，如超疏水特性、减阻特性、隐身特性等，这种具有一定功能的微结构表面称为微结构功能表面。随着科技的发展，微结构功能表面在光学、机械电子、生物医学与军事等领域有着越来越重要的应用价值和广阔的应用前景。

利用单点金刚石切削加工技术，可以在没有后续抛光的情况下直接加工出具有纳米级表面粗糙度和亚微米级面形精度的微结构表面。而在微结构功能表面的复制过程中，具有微结构表面模具的超精密加工质量对最终的产品性能和成本控制起着决定性的作用。随着被复制元件光学性能要求以及模压温度的不断提高，模具材料正在向碳化硅、碳化钨和氮化硅等具有高硬度、耐高温、耐磨损、化学稳定性好等特征的超硬材料发展，借此提高模具的使用寿命和精度的长期一致性。因此，研究并开发针对微结构光学功能元件模具的高效率超精密加工方法，将是未来微结构光学功能元件实现确定性、经济性与柔性大批量生产的关键。

作为一种理想的模具材料加工方法，超精密磨削加工技术在微结构光学功能元件模具制造领域受到极大的重视，已成功应用于衍射光学元件、多棱镜、微透镜阵列、金字塔微结构等微结构的加工。

德国不来梅大学的精密加工实验室（LFM）与德国亚琛技术大学、美国俄克拉荷马州立大学从 2002 年开始合作进行一项跨区域合作研究项目"复杂光学元件的制造工艺链集成技术（SFB/TR4）"。在此项目的资助下，LFM 使用金属基金刚石砂轮，通过仿形磨削的方法，在碳化钨上加工出了半径为 1.123mm±0.0125mm 的圆柱槽阵列微结构（共 21 个槽），磨削后的微槽表面粗糙度 Ra 为 33～40nm。另外，LFM 还在氮化硅上加工出了半径为 0.7437mm，槽宽 450μm、槽深 31μm 的圆柱槽阵列微结构。

德国弗劳恩霍夫生产工程研究所（IPT）在无结合剂碳化钨、碳化硅和氮化硅等超硬模具材料上使用金刚石砂轮进行了大量的微结构表面磨削加工试验研究。他们采用微砂轮轨迹磨削的方法，对窥视矩阵微结构表面模具进行加工试验，加工后的表面粗糙度小于10nm，随后进行玻璃模压试验。IPT 指出，目前对这些超硬材料的微结构表面模具来说，唯一行之有效的加工方法是超精密磨削。

日本神户大学在硬质合金和陶瓷材料上使用带有尖角的金刚石砂轮，通过 Y 轴和 Z 轴的联动磨削加工出了菲涅尔透镜玻璃模压模具，面形精度 PV 值达到 0.1μm。同时，也用树脂基金刚石砂轮，采用四轴联动的方法磨削加工出了直径为 100μm 的微透镜阵列（由19 个微透镜组成），每个微透镜的面形精度 PV 值都在 0.1～0.2μm 之间。

2. 航空典型零件的超精密磨削

作为航空发动机的关键零件，叶片类复杂曲面零件的几何精度和表面质量直接影响着发动机的工作效率。为了获得更高的动力和更好的效率，按照流体动力学规律设计的发动机叶片型面越来越复杂，叶片截面几何尺寸设计越来越薄，进/排气边越来越小，例如，压气机叶片进/排气边设计尺寸最小达到 0.1mm；现代叶片制造精度要求越来越高，例如，发动机叶片型面轮廓制造精度最高要求小于 0.03mm。这些要求对叶片制造工艺和检测方法提出了新挑战。

对叶片型面加工而言，使用五轴联动数控铣床能够精确加工出叶片型面，加工空间轮廓精度可达到 0.05mm 或更高。但数控铣削加工表面质量通常不能满足叶片的精度和性能要求，必须进一步打磨抛光。在我国叶片型面的超精加工经历了手工砂轮打磨、手工砂布打磨抛光、砂带仿形磨削等发展过程，现在已逐步迈入多坐标数控超精密磨削加工。叶片磨削运动原理示意如图3-6所示，这种多坐标数控磨削加工方式也将会成为叶片进/排气边加工的主流方法。

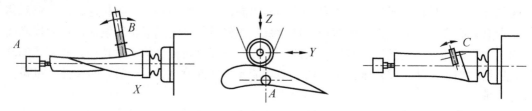

图3-6　叶片磨削运动原理示意

3.2　精密研磨与抛光加工

3.2.1　精密研磨与抛光加工原理

1. 精密研磨原理

精密研磨（Precision Lapping）属于游离磨粒切削加工，是指在刚性研具（如铸铁、锡、铝等软金属或硬木、塑料等）上注入磨料并添加润滑剂，在一定压力下，通过研具与工件的相对运动，借助磨粒的微切削作用，除去微量的工件材料，以达到高几何精度和优良表面质量的加工方法。研磨加工模型如图3-7所示。

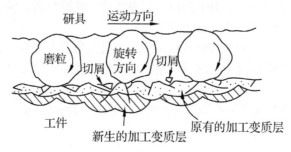

图3-7　研磨加工模型

硬脆材料研磨时切屑生成和表面形成的基本过程如下：在对磨粒加压时，拉伸应力最大部位产生呈圆锥状和八字形等形状的微裂纹；当压力解除时，最初产生的裂纹中的残余应变复原，新产生的拉伸应力大的部分将破裂而成碎片，即形成磨屑。这一过程的形成原因在于硬脆材料的抗拉强度比抗压强度小。

金属材料的研磨在加工原理上和脆性材料的研磨有很大区别。研磨金属材料时，磨粒的研磨作用产生的切削深度极小，被加工的金属材料不会产生裂纹。但是，由于磨粒处于游离状态，因此难以实现连续切削。通过转动和加压，使磨粒与工件之间存在断续的研磨动作，从而产生磨屑。

2. 抛光加工原理

抛光（Polishing）是指用低速旋转的软质弹性或黏弹性材料（塑料、沥青、石蜡、锡等）抛光盘，或者用高速旋转的低弹性材料（棉布、毛毡、人造革等）抛光盘，借助抛光介质（抛光液）获得光滑表面的加工方法。抛光加工一般不能提高工件形状精度和尺寸精度。

抛光加工模型如图 3-8 所示。抛光加工使用的磨粒一般是 1 μm 以下的微小磨粒，微小磨粒被抛光器弹性地夹持，以便研磨工件，因而磨粒对工件的作用力很小。即使抛光脆性材料，也不会使脆性材料发生裂纹。

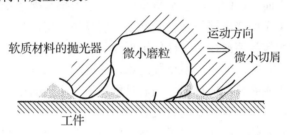

图 3-8　抛光加工模型

3.2.2　影响精密研磨与抛光加工质量的工艺因素

影响精密研磨和抛光加工质量的工艺因素见表 3-1。这些因素对实施精密研磨与抛光加工至关重要。

表 3-1　影响精密研磨与抛光加工质量的工艺因素

项　目		内　容
研磨法	加工方式	单面研磨、双面研磨
	加工运动	旋转、往复
	驱动方式	手动、机械驱动、强迫驱动、从动
研具	材料	硬质、软质、人造、天然
	形状	平面、球面、非球面、圆柱
	表面状态	有槽、有孔、无槽
磨粒	材质	金属氧化物、金属碳化物、氮化物、硼化物
	性质	硬度、韧性
	大小	几十微米～0.01μm
加工液	水质	酸性、碱性、界面活性剂
	油质	界面活性剂
工件与研具相对速度/（km/mm）		$(1 \sim 100) \times 10^{-3}$
加工压力/Pa		$(0.01 \sim 30) \times 10^{5}$
加工时间/h		10
环境	温度	室温，设定温度偏差±0.1℃
	尘埃	利用净化槽、净化操纵台

由于研磨作为最终加工或超精密抛光的前加工的要求是不同的，其加工条件当然也是不同的，因此对有残留裂纹的硬脆材料进行镜面研磨时，必须确保超精密、高精度、高效率的加工条件。对于研磨不产生裂纹的金属材料，有时也需要进行抛光，如果只用研磨就能达到超精密加工要求时，也需要选择与抛光同样的加工条件。

研磨方式有单面研磨和双面研磨两种，特别是双面研磨能同时高效率地研磨工件的平行平面、圆柱和圆球等。作为超精密研磨、抛光用的研磨机，要求其能均匀地加工工件，研具的损耗小，还要求能容易地修整研具精度。作为工具的研具和抛光器，其工作面的形状精度会反映到工件表面上，因此，必须减少由工作面磨损和弹性变形引起的精度下降。

表面粗糙度和加工表面变质层的深度受磨粒与研具的作用，为了实现超精密研磨和抛光，需要使用微细的磨粒和使磨粒对工件作用很浅的研具材料。另外，两者研磨时的速度和压力等均与加工效率有关；但是，要特别注意，速度和压力过大会造成质量下降。若能适宜地供给磨粒和加工液并顺利地排屑，则研具磨耗量与它们的相对速度、压力和时间成正比，因此，可以保证研磨具有良好的重复性。

研磨和抛光时伴随发热，因此，除了工件和研具因温度上升而发生变形，难以进行高精度研磨，在局部的磨粒作用点上也会产生相当高的温度，这对加工表面变质层的产生有很大的影响。加工液起到提供磨粒、排除切屑、冷却发热部位和减少不必要摩擦的效果。对金属材料，要考虑到防锈效果。可以采用油质加工液，有时也使用添加肥皂等活性剂的水质加工液。但是，超精密加工要求加工膜不能存在，需要使用研具表面上被均匀地涂上一层磨粒的干式手工研磨方法。当前块规的制造就是采用这种方法。

通过对传统研磨和抛光技术的改造并采用新的加工原理，很多超精密研磨和抛光的新技术被开发出来。表 3-2 中汇总了部分超精密研磨与抛光加工的新方法。

表 3-2 部分超精密研磨与抛光加工的新方法

加工法	磨 粒	研 具	加工液	加工机械与方式	加工机制	应用示例
超精密研磨	微细磨粒	铸铁	煤油 机油	双面研磨机 手工研磨	以磨粒的机械作用为主	量具、量规端面
超精密抛光	微细磨粒 容易微细化的磨粒 软磨粒	软质研具	过滤水 蒸馏水 净化水	透镜研磨机 修正轮型加工机 加压使运动稳定	以磨粒的机械作用为主	载物台、光学元件、振动干基板、玻璃板
液中研磨	微细磨粒	合成树脂	过滤水 蒸馏水 净化水	选择研磨材料 液中浸渍	同上 加工液起缓冲冷却效果	硅片
机械-化学抛光	微细磨粒	人造革	湿式	高速高压运转	通过机械-化学抛光去除反应生成物	硅片
	软磨粒	玻璃板	干式			蓝宝石
化学-机械抛光	微细磨粒	软质研具	碱性液 酸性液	修正轮型加工机 双面研磨机	磨粒的机械作用和加工液的磨粒作用	GGG（钇镓石榴石）基片、Mn-Zn 铁素体

续表

加工法	磨 粒	研 具	加工液	加工机械与方式	加工机制	应用示例
弹性发射加工（EEM） 非固体接触式加工	微细磨粒（粗磨粒）	使工作悬浮的动压研具	净冲水碱性液	加工时通过动压使工件与工具呈非接触状态的结构	由于磨粒的冲击引起微量弹性破坏，破碎的磨粒与试件的原子、分子的相互作用，加工液的腐蚀作用	硅片玻璃
液面抛光	不使用磨粒	软质研具	Br-甲醇（甘醇20%）	保证工件与研具呈非接触式状态的结构	利用加工液的磨粒作用	GaAs 晶片 InP 晶片

3.2.3　精密研磨与抛光工具

1. 研磨盘与抛光盘

研磨盘是涂敷或嵌入磨料的载体，以发挥磨粒切削作用，同时又是研磨表面的成型工具。研磨盘的主要作用一方面是把研磨盘的几何形状传递给被研磨工件，另一方面的作用是涂敷或嵌入磨料。为了保证研磨的质量，提高研磨工作的效率，所采用的研磨工具应满足如下要求：研磨盘的结构要合理，应有较高的尺寸精度和形状精度、足够的刚度、良好的耐磨性和精度保持性；硬度要均匀，且低于工件的硬度；组织均匀致密，无夹杂物，有适当的被嵌入性；表面应光整，无裂纹、斑点等缺陷。此外，应考虑排屑、储存多余磨粒及散热等问题。

研磨盘的常用材料有铸铁、软钢、青铜、黄铜、铝、玻璃和沥青等。研磨淬硬钢、硬质合金和铸铁时，可以使用铸铁研磨盘；研磨余量大的工件、小孔、窄缝/窄口、软材料时，可以使用黄铜、纯铜研磨盘；研磨 M5 以下的螺纹及小尺寸复杂形状的工件时，可以使用软钢研磨盘。此外，还有用非金属作研磨盘的，如沥青可研磨玻璃、水晶及单晶硅等脆性材料和精抛光淬硬工件。在淬硬工件的最后精研磨阶段，为了得到良好的表面粗糙度而选用氧化铬作为磨料时采用玻璃研磨盘，如量针的最后精研磨。

抛光盘平面精度及其精度保持性是实现高精度平面抛光的关键。因此，抛光小面积的高精度平面工件时要使用弹性变形量小，并且始终能保持平面度的抛光盘。较为理想的方法是采用特种玻璃，或者在平面金属盘上涂一层弹性材料或软金属材料，以此作为抛光盘。

抛光盘材料通常都要采取不同的处理方法，如漂白、上浆、上蜡、浸脂或浸泡药物等，以提高抛光剂特性的保持性，增强刚性，延长使用寿命，改善润滑性或防止因过热而燃烧等。但处理时务必注意，不要使处理用的材料黏附在工件表面上，否则，难以去掉。

2. 研磨剂与抛光剂

研磨剂是很细（粒度等级小于 W28）的磨料、研磨液（或称润滑剂）和辅助材料的混合剂。磨料一般是按照硬度分类的，首先是硬度最高的金刚石，有天然金刚石和人造金刚

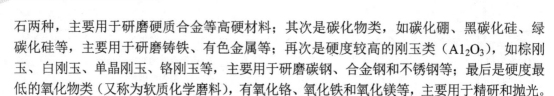

石两种，主要用于研磨硬质合金等高硬材料；其次是碳化物类，如碳化硼、黑碳化硅、绿碳化硅等，主要用于研磨铸铁、有色金属等；再次是硬度较高的刚玉类（A1$_2$O$_3$），如棕刚玉、白刚玉、单晶刚玉、铬刚玉等，主要用于研磨碳钢、合金钢和不锈钢等；最后是硬度最低的氧化物类（又称为软质化学磨料），有氧化铬、氧化铁和氧化镁等，主要用于精研和抛光。

研磨液在研磨加工中，不仅能起调和磨料的均匀载荷、黏附磨料、稀释磨料和冷却润滑作用，而且还可以起到防止工件表面产生划痕及促进氧化等化学作用。常用的研磨液有全损耗系统用油（机油）、煤油、动植物油、航空油、酒精、氨水和水等。

辅助材料是一种混合脂，在研磨中起吸附、润滑和化学作用。最常用的有硬脂酸、油酸、蜂蜡、硫化油和工业甘油等。

抛光剂由粉粒状的软磨料、油脂及其他适当成分介质均匀混合而成。抛光剂在常温下可分为固体和液体两种，固体抛光剂用得较多。固体抛光剂中使用最普遍的是熔融氧化铝，它和抛光盘黏结牢靠，而碳化硅与抛光盘的黏结效果较差，使用受到一定限制。液体抛光剂（也称抛光液）一般由氧化铝和乳化液混合而成，对其中的氧化铬，要严格地使用 5～10 层细纱布过滤，过滤后的磨粒粒度等级相当于 W5～W0.5。液体抛光剂应保持清洁，若含有杂质或氧化铬和乳化液混合不均匀，会使脆光表面产生"橘皮""小白点""划团"等缺陷。此外，还必须注意工作环境的清洁。从粗抛过渡到精抛，要逐渐减小氧化铬在液体抛光剂中的比例，精抛时氧化铬所占比例极小。

3.2.4　研磨抛光新工艺

非接触式抛光是一种研磨抛光新工艺，是指在抛光中工件与抛光盘互不接触，依靠抛光剂冲击工件表面，以获得加工表面完美结晶性和精确形状的抛光方法，只能去除几个到几十个原子。非接触式抛光主要用于功能晶体材料抛光（注重结晶完整性和物理性能）和光学零件的抛光（注重表面粗糙度及形状精度）。下面，介绍几种非接触式研磨抛光新工艺。

1. 弹性发射加工

弹性发射加工（Elastic Emission Machining，EEM）是非接触式抛光工艺的理论基础。弹性发射加工，是指加工时研具与工件互不接触，通过微粒子冲击工件表面，对物质的原子结合产生弹性破坏，以原子级的加工单位去除工件材料，从而获得无损伤的加工表面。

弹性发射加工原理是利用水流加速微细磨粒，以尽可能小的入射角（近似水平）冲击工件表面，在接触点处产生瞬时高温高压而发生固相反应，造成工件表层原子晶格的空位及工件原子和磨粒原子互相扩散，形成与工件表层其他原子结合力较弱的杂质点缺陷，当这些缺陷再次受到磨粒撞击时，杂质点原子与相邻的几个原子被一并移去，同时工件表层凸出的原子也因受到很大的剪切力作用而被切除。

2. 浮动抛光

浮动抛光（Float Polishing）是一种平面度极高的非接触式超精密抛光工艺。浮动抛光装置如图 3-9 所示。高回转精度的抛光机采用高平面度平面并带有同心圆或螺旋沟槽的锡抛光盘，抛光液覆盖在整个抛光盘表面上，抛光盘及工件高速回转时，在两者之间的抛光液呈动压流体状态，并形成一层液膜，从而使工件在浮起状态下被抛光。

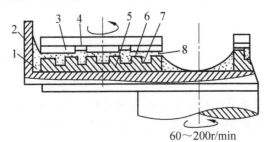

$60\sim200r/min$

1—抛光液；2—抛光液槽；3—工件；4—工件夹具；5—抛光盘；
6—金刚石刀具的切削面；7—沟槽；8—液膜

图 3-9　浮动抛光装置

3. 动压浮离抛光

动压浮离抛光（Hydrodynamic-Type Polishing ）是另一种非接触式抛光。动压浮离抛光的工作原理如下：当沿圆周方向置有若干个倾斜平面的圆盘在液体中转动时，通过液体楔产生液体动压（动压推力轴承工作原理），使保持环中的工件浮离圆盘表面，由浮动间隙中的粉末颗粒对工件进行抛光。在加工过程中无摩擦热和工具磨损，标准平面不会变化，因此，可重复获得精密的工件表面。

4. 非接触式化学抛光

普通的盘式化学抛光方法通过向抛光盘面供给化学抛光液，使其与被加工表面作相对滑动，用抛光盘面去除被加工表面上产生的化学反应生成物。这种以化学腐蚀作用为主，机械作用为辅的加工，又称为化学-机械抛光。水面滑行抛光（Hydroplane Polishing）是一种工件与抛光盘互不接触，不使用磨料的化学抛光方法。它借助于流体压力使工件基片从抛光盘面上浮起，利用具有腐蚀作用的液体作加工液完成抛光。水面滑行抛光法是为抛光 GaAs 和 InP 等化合物半导体基片而开发的。

5. 磁流变抛光

磁流变抛光（Magnetorheological Finishing，MRF）的原理是将电磁学与流体动力学理论相结合，这种工艺主要应用于非球面光学透镜超精密加工。磁流变抛光利用磁流变抛光液在磁场中的流变性对工件进行抛光，其原理是磁流变液由抛光轮带入抛光区域，在高强度梯度磁场作用下，成为具有黏塑性的 Bingham 介质，变硬且黏度变大，形成具有一定形状的"柔性抛光模"。当"柔性抛光模"流经工件与运动盘时形成小间隙，工件表面会产生很大的剪切力，对工件表面材料实现去除。当加工非球面零件时，通过对被加工表面的误

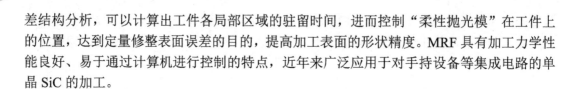

差结构分析，可以计算出工件各局部区域的驻留时间，进而控制"柔性抛光模"在工件上的位置，达到定量修整表面误差的目的，提高加工表面的形状精度。MRF 具有加工力学性能良好、易于通过计算机进行控制的特点，近年来广泛应用于对手持设备等集成电路的单晶 SiC 的加工。

3.3　光　整　加　工

光整加工是指精加工后从工件上切除极薄的材料层，以提高工件加工精度和降低表面粗糙度的加工方法。为了保证和提高零件的表面质量，采用光整加工方法作为零件的终加工工序是十分有效的措施。

目前光整加工方法很多，有不同的分类方法。若按光整加工的主要功能来分，可分以下三类：

（1）以降低零件表面粗糙度为主要目的的光整加工，如研磨加工、抛光加工、超精加工和珩磨加工等。

（2）以改善零件表面物理性能和力学性能为主要目的的光整加工，如滚压、喷丸强化、金刚石挤压光整和挤压孔等。

（3）以去除飞边或毛刺、棱边倒圆等为主要目的的光整加工，如喷砂、高温爆炸、滚磨、动力刷加工等。

下面，介绍第一类中的超精加工和珩磨加工技术。

光整加工是一种选择压力作用点的加工方法。当工具与工件在一定宽度面上接触并施加压力时，工具自动地选择局部凸出的部位加工，仅切除承受压力处的材料。这种加工方法使工具与工件分别随行对方引导而同时逐步提高精度，即使工具多少存在误差，由于加工过程中工具上的误差点也被切除，工具精度提高，因此与一般强迫进给的切削方法不同，通过光整加工可获得较高的加工精度。

光整加工可以获得比一般机械加工更高的加工精度，其特点是使用由高品质微粒磨料制成的固结磨具油石。为了保证高的加工精度，要求磨粒粒度、磨具硬度和组织保持良好的一致性，要求磨具尺寸形状保持较高的准确性。为了实现各切刃均作微小切削和高效率的切削，要求磨具与工件有较大的接触面积。因此，在光整加工过程中，要求具备良好的降温、冷却和排屑条件。

一般光整加工过程中，固结磨粒磨具的接触面积大。为防止其发热变形、切屑堵塞磨具，要求切削速度远低于磨削速度。为不降低加工表面质量和加工效率，一般选择的切削速度小于 100 m/min，最高不大于 300 m/min。

进行光整加工时，工具有特殊的运动形式。为获得良好的加工效果，磨具与工件之间的相对运动比较复杂，诸如交叉切削运动（如珩磨加工）和相对振动切削运动（超精加工）。

光整加工所使用磨具无须修整，而是通过压力进给切削可通过各种加压方式进行控制，使其在从粗加工到精加工的过程中得到自动同步修锐。

3.3.1 珩磨加工

珩磨（Honing）主要用来对工件内孔进行精加工和光整加工。进行珩磨加工时，利用珩磨工具对工件表面施加一定压力，珩磨工具同时作相对旋转和直线往复运动，进行相互修整、相互作用，以提高工件尺寸精度、形状精度和表面质量，珩磨是一种低速磨削。加工后的工件尺寸精度为 IT6～IT7，圆柱度为 0.01mm，表面粗糙度 Ra 为 0.8～0.2 μm。

1. 珩磨加工原理

珩磨工具为珩磨头，在珩磨头的圆周上装着若干条油石（一般为 4～6 条），由珩磨机床主轴带动其旋转并作轴向往复运动，并通过胀开机构将油石沿径向胀开，使其对孔壁施加一定压力而作进给运动，实现对孔的低速磨削。当珩磨头向上运动时，磨粒在孔壁的加工轨迹为右螺旋线，向下运动时为左螺旋线，左右螺旋线交叉重叠。由于珩磨头在每个往复行程内的转数为一非整数，因而使它在每个行程的起始位置都与上次错开一个角度，这就使油石上每颗磨粒在加工表面上的运动轨迹不会重复，从而形成均匀交叉而又复杂的网状细纹，如图 3-10 所示。

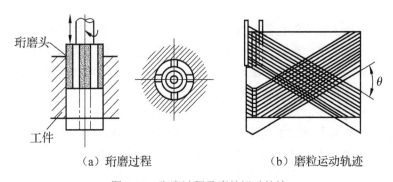

（a）珩磨过程　　　　　（b）磨粒运动轨迹

图 3-10 珩磨过程及磨粒运动轨迹

珩磨时，珩磨头对金属有切削、摩擦和挤压光整的作用，可以认为珩磨是磨削加工的一种特殊形式，只是珩磨所用的磨具是由粒度很小的油石组成的珩磨头。在珩磨过程中，珩磨头工作面上随机分布的磨粒形成众多的刃尖，被加工金属表层有一部分被磨粒磨刃切除，另一部分则被磨粒挤压，产生塑性变形，并隆起在磨痕两旁，虽与母体产生晶格滑移，但仍联结在母体上，结合强度大大降低，故易为其他磨粒磨刃所切除。由于珩磨时的切削速度和单位压力较低，因而切削区的温度不高，一般在 50～150℃ 范围内。珩磨也与常用磨削加工一样，磨条上的磨粒有自锐作用。

2. 珩磨加工特点

珩磨加工有以下显著特点。

（1）表面质量好。珩磨可获得较小的表面粗糙度 Ra，最小表面粗糙度 Ra 可达到

0.025 μm。珩磨表面有均匀的交叉网纹，有利于贮油润滑，而且珩磨发热量少，表面不易烧伤，变形层很薄。因此，可获得很高的表面质量。

（2）加工精度高。珩磨不仅可获得较高的尺寸精度，还能修正孔在珩磨前加工中出现的轻微形状误差，如圆度、圆柱度和表面波纹等。但珩磨一般不能修正孔的位置偏差，孔的轴线直线度和孔的位置度等精度必须由前道工序（精镗或精磨）来保证。

（3）生产率高。珩磨头可以使用多条油石或超硬磨料油石，也可提高珩磨头的往复速度以增大网纹交叉角，较快地去除珩磨余量与孔形误差，还可应用强力珩磨工艺，以有效地提高珩磨效率。

（4）工艺成本较经济。对薄壁孔和刚性不足的工件，或较硬的工件表面，用珩磨进行光整加工不需要复杂的设备和工装，且操作方便。

（5）应用范围广。珩磨主要用于加工各种圆柱形通孔、径向间断的表面孔、不通孔和多台阶孔等。可加工孔径为5～250 mm、孔长为3000 mm的内孔。除加工内孔外，还可用于外圆、球面以及内外环形曲面的加工；可加工的材料包括铸铁、淬火与未淬火钢、硬铝、青铜、黄铜、硬铬与硬质合金，以及玻璃、陶瓷等非金属材料。

3. 珩磨头与油石

珩磨头是珩磨加工机床的重要部件。珩磨头一端连接机床主轴接头，杆部镶嵌或连接珩磨油石。在加工过程中，珩磨头的杆部与珩磨油石进入工件的被加工孔内，并承受切削扭矩；在机床进给结构的作用下，驱动珩磨油石作径向扩张，实现珩磨的切削进给，使工件孔获得所需的尺寸精度、形状精度和表面粗糙度。

不论对哪一种珩磨头，它必须具备以下几个基本条件。

（1）珩磨头上的油石对加工工件表面的压力能自由调整，并能保持在一定范围内。

（2）珩磨过程中，油石在轴的半径方向上可以自由均匀地胀缩，并具有一定刚度。

（3）珩磨过程中，工件孔的尺寸在达到要求后，珩磨头上的油石能迅速缩回，以便于珩磨头从孔内退出。

（4）油石工作时无冲击、位移和歪斜。

图3-11所示为一种利用螺旋调节压力的珩磨头结构。珩磨头本体用浮动装置与机床主轴相连接，油石黏结剂（或用机械方法）与油石座固结在一起装在本体的槽中，油石座两端由弹簧箍住，使油石保持向内收缩的趋势。珩磨头尺寸的调整是通过旋转螺母，推动调整锥向下移动，通过顶块使油石在圆周上均匀张开，当油石与孔表面接触后，再继续旋动螺母，即可获得工作压力。这种珩磨头结构比较简单，制造方便，经济实用，但工作压力的调整频繁且复杂，还会在珩磨过程中随油石损耗或孔径的增大而不稳定。为了自动获得恒定压力，成批或大量生产中应采用气动或液压控制的珩磨头。采用气动或液压控制油石胀缩的优点是：在珩磨过程中，油石对工件表面的压力均匀，磨削平稳，而且没有振动，生产率比较高。但是，这种珩磨头的结构较复杂，只有在专用的珩磨机上才能使用，一般中小型修理厂就可能不太适用。

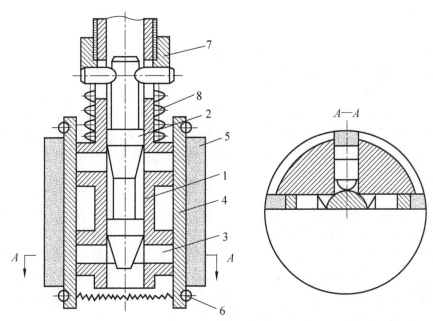

1—本体；2—调整锥；3—顶块；4—油石座；5—油石；6—弹簧箍；7—螺母；8—弹簧

图 3-11　利用螺旋调节压力的珩磨头结构

油石是珩磨加工的刀具，直接决定珩磨加工质量。珩磨加工过程中油石的选择应考虑以下因素。

（1）油石种类。油石根据磨料不同一般可分为两大类，即普通油石和特殊油石。普通油石选用普通磨料，虽然价格便宜，但其寿命短且型面保持性差，因此大批量生产时一般不选用。在特殊油石中，选用金刚石等超硬磨料。虽然金刚石的硬度最高，但其热稳定性、磨粒的切削性能远不如立方氮化硼（CBN）油石，因而在珩磨合金钢之类的工件时，用立方氮化硼油石能获得更好的切削性和经济性。

（2）油石粒度。选择油石粒度应以满足工件表面粗糙度为前提，并非越细越好。油石越细，切削效率就越低，因此在满足工件所要求的表面粗糙度前提下，应选用尽可能粗的油石。

（3）油石长度。油石长度是否合适直接影响到被加工孔的形状精度，选择不当可能会产生喇叭口形、腰鼓形、虹形、波浪形等现象。一般情况下，加工通孔时，油石长度应为孔长的 2/3～3/2；加工不通孔时，油石长度应为孔长（包括退刀槽）的 2/3～3/4。当然，实际应用时应根据具体情况加以修正。

（4）油石硬度。油石硬度直接影响油石的切削性能。一般情况下，加工硬材料选用较软的油石，加工软材料选用较硬的油石。

（5）油石工作压力。珩磨油石工作压力是指油石通过进给机构施加于工件表面单位面积上的力，油石上的磨粒在此工作压力下切入金属或自锐。工作压力增大时，材料去除量和油石损耗也增大，但珩磨精度较差、表面粗糙度增大。当工作压力超过极限压力时，油石就会急剧磨损。

4. 珩磨工艺参数

（1）珩磨速度。珩磨速度包括珩磨头的圆周速度 v_t 与上下往复速度 v_a，两者的合成速度则构成珩磨交叉网纹，形成网纹交叉角 θ。

提高上下往复速度 v_a，可提高珩磨效率。现代珩磨机的特点之一是具有较高的上下往复速度（25～35m/min），以便获得较大的网纹交叉角 θ。当 θ 为 45°～70° 时，珩磨效率较高。若需低的表面粗糙度，则应降低 v_a（或增加 v_t），使 θ 为 15°～30°。珩磨间断孔、花键孔，应选择较高的 v_t 和较低的 v_a。平角珩磨，根据产品要求的网纹交叉角，选定合理的 v_a，以确定 v_t。

（2）珩磨压力。珩磨时油石需要承受一定压力，若压力太小，则不能磨去一定量的切削层；若压力太大，则磨削热大，影响表面质量，甚至会使油石碎裂。粗珩时，油石的工作压力一般为 0.3～0.5 MPa；精珩时，油石的工作压力为 0.2～0.3 MPa；光珩时，油石的工作压力为 0.05～0.15 MPa。对铸铁件，油石的工作压力应取小值；对钢件，油石的工作压力应取大值。专用珩磨机的油石工作压力为 0.4～1 MPa，一般不超过 1 MPa。使用青铜结合剂的金刚石油石的珩磨压力为 3～6 MPa，立方氮化硼油石的珩磨压力为 2～3.5 MPa，使用其他结合剂的超硬磨料油石的珩磨压力减半。

（3）珩磨油石越程。珩磨头在往复运动中，必须保证油石在孔（或加工表面）的两端超出一定距离，即油石的越程。越程的长短会直接影响孔的圆柱度，若越程过长，则孔端被过多珩磨，形成喇叭孔；若越程过短，则油石在孔中间的重叠珩磨时间过长，出现鼓形；若两端越程不相等，则会产生锥度。

（4）珩磨余量。珩磨余量与前道工序的精度有关。在镗孔后一般留余量为 0.05～0.08 mm；铰孔后的余量为 0.02～0.04 mm；磨后的余量为 0.01～0.02 mm。铸铁件一般比钢件留的余量要多一些。

（5）珩磨的进给方式和油石的横向进给量。珩磨的进给方式有手动进给、定压进给、定速（量）进给和定压定速进给 4 种。对珩磨机，多采用定压进给、定速（量）进给或定压定速组合进给。

油石的横向进给量也称为扩张进给量，即珩磨的背吃刀量。粗珩时，余量多，油石粒度大，横向进给量可选得大一些；精珩时，余量少，油石粒度小，要求达到较小的表面粗糙度。此时，应选择小的横向进给量。横向进给量选择不当，易使工件表面烧伤，油石磨损加剧，影响加工表面质量。

5. 珩磨液

珩磨液有油剂和水剂两种，水剂珩磨液的冷却和冲洗性能好，适用于粗珩；油剂珩磨液宜适当加入硫化物，可提高其抗黏焊性和抗堵塞性。珩磨高硬度和高脆性材料时，宜用低黏度的珩磨液。

使用树脂结合剂的油石不得采用含碱的珩磨液，因为它会降低油石的结合强度。对立方氮化硼油石，不得使用水剂珩磨液，因为珩磨热引起的高温会加强水解作用，使油石急剧磨损。

3.3.2 超精加工

超精加工（Superfinishing）又称超精研加工，是一种固结磨粒压力进给的光整加工方法。它是将微细磨粒和低强度结合剂制成的油石加压在待加工表面上，作微小的振动（振幅一般为 1～6 mm，频率一般为 5～50 Hz），在油石与工件的接触表面上，加注大量适当黏度的油液，油石相对工件作低速（6～30 m/min）圆周运动，超精加工原理示意如图 3-12 所示。超精加工的轨迹是正弦曲线，有利于保持磨粒锋利和消除形状误差，一般在几秒到几十秒内，即可达到近似镜面程度（表面粗糙度 Ra 由 0.63～0.16 μm 降低到 0.08～0.01 μm）、由于在低速、低压（一般压力为 0.05～0.3 MPa）下进给加工，变质层厚度很小，可以获得较高的耐蚀性和耐磨性表面。适当地组合不同的油石形状和相对运动的形式，可进行多种加工：适用于加工曲轴、轧辊、轴承环和各种精密零件的外圆、内圆、平面、沟道表面和球面等；还可进行无心超精加工。

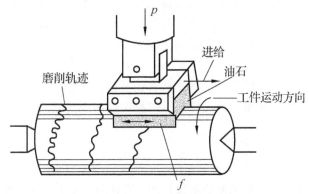

p—施加在油石上的压力；f—油石往复振动的频率

图 3-12 超精加工原理示意

1. 超精加工原理

对超精加工油石的加压大多用弹簧压力和空气压力。超精加工前的表面一般经过精密车削、磨削，其表面粗糙度 Ra 为 0.2～0.8 μm。超精加工过程可分 4 个阶段。

（1）强烈切削阶段。工件表面粗糙尖峰与油石表面相接触时，接触应力很大，使磨粒破碎自锐，切削作用强烈。

（2）正常切削阶段。切削几秒后，工件粗糙层被磨除，即进入正常切削阶段，油石表面已无黑色切屑附着，但切削仍在继续。

（3）研磨过渡阶段。磨粒自锐作用减小，磨粒刃棱被磨平，切屑氧化物开始嵌入油石空隙，磨粒粉末堵塞油石气孔，使磨粒只能微弱切削，伴有挤压、滑擦和抛光作用。这时工件表面粗糙度很快降低，油石表面附着黑色切屑氧化物。

（4）停止切削研磨阶段。油石和工件相互摩擦已很光滑，接触面积大大增加，压强下降，磨粒已不能穿破油膜与工件接触。当支承面的油膜压力与油石压力相平衡时，油石被浮起，其间形成油膜，这时已不起切削作用。这个阶段是超精加工所特有的。

根据超精加工原理，应正确地选择工艺参数，使表面切痕的最大高度 H 等于超精加工的材料切除量 H_1。当 $H_1<H$ 时，前工序所留切痕加工不掉；当 $H_1>H$ 时，在切除切痕后，还要继续加工。为了提高超精加工的效率和质量，可分粗超加工（包括第 1、2 阶段）和精超加工（包括第 3、4 阶段），这样可将粗超加工和精超加工工艺参数分别调整到合理值。

2. 超精加工特点

（1）超精加工不产生极易磨损的变质层和尖峰，而且还可将磨削留下的变质层除掉，使工件使用寿命提高 5 倍左右。

（2）磨削后进行超精加工的工件，一般装配后可减小运转噪声（8～10dB），而且振动小，运转平稳。

（3）超精加工的余量比磨削余量小一个数量级，实际上只有几微米，属于低压力进给加工。因此，超精加工的尺寸分散度很小，合格率极高。

（4）超精加工表面为交叉网纹，容易存油，不会出现磨削时易磨损、易发热和烧研现象。

（5）超精加工用工具有较复杂的轨迹，而且能由切削作用过渡到研磨，可较快地降低表面粗糙度。但超精加工过程中会出现反复改变运动方向的振动，影响加工表面质量。

3. 无心外圆超精加工

无心外圆超精加工原理示意如图 3-13 所示。进行无心外圆超精加工时，工件的运动轨迹是由导辊曲面形状决定的。设计时，需要根据工件直径、长度及母线形状要求进行计算，每种导辊只能加工一定范围的工件。例如，工件母线为直线的圆柱体，导辊母线为准双曲线，如图 3-13（b）所示，按理论导辊曲线，即按工件直径修整导辊曲线；加工工件母线为全凸的圆柱体，导辊型面被设计成若干"鼓形"，利用变化工件的移动轨迹加工出凸形，如图 3-13（c）所示。

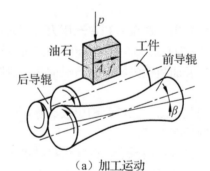

（a）加工运动

（b）用准双曲线导辊加工圆柱体工件

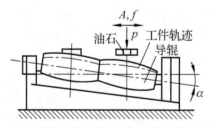

（c）用多台阶凸形导辊加工圆柱体工件

图 3-13　无心外圆超精加工原理示意

有的凸形短圆柱表面仅要求有 1～4 μm 的凸度，用磨削加工方法不易达到，而用无心外圆超精加工方法只需几秒即可加工出来。

习　题

3-1　试述超精密磨削和砂带磨削的加工原理。

3-2　超精密磨削为什么在航空航天领域有广泛的应用？

3-3　试述精密研磨与抛光的原理。

3-4　影响精密研磨和抛光加工质量的工艺因素有哪些？

3-5　研磨抛光有哪些新工艺？简述其加工原理的异同。

3-6　试述砂轮的常用修整方法及其工作原理。

3-7　试述珩磨加工原理。

3-8　超精加工与精密研磨有何不同？

思政素材

■　主题：奋发图强、科技强国

超精密加工设备的发展

美国是开展超精密加工技术研究最早的国家，也是目前在该技术领域处于世界领先地位的国家。早在 20 世纪 50 年代末，由于航天等尖端技术发展的需要，美国首先发展了单点金刚石超精密切削技术，并且研制出了具有空气轴承主轴的超精密机床，用于加工激光核聚变反射镜、战术导弹及载人飞船用球面/非球面大型零件等。

20 世纪 80 年代，美国 Union Carbide 公司、Moore 公司和美国空军兵器研究所制定了一个以形状精度为 0.1 μm、直径为 800 mm 的大型球面光学零件的超精密加工为目标的超精密机床研究计划——POMA（Point One Micrometer Accuracy）计划，这是一个里程碑式的研究计划。20 世纪 80 年代中后期，美国通过能源部"激光核聚变项目"和陆、海、空三军"先进制造技术开发计划"，对超精密金刚石切削机床的开发研究，投入了巨额资金和大量人力，实现了大型零件的超精密加工。例如，美国劳伦斯利弗莫尔国家实验室（LLNL）在 1984 年研制出一台大型光学金刚石车床，至今仍为超精密加工设备的最高水平，可加工大型光学零件（直径达到 1.4 m），被加工零件的面形精度达到 0.025 μm，表面粗糙度 $Ra \leqslant 5$ nm。

一直以来，西方国家对中国超精密加工设备实施严格的禁运。在这种情况下，国内机床行业自力更生。一代又一代的机床人艰苦奋斗，薪火相传，在精密与超精密机床领域取得一个又一个的突破。例如，周勤之院士——中国静压轴承开创人之一，一生致力于精密机床的研究，发明了中国第一台镜面磨床，极大地推动了我国基础工业的发展步伐。又如，徐性初院士长期从事精密计量及精密量仪研制，以及精密加工与超精密机床设计及制造工作，先后成功研制出超精密车床、超精密铣床及高精度圆度仪等新产品。

与工业发达国家相比，我国在超精密加工设备的研制和生产等方面存在着较大的差距。我国的机床研究面临力量分散、没有形成系列化和产业化的局面。我国的超精密加工设备单项技术指标虽然很高，但总体技术水平落后，不足以满足我国超精密加工行业的需求，大部分还只是停留在研究型机床的状态。我国在该领域的基础研究水平虽有很大提高，但在性能完备性、可靠性与精度保持性上还有较大的差距。由于超精密机床设备技术含量高、种类多、批量小、关键部件缺乏国内配套产品支持等原因，因此国内超精密专用的加工与检测设备与国外相比有更大的差距，阻碍了我国高新技术的发展和国防现代化发展的步伐。

星光不负赶路人，江河眷顾奋楫者。我们是见证历史的一代，也是重任在肩的一代。机床制造业是一个国家的工业脊梁，我们有责任也有义务振兴国产机床，做大做强精密与超精密加工机床产业，挺起我国的工业脊梁。

——摘自以下资料：

[1] 杨辉. 超精密加工设备的发展与展望[J]. 航空制造技术，2008，（24）：42-46.

[2] 陈启迪，胡小龙，咨敏等. 超精密加工机床发展现状与趋势[J]. 工具技术，2023，57（6）：3-9.

拓展知识

[1] E. Brinksmeier, Y. Mutlugünes, F. Klocke, et al. Ultra-precision grinding [J], CIRP Annals, 2010, 59（2）：652-671.

[2] 肖强，王嘉琪，靳龙平. 磁流变抛光关键技术及工艺研究进展[J]. 材料导报，2022，36（07）：59-68.

[3] 王紫光，周平，高尚，等. 单晶硅反射镜的超精密磨削工艺[J].光学精密工程，2019，27（5）：1087-1095.

[4] 袁巨龙，张飞虎，戴一帆，等. 超精密加工领域科学技术发展研究[J]. 2010，46（15）：161-177.

典型案例

本章的典型案例为晶圆化学-机械复合抛光工艺，如图3-14所示。

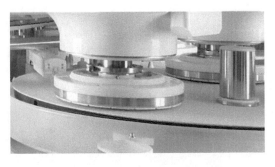
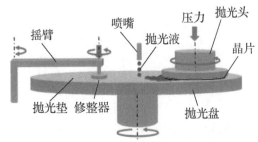

（a）化学–机械复合抛光设备　　　　（b）工艺示意

图 3-14　晶圆化学-机械复合抛光设备及工艺示意

- **应用背景**：随着半导体工业的迅猛发展，集成电路的集成度越来越高，电子元器件的尺寸越来越小。同时，为了降低生产成本、提高生产率，晶片的直径越来越大，晶片表面的平整度要求越来越高，已达到纳米级水平。传统的平坦化技术仅能实现局部平坦化，对于微小尺寸特征的电子元器件，必须对其进行全局平坦化才能满足晶片的使用要求。

- **加工要求**：半导体单晶片表面平整度要求高、不能产生翘曲变形，表面呈镜面效果，没有磨纹、裂纹和凹坑等缺陷，表面粗糙度 Ra 小于 2 nm，表面平整度小于 50nm。

- **加工方法选择分析**：早期半导体晶片抛光大都沿用机械抛光，加工得到的镜面表面损伤极其严重，也无法实现大尺寸晶片的全局平坦化抛光要求。采用化学-机械抛光在获得较高表面质量的同时，还能兼顾一定的抛光效率。因此，化学-机械抛光是目前能够实现晶片全局平坦化抛光的唯一方式。

- **加工效果**：化学-机械抛光技术综合了化学抛光和机械抛光的优势，克服了纯化学抛光过程中的表面平整度和平行度差的问题，也克服了纯机械抛光过程中表面质量不佳、损伤层厚度大的缺点，实现了大尺寸晶片（200mm）表面多余材料的高效去除与纳米级全局平坦化，表面粗糙度 Ra 小于 1nm。

第 4 章　热作用特种加工技术

本章重点

各种热作用特种加工技术的原理、优缺点和主要应用。

热作用特种加工是指利用热能熔化、气化多余材料，以达到所要求的零件尺寸、加工精度和表面粗糙度的一种特种加工方法。其共性特点是加工中产生的热量高度集中，具有很高的能量密度，足以熔化、气化被加工材料并抛离材料母体，达到被加工的目的。这类加工方法大多为非接触式加工，材料蚀除的特性主要取决于其熔点、沸点和热导率等热学常数，受强度、硬度等因素的限制很小，非常适用于加工超硬、超脆之类的难加工材料。常见的热作用特种加工方法如下：电/热能量转换的电火花加工（Electrical Discharge Machining, EDM）、由激光束转化而成的激光加工（Laser Beam Machining, LBM）和由电子束转化而成的电子束加工（Electron Beam Machining, EBM）等。

4.1　电火花加工

电火花加工又称为放电加工、电蚀加工。早在 19 世纪初，电蚀或电腐蚀现象已被人们发现，直到 20 世纪 40 年代才开始研究该现象并逐步应用于生产。目前，电火花加工工艺是特种加工工艺中比较成熟的工艺，已获得广泛应用。由于放电过程可产生火花，因此称为电火花加工。

4.1.1　电火花加工的基本原理、分类与应用

1. 电火花加工的基本原理

电火花加工是指在一定介质中，利用工具电极和工件电极之间的火花放电产生的电蚀作用蚀除多余的材料，以达到零件的形状、尺寸及表面质量加工要求的一种工艺。

电火花加工要达到加工目的，必须满足以下基本条件。

（1）工具电极与工件电极之间始终保持一个合理的放电间隙，通常为几微米至几百微米。如果间隙过大，极间电压就不能击穿极间介质，不会产生火花放电；如果间隙过小，就很容易形成短路，同样不能产生火花放电。

（2）火花放电必须是瞬时的脉冲放电，并且在放电延续一段时间（一般为 $10^{-7} \sim 10^{-3}$ s）后，间隔一段时间。这样才能使放电所产生的热量来不及传导扩散到其余部分，把每次电蚀的点分别局限在很小的范围内。

（3）火花放电必须在较高电绝缘强度的工作介质（又称为工作液）中进行，如煤油、皂化液或去离子水等。

（4）在两次脉冲放电之间，要有足够的间隔时间以排除放电间隙中的电蚀产物，使极间介质充分消电离和恢复绝缘状态，保证放电点位置顺利转移。

电火花加工系统如图 4-1 所示。工件与工具分别与脉冲电源的正极和负极连接，为工件的加工提供放电能量。自动进给调节装置使工具和工件之间一直保持合理的放电间隙，当脉冲电压施加到两个电极之间时，使在当时条件下相对某一间隙最小处或绝缘强度最低处的介质被击穿，即在局部产生火花放电。火花放电产生的瞬时高温使工具和工件的表面都被蚀除一小部分金属，形成小凹坑，从而达到蚀除金属材料的目的。

图 4-2 所示为两种情况下电火花加工表面局部放大示意，其中，图 4-2（a）表示单个脉冲一次放电后的电极表面，图 4-2（b）表示单个脉冲多次放电后的电极表面。脉冲放电结束后，经过一段间隔（脉冲间隔，简称脉间），使工作液恢复绝缘后，第二个脉冲电压施加到两个电极之间，又会在当时极间距离相对最近或绝缘强度最弱处击穿介质而放电，电蚀出一个小凹坑。这样，以高频率连续不断地重复放电，工具电极不断地向工件电极进给，就可将工具的形状复制在工件上，加工出所需要的零件，整个加工表面由无数个小凹坑组成。

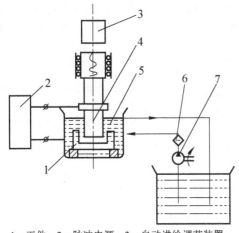

1—工件；2—脉冲电源；3—自动进给调节装置；
4—工具；5—工作液；6—过滤器；7—工作液泵

图 4-1 电火花加工系统

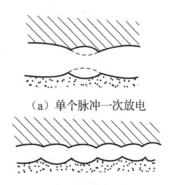

（a）单个脉冲一次放电

（b）单个脉冲多次放电

图 4-2 两种情况下电火花加工得到的
电极表面局部放大示意

2. 电火花加工的分类

按加工过程中工具与工件相对运动的特点和用途划分，电火花加工大致可以分为 7 大类：电火花穿孔成型加工、电火花线切割加工、电火花-磨削和镗削、短电弧加工、电火花高速小孔加工、电火花铣削加工、电火花表面强化及刻字。前 6 类属于成型、尺寸加工，是用于改变零件形状或尺寸的加工方法。第 7 类则属于表面加工方法，用于改善或改变零件表面性质。其中，应用最广的是电火花穿孔成型加工和电火花线切割加工。表 4-1 所列为电火花加工分类情况及各类加工方法的主要特点和用途。

表 4-1 电火加工分类情况及各类加工方法的主要特点和用途

类别	工艺类型	特 点	用 途	备 注
I	电火花穿孔成型加工	(1) 工具与工件只作相对的伺服进给运动。(2) 工具作为成型电极，与被加工表面有相应的截面或形状	(1) 型腔加工：加工各类型腔模及各种复杂的型腔零件。(2) 穿孔加工：加工各种冲模、挤压模、粉末冶金模、各种异型孔及微孔等	约占电火花加工机床总数的 20%，典型机床有 D7125、D7140 等电火花穿孔成型机床
II	电火花线切割加工	(1) 工具电极为沿电极丝轴线移动的线电极。(2) 工具与工件在两个水平方向同时作相对伺服进给运动	(1) 切割各种冲模和具有直纹面的零件。(2) 下料、截割和窄缝加工	约占电火花加工机床总数的 60%，典型机床有 DK7725、DK7740 数控电火花线切割机床
III	电火花-磨削和镗削	(1) 工具与工件作相对的旋转运动。(2) 工具与工件在径向和轴向作进给运动	(1) 加工高精度和良好表面粗糙度的小孔，如拉丝模、挤压模、微型轴承内环、偏心钻套等。(2) 加工外圆、小模数滚刀等	约占电火花加工机床总数的 3%~4%。典型机床有 D6310 电火花小孔内圆磨床等
IV	短电弧加工	(1) 低电压、大电流、长脉宽（脉冲宽度的简称），粗加工。(2) 工具与工件作较大的相对运动	(1) 对各种大轧辊进行表面粗加工。(2) 对钢锭、难加工材料进行切割、下料	约占电火花加工机床总数的 1%，典型机床有 DHC 26330W
V	电火花高速小孔加工	(1) 采用细管（直径>0.3mm）电极，在细管内冲入高压水基工作液。(2) 细管电极旋转。(3) 穿孔速度极高（60mm/min）	(1) 线切割穿丝预孔加工。(2) 深径比很大的小孔，如喷嘴等	约占电火花加工机床总数的 2%，典型机床有 D703A 电火花高速小孔加工机床
VI	电火花-铣削加工	工具相对工件作平面或空间运动，类似常规端铣方法	(1) 适合于简单形状电极加工复杂工件。(2) 由于加工效率不高，一般用于加工较小的零件	各种多轴数控电火花加工机床具备此功能
VII	电火花表面强化及刻字	(1) 工具在工件表面上振动。(2) 工具相对工件移动。(3) 在空气中加工	(1) 模具刃口，刀具、量具刃口表面强化和镀覆。(2) 电火花刻字、打印记	约占电火花加工机床总数的 2%~3%，典型机床有 D9105 电火花强化机等

3. 电火花加工的特点及应用范围

电火花加工与机械加工相比有其独特的加工特点，经过几十年的发展，尤其是数控技术与电火花加工技术集成以后，其应用领域日益扩大，已经从模具制造领域发展到航空航天、机械、电子、仪表、轻工等领域的难加工材料及复杂零部件的制造，成为传统切削加工的有力补充。

电火花加工的优点主要表现在"以柔克刚、隔空打物、化繁为简、无微不至"4 个方面。

（1）"以柔克刚"。电火花加工中的材料去除是依靠火花放电时的热作用实现的，材料的可加工性主要取决于材料的导电性及热学特性，如熔点、沸点、比热容、热导率、电阻率等，而几乎与其力学性能（硬度、强度等）无关。这样，就可以用相对较软的纯铜或石墨电极加工模具钢、聚晶金刚石等硬材料。

（2）"隔空打物"。电火花加工是一种非接触式加工，工具与工件之间没有宏观作用力，减小了加工中的力学负荷。因此，电火花加工在低刚度零件的加工中具有显著优势。

（3）"化繁为简"。采用简单形状的工具电极，通过数控技术实现电火花分层铣削的方法，可以对复杂形状的工件进行加工。

（4）"无微不至"。主要体现在电火花加工的放电能量易于控制方面，因为电火花加工无宏观作用力，所以特别适用于微细加工。随着放电能量的进一步降低，目前采用微细电火花加工方法能够稳定地加工出直径在几十微米至几百微米的微细孔，以及特征尺寸在微米级的微细结构。

但是，电火花加工也具有一些局限性，主要表现在以下 5 个方面。

（1）主要用于加工金属等导电材料。虽然在一定条件下采用电火花加工方法，也可加工半导体和聚晶金刚石等非导体超硬材料，但是其加工原理有待深入研究，并且工艺成本与加工效果等仍不够理想。

（2）加工速度一般较低。在安排工艺时，需先采用其他工艺去除工件的大部分余量，再进行电火花加工，以提高生产率。

（3）工具电极易损耗。由于电火花加工依靠火花放电时的热作用蚀除金属，工具电极也因遭受电蚀损耗，影响成型精度。

（4）最小角部半径有限制。一般电火花加工能得到的最小角部半径略大于加工放电间隙（通常为 0.02～0.30mm），若电极有损耗或采用平动头加工，则角部半径还要增大。

（5）加工表面有变质层和微裂纹。在某些特定场合，需要采用后续工艺去除变质层。

4.1.2　电火花加工原理

电火花加工原理即加工过程的物理本质，是指火花放电时，电极表面的金属材料被蚀除的微观物理过程。火花放电现象的原理较为复杂，目前比较公认的理论认为，每次火花放电的微观过程都是电场、磁场、热力学、流体力学、电化学和胶体化学等综合作用的过程。这一过程大致可分为以下 4 个连续阶段：极间介质的电离、击穿，形成放电通道；介质热分解、金属电极材料熔化、汽化热导致的膨胀；金属电极材料的抛出；极间介质的消电离。下面介绍整个放电过程。

1. 极间介质被电离、击穿，形成放电通道

在电火花加工中，参与放电的两个电极（工具电极和工件电极）之间充满工作液介质，即极间介质。在两个电极之间不施加电压时，极间介质不显电性。在两个电极之间施加一

定电压后，形成一个电场（如图 4-3 中的 0～1 段和 1～2 段），该电场强度与极间电压成正比，与极间距离成反比。工具和工件表面的微观不平度会导致该电场强度不均匀，使极间距离最近的凸出点或尖端处的电场强度最大。同时，工作液介质中不可避免地含有某种杂质（如金属微粒、炭粒子、胶体粒子等），也有一些自由电子，使工作液介质呈现一定的电导率。在强电场作用下，这些杂质使极间电场更不均匀。随着工具电极向工件电极的进给运动，当两极间电场强度增大到足以破坏极间介质的绝缘强度时（达到 105 V/mm），阴极表面会逸出电子。在电场作用下电子高速向阳极运动，并且碰撞工作液介质中的分子或中性原子，使之电离，形成带负电的粒子和带正电的粒子，导致带电粒子雪崩式增多，介质被击穿，间隙电阻迅速降低，形成放电通道。

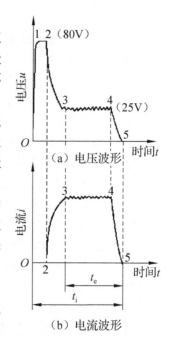

(a) 电压波形

(b) 电流波形

图 4-3　极间电压和电流波形

整个放电通道的形成非常迅速，理论上仅需 $10^{-7}～10^{-8}$ s，间隙电阻从绝缘状态迅速降低到几分之一欧姆，间隙电流迅速上升到最大值（几安到几百安）。由于放电通道直径很小，所以其中的电流密度高达 $10^5～10^6$ A/cm²。间隙电压则由击穿电压迅速下降到火花维持电压（一般为 20～30 V），电流则由 0 上升到某一峰值电流（如图 4-3 中的 2～3 段和 3～4 段）。

放电通道是由数量大体相等的带正电粒子（正离子）和带负电粒子（电子）及中性粒子（原子或分子）组成的等离子体。正、负带电粒子在相反方向作高速运动并相互碰撞，产生大量的热能，使放电通道的温度变得相当高，但热量分布是不均匀的，从放电通道中心向边缘逐渐降低，放电通道中心的温度高达 10000℃以上。电子流动形成的电流产生磁力，指向放电通道中心的磁场，产生向心的磁压缩效应；电子流动同时受周围介质惯性动力压缩效应的作用，使放电通道的瞬间扩展受到很大阻力。因此，在放电开始阶段，放电通道的截面面积很小，而放电通道内由高温热膨胀形成的初始压力可达数十兆帕。高温高压的放电通道及随后瞬间金属气化形成的气体（以后发展成气泡）急速扩展，产生一个强烈的冲击波并向四周传播。在放电过程中，同时伴随着一系列派生现象。其中，有热效应、电磁效应、光效应、声效应及频率范围很宽的电磁辐射和爆炸冲击波等。

单个脉冲放电时有可能出现多次击穿（在一个脉冲周期内放电间隙被击穿后，有时发生短路或开路，接着又被击穿放电）。另外，也出现放电通道受些随机因素的影响而发生游动现象。因此，在单个脉冲周期内先后会出现多个（或形状不规则）电蚀形成的小凹坑，但同一时间内只存在一个放电通道。这是因为晶体管式脉冲电源小距离击穿放电通道后，间隙电压降至 20～30V，不可能有足够的电场强度形成第二个放电通道。

2. 介质热分解、金属电极材料熔化、汽化热导致的膨胀

极间介质一旦被电离、击穿，形成等离子体放电通道后，放电通道内的电子高速撞击

正极，正离子撞击负极。在这一过程中，电能变成动能，动能通过带正电和带负电粒子的碰撞又转变为热能。于是，在放电通道内正极和负极表面分别成为瞬时热源，表面温度很高。高温将工作液介质热分解气化，正负极表面的高温除了使工作液气化、热分解，也使金属电极材料熔化甚至气化。这些气化的工作液和金属蒸气体积在瞬间猛增，在放电间隙中成为气泡，迅速热膨胀，就像火药、爆竹被点燃后那样具有爆炸的特性。观察电火花加工过程，可以看到放电间隙冒出气泡，工作液逐渐变黑，可听到轻微而清脆的爆炸声。电火花加工主要靠热膨胀和局部微爆炸，使熔化、气化了的金属电极材料被抛出而实现蚀除，此过程相当于图4-3中的3～4段。

3. 金属电极材料的抛出

放电通道和正负极表面放电点的瞬时高温使工作液气化和金属电极材料熔化、气化，产生很高的瞬时压力。放电通道中心的压力最高，使气化了的金属蒸气不断向外膨胀，形成一个扩张的气泡。气泡上下、内外的瞬时压力并不相等，压力高处的熔融金属液体和蒸气就被排挤、抛出而进入工作液中。

在表面张力和内聚力的作用下，被抛出的金属材料具有最小的表面积，冷凝时凝聚成细小的圆球颗粒（直径为0.1～300μm，直径大小随脉冲能量而异）。图4-4所示为火花放电过程4个阶段的放电间隙状态。

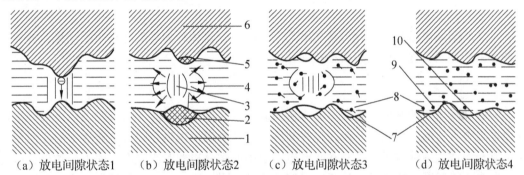

（a）放电间隙状态1　（b）放电间隙状态2　（c）放电间隙状态3　（d）放电间隙状态4

1—正极；2—从正极上熔化并抛出金属的区域；3—放电通道；4—气泡；5—从负极上熔化并抛出金属的区域；
6—负极；7—微凸起的翻边；8—在工作液中凝固的微粒；9—工作液；10—火花放电形成的凹坑

图4-4　火花放电过程4个阶段的放电间隙状态

熔化和气化了的金属电极材料被抛离电极表面时，四处飞溅。除了绝大部分因落入工作液中而收缩成小颗粒，还有一小部分飞溅、镀覆、吸附在相对的电极表面上。这种互相飞溅、镀覆及吸附的现象，在某些条件下可以用来减小或补偿工具电极在加工过程中的损耗。在空气中进行电火花加工时，可以见到橘红色甚至蓝白色的火花四溅，这些火花就是被抛出的高温金属熔滴。

实际上，金属电极材料的蚀除、抛出过程远比上述情况复杂。火花放电过程中工作液不断地气化，正极受电子撞击，负极受正离子撞击，金属电极材料不断熔化，气泡不断膨胀。当火花放电结束后，气泡温度不再升高，但由于工作液的惯性作用使气泡继续膨胀，导致气泡内的压力急剧降低，甚至降到大气压以下，形成局部真空，使在高压下溶解在过热液态金属中的气体析出，以及液态金属在低压下再沸腾。压力的骤降使熔融金属及其蒸气从电蚀形成的小凹坑中再次爆沸飞溅而被抛出。熔融金属抛出后，在电极表面形成单个脉冲的放电痕迹，该痕迹的剖面放大示意如图4-5所示。熔化区域未被抛出的金属冷凝后残留在电极表面，形成熔化凝固层，在其四周形成微凸起的翻边。熔化凝固层以下是热影响层，热影响层以下是无变化的电极基材。

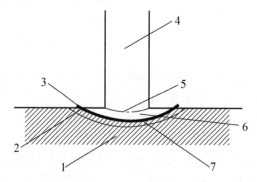

1—电极基材；2—热影响层；3—微凸起的翻边；4—放电通道；5—气化区域；6—熔化区域；7—熔化凝固层

图4-5　单个脉冲放电痕迹的剖面放大示意

总之，金属电极材料的抛出是热爆炸、电磁力、流体动力等综合作用的结果。业界对这种复杂的抛出机理的认识还在不断深化中。

4. 极间介质的消电离

随着脉冲电压的结束，脉冲电流也迅速降为零（图4-3中的4～5段），标志着一次脉冲放电结束。但此后仍应有一段间隔时间，使间隙介质消电离，即放电通道中的正负带电粒子复合而成为中性粒子，恢复本次放电通道中间隙介质的绝缘强度，使下一次火花放电仍会发生在极间距离相对最小处或电阻率最小处[见图4-4（d）]，保证放电通道的顺利转移，以免总是在同一处重复发生火花放电而导致稳定电弧放电。

对电火花加工过程中产生的电蚀产物（如金属微粒、碳粒子、气泡等），如果不及时排除、扩散出去，就会改变间隙介质的成分，降低绝缘强度。火花放电时产生的热量如果不及时散发，正负带电粒子的自由能就不会降低，这将大大地降低它们复合的概率，使消电离过程不充分，结果将使下一个脉冲周期内的放电通道不能顺利地转移到其他部位，而始终集中在某一部位，使该处介质局部过热而破坏消电离过程，火花放电将恶性循环地转变为有害的稳定电弧放电。同时，介质局部被热分解后可能积炭，在该处聚集成焦粒，从而在两个电极之间搭桥，使电火花加工无法进行下去，并且烧伤两个电极。

由此可见，为保证电火花加工过程正常地进行，在两次火花放电前后一般都应有足够的脉冲间隔。脉冲间隔的选择不仅要考虑间隙介质本身消电离所需的时间（与脉冲能量有关），还要考虑电蚀产物排出放电区的难易程度（与电火花的热爆炸作用大小、放电间隙大小、抬刀高度及加工面积有关）。

4.1.3 电火花加工机床

电火花加工机床比较定型，由专业工厂生产制造。电火花加工工艺及机床的类型较多，其中，应用最广、数量较多的是电火花穿孔成型加工机床和电火花线切割机床。

电火花穿孔成型加工中一般采用预先加工好的成型电极，通过两个电极的相对进给运动，把成型工具电极的形状和尺寸复制在工件上，加工出所需的型腔或零件。电火花加工机床不论类型如何，一般都包括下列几个基本部分：脉冲电源、间隙自动进给调节系统、机床本体、工作液循环和过滤系统。

1. 脉冲电源

电火花加工用的脉冲电源是电火花加工机床的核心部分，它是把工频交流电转变为一定频率的单向脉冲电流的装置，以提供放电过程需要的能量。脉冲电源对电火花加工的生产率、表面质量、加工精度、加工过程的稳定性和工具电极损耗等技术经济指标有很大的影响。

随着电火花加工技术的广泛应用，对电火花加工的精度、效率和加工稳定性等方面的要求越来越高，因而对脉冲电源也提出了更高的要求。

（1）有较高的加工速度。不但在粗加工时要有较高的加工速度[v_w>10mm^3/（min·A）]，而且在精加工时也应有较高的加工速度。精加工时表面粗糙度 Ra 一般小于 1.25μm。

（2）工具电极损耗小。粗加工时应使工具电极损耗小（相对损耗 θ<1%），中精、精加工时也要使工具电极损耗尽可能小。

（3）加工过程稳定性好。在给定的各种脉冲参数下能稳定地加工，抗干扰能力强，不易产生电弧放电，可靠性高，操作方便。

（4）工艺参数调节范围广。工艺参数具有较宽的调节范围，不仅能适应粗、中精、精加工的要求，而且要适应不同工件材料的加工，以及采用不同工具电极材料进行加工的要求。

脉冲电源要全面满足上述各项要求是很困难的。一般来说，为了满足这些总的要求，对电火花加工脉冲电源的具体要求如下。

（1）所产生的脉冲应该是单向的，没有负半波或负半波很小。这样才能最大限度地利用极性效应，提高生产率和减小工具电极的损耗。

（2）脉冲电压波形的前后沿应该较陡，这样才能降低电极间隙的变化及油污程度等对脉冲宽度和能量等参数的影响，使加工过程较稳定。因此，一般常采用矩形波脉冲电源。

（3）脉冲的主要参数，如峰值电流、脉冲宽度、脉冲间隔等应能在很广的范围内调节，以满足粗、中精、精加工的要求。

（4）不仅要考虑脉冲电源工作的稳定性、可靠性、成本低、使用寿命长、操作维修方便和体积小等问题，还要考虑节省电能。

电火花加工用脉冲电源的分类见表4-2。下面介绍常用的8类脉冲电源。

表4-2　电火花加工用脉冲电源的分类

按主回路中的主要元件分类	RC电路脉冲电源、晶体管式脉冲电源、大功率集成器件式脉冲电源
按输出脉冲波形分类	矩形波脉冲电源、三角波脉冲电源、梯形波脉冲电源、高/低压复合波脉冲电源等
按间隙状态对脉冲参数的影响分类	非独立脉冲电源、独立脉冲电源
按工作回路分类	单回路脉冲电源、多回路脉冲电源

1）RC电路脉冲电源

这类脉冲电源的工作原理是利用电容充电储存电能，而后瞬间放电，达到蚀除金属的目的。因为电容时而充电，时而放电，一弛一张，所以又称为弛张式脉冲电源。

RC电路脉冲电源是弛张式脉冲电源中最简单最基本的一种，其工作原理如图4-6所示。它由两个回路组成：一个是左边的充电回路，由直流电源E、充电电阻R（可调节充电速度，同时可改变放电时的间隙电流，又称为限流电阻）和电容C（储能元件）组成；另一个回路是右边的放电回路，由电容C、工具电极和工件电极及两者之间的放电间隙所组成。

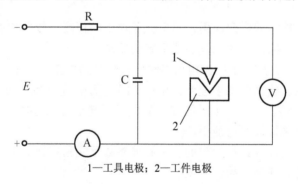

1—工具电极；2—工件电极

图4-6　RC电路脉冲电源工作原理

当直流电源接通后，电流经限流电阻R向电容C充电，电容C两端的电压按指数曲线逐步上升。因为电容两端的电压就是工具电极和工件电极间隙两端的电压，即极间电压，所以当电容C两端的电压等于工具电极和工件电极间隙的击穿电压U_d时，间隙就被击穿，间隙电阻变得很小，电容器上储存的能量瞬间放出，形成较大的脉冲电流i_C（见图4-7）。电容上的能量释放后，电压下降到接近于零，间隙中的工作液又迅速恢复绝缘状态。此后，电容器再次充电，又重复前述过程。若间隙过大，则电容上的电压U_C按指数曲线上升到直流电源电压U。

RC电路脉冲电源的具有以下优点：

（1）结构简单，工作可靠，成本低。

（2）在小功率情况下可以获得很小的脉宽（小于0.1μs）和很小的单个脉冲能量，可用于光整加工和精微加工。

RC 电路脉冲电源的缺点如下：

（1）电能利用效率很低，最大不超过 36%，因为在电火花加工过程中大部分电能经过电阻 R 时转化为热能。

（2）生产率低，因为电容的充电时间比放电时间多 50 倍以上，脉冲间隔系数太大。

（3）放电时直流电源也会向间隙放电，需要较大的充电电阻以减少其干扰机会。这样，又会增加充电时间。

（4）脉冲放电能量受间隙状态的影响较大，不易得到能量一致的单个脉冲能量。

为了克服上述缺点，可以采用改进型的由晶体管 VT 控制的 VT-RC 脉冲电源（见图 4-8）。其原理是用大功率的晶体管 VT 代替限流电阻 R。当晶体管 VT 未导通时，电源不工作；当晶体管 VT 被触发导通时，其内阻降得很低，很快向电容 C 充电，并且不会像电阻那样发热而消耗电能。当电容 C 上的电压等于或高于间隙击穿电压时，工具电极和工件电极之间发生火花放电。电流检测回路使晶体管 VT 截止一段时间进行消电离，然后使晶体管 VT 导通，电容 C 充电，反复进行这一过程。

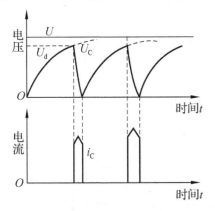

图 4-7　RC 电路脉冲电源的电压与电流波形

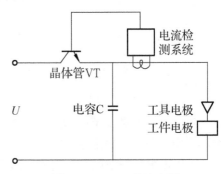

图 4-8　VT-RC 脉冲电源

RC 电路脉冲电源主要用于小功率的精微加工或简式电火花加工机床中。针对 RC 电路脉冲电源的缺点，人们在实践中研制出了放电间隙和直流电源各自独立、互相隔离、能独自发生脉冲的电源，它们可以大大降低电极间隙物理状态参数变化的影响。为区别于前述弛张式脉冲电源，把这类电源称为独立式脉冲电源，最常用的是晶体管式脉冲电源。

2）晶体管式脉冲电源

晶体管式脉冲电源是利用功率晶体管作为开关元件而获得单向脉冲的。它具有脉冲频率高、脉冲参数容易调节、脉冲波形较好、易于实现多回路加工和自适应控制等自动化要求的优点，因此应用非常广泛，特别在中、小型脉冲电源中，都采用晶体管式电源。目前，各种晶体管的功率都较小，每个晶体管导通时的电流常为 5A 左右。因此，在晶体管脉冲电源中，大多采用多管分组并联输出的方法，以提高输出功率。晶体管式脉冲电源一般由主振级、前置放大级、功率放大级和直流电源等几部分组成。

图 4-9 为晶体管式脉冲电源原理示意，主振级是脉冲电源的重要组成部分，用于产生

高频脉冲信号，可以调节脉冲宽度、脉冲间隔等脉冲电源的主要参数。一般情况下，主振级的信号比较弱，不能直接推动末端功率放大级实现开关动作，因此需要在功率放大级之前设置放大级电路将主振级脉冲信号放大。功率放大级的主要作用是实现开关功能，晶体管导通时，直流电源电压 U 被施加在电极间隙上，击穿工作液介质，进行火花放电。当晶体管截止时，脉冲结束，工作液介质恢复绝缘，准备下个一脉冲的到来。

为增大功率，可调节粗、中精、精加工规准，整个功率放大级由几十只大功率高频晶体管分为若干路并联（图4-9中只画出了一路功率放大级），精加工只用其中一路或两路。为了在放电间隙短路时不损坏晶体管，每只晶体管均串联限流电阻 R，限流电阻可以在各个晶体管之间起均流作用。

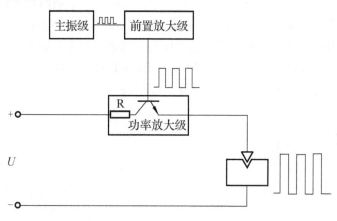

图 4-9　晶体管式脉冲电源原理示意

近年来，随着微电子技术、元器件制造技术的发展，脉冲电源技术得到较快发展。在脉冲利用率、高效、稳定性等方面都有较大的提高。在晶闸管式或晶体管式脉冲电源的基础上，派生出很多新型电源和电路，如高/低压复合脉冲电源、多回路脉冲电源及多功能电源等。

3）高/低压复合脉冲电源

高/低压复合脉冲电源原理示意如图 4-10 所示。放电间隙并联两个供电回路：一个为高压脉冲回路，其脉冲电压较高（300V 左右），平均电流很小，主要起击穿间隙的作用；也就是控制低压脉冲的放电击穿点，保证前沿击穿，因而也称为高压引燃回路。另一个是低压脉冲回路，其脉冲电压比较低（60～80V），电流比较大，起到蚀除金属的作用，所以称为加工回路。二极管 VD 用于阻止高压脉冲进入低压回路。高/低压复合脉冲使电极间隙先击穿引燃而后再放电加工，大大提高了脉冲的击穿率和利用率，并且使放电间隙变大，排屑良好，加工稳定，在用钢电极加工钢时显出很大的优越性。

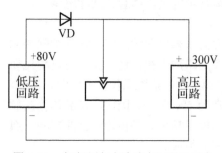

图 4-10　高/低压复合脉冲电源原理示意

通过对高压脉冲和低压脉冲触发时间的控制，可以得到不同的高/低压复合效果，具体选择需根据实际加工工艺要求。在复合脉冲的形式方面，除了高压脉冲和低压脉冲同时触发并施加到放电间隙[见图4-11（a）]，还出现了高压脉冲触发Δt时间后低压脉冲触发，后高压脉冲结束、低压脉冲放电的形式，如图4-11（b）所示，这里的Δt一般为$1\sim2\mu s$。实践证明，图4-11（c）所示的效果最好，因为高压脉冲被施加到放电间隙之后，往往也需要延时才能击穿放电间隙。在高压脉冲击穿放电间隙之前低压脉冲不起作用，而在精加工中使用窄脉冲时，高压脉冲不提前触发，低压脉冲往往来不及起作用而成为空载脉冲。为此，应使高压脉冲提前触发，与低压脉冲同时结束。

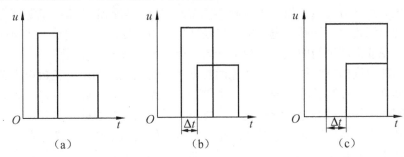

图 4-11　高/低压复合脉冲的形式

4）多回路脉冲电源

多回路脉冲电源是指在加工电源的功率级并联分割出相互隔离绝缘的多个输出端的电源，它可以同时供给多个回路的放电加工。不依靠增大单个脉冲能量，即不使表面粗糙度变大，就可以提高生产率，在加工大面积、多工具、多孔时很有必要这样做。例如，在电动机定/转子冲模、筛孔等穿孔加工及大型腔模具加工中经常采用这种脉冲电源。多回路脉冲电源和分割电极如图4-12所示。

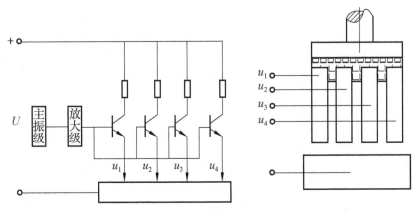

图 4-12　多回路脉冲电源和分割电极

需要注意的是，多回路脉冲电源总的生产率并不与回路数目完全成正比，因为采用多回路脉冲电源加工时，电极进给调节系统的工作状态将变得更加复杂。例如，当其中某一回路的放电间隙短路时，电极回退，导致其他正常放电的电极回路也停止工作。因此，回路数越多，这种相互牵制干扰损失也越大。对于此类电源，回路数必须选取得当，才能大大提高生产率。一般常采用2～4个回路，加工状态越稳定，回路数可取得越多。加工稳定性与加工材料、加工策略及加工工艺参数等诸多因素有关。在多回路脉冲电源中，同样还可采用高/低压复合脉冲回路。

5）等脉冲电源

等脉冲电源是指每个脉冲在介质被击穿后所释放的单个脉冲能量相等的电源。对于矩形波脉冲电流来说，由于每次放电过程的电流幅值基本相同，因而所谓等脉冲电源，意味着每个脉冲电流持续时间 t_e（也称电流脉冲宽度）相等。与弛张式脉冲电源和等频率晶体管式独立脉冲电源相比，等脉冲电源能够自动地保持电流脉冲宽度相等，放电能量更为接近。因此，火花放电产生的凹坑大小更加均匀，能获得更好的表面质量。

获得等脉冲宽度的方法如下：在间隙两端施加直流电压，利用火花放电击穿信号（击穿后电压突然降低）控制脉冲电源中的一个单稳态电路，令它开始延时，并以此作为脉冲电流的起始时间。经单稳态电路延时之后，发出信号关闭导通着的功放管，使脉冲输出中断，切断火花通道，从而完成一次脉冲放电。同时，触发另一个单稳态电路，使之经过一定的延时（脉冲间隔 t_0），发出下一个信号使功放管导通，触发第二个脉冲周期。等脉冲电源的电压和电流波形如图 4-13 所示，每次的电流脉冲宽度 t_e 都相等，而电压脉冲宽度 t_i 不一定相等。

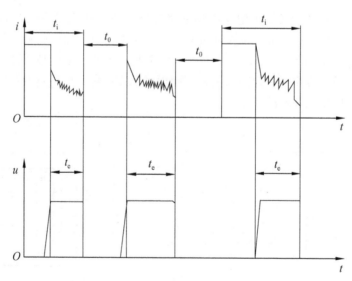

图 4-13　等脉冲电源的电压和电流波形

6）高频分组脉冲电源和梳形波脉冲电源

高频分组脉冲和梳形波脉冲如图 4-14 所示。这两种脉冲电源在一定程度上都具有高频脉冲加工表面粗糙度小和低频脉冲加工速度高的双重优点。一个大脉宽被分成很多个窄脉宽，即被分成一连串高频窄脉宽后有一个较大的脉冲间隔。高频分组脉冲在大脉宽下的电压不为零，而梳形波脉冲在大脉宽下始终有一个较低的正电压。当选用中精、精加工规准进行负极性精加工时，这个正电压使作为正极的工具电极吸附炭黑膜，从而降低工具电极损耗。

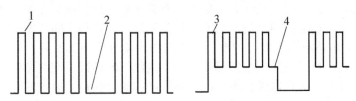

（a）高频分组脉冲　　　　　　（b）梳形波脉冲

1—高频分组脉冲；2—分组间隔；3—大脉宽下的高压脉冲；4—大脉宽下的低压脉冲

图 4-14　高频分组脉冲和梳形波脉冲

7）节能型脉冲电源

在上述各种电火花加工的脉冲电源中，为了限定工作电流及防止加工中因极间短路而损坏电源，在大功率开关管前都串联了限流电阻。电火花加工时大量电流流过限流电阻时转变为热量而损失，电能利用率低。可简单估算如下：假如晶体管式脉冲电源的工作电压为 100V，正常放电时极间的平均火花维持电压为 25V 左右，其余 75V 施加在限流电阻上［见图 4-15（a）］。由此可见，晶体管式脉冲电源的电能利用率约为 25%，比 RC 电路脉冲电源 36% 的电能利用率更低。

如果用电感 L 代替限流电阻 R，以限制电流，就可实现节能型脉冲电源。由于电感 L 对直流阻抗很小，并且所用导线较粗，纯电阻很小，所以流过电流时发热量很小。电感对交流和脉冲突变电流有较大的阻抗，电感阻止电流流入。电流随时间按指数曲线增大。设计脉冲电源时，应控制开关晶体管 VT 的导通时间 t_i 大小，不使电感 L 中的电流超过额定电流。节能型脉冲电源的主回路如图 4-15（b）所示。

在图 4-15（b）中，在被施加 100V 电压的瞬时，电感 L 限制电流过快地增长，经过一定时间 t_i（脉冲宽度）后，电流增大到设定的额定值，功率管的控制极电位降低，使开关晶体管 VT 截止。此时，如果有合适的通道，电感中储存的电能将经过放电间隙反馈给电源。图 4-15（c）为电压和电流波形。

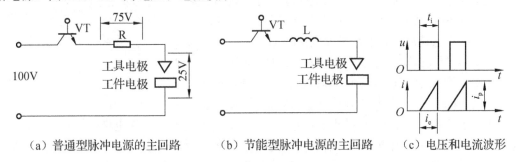

（a）普通型脉冲电源的主回路　　　（b）节能型脉冲电源的主回路　　　（c）电压和电流波形

图 4-15　普通型/节能型脉冲电源的主回路及其电压和电流波形

8）智能化、自适应控制脉冲电源式

随着相关技术的发展，电火花加工用脉冲电源也在不断地变化与完善。智能化、自适应控制式脉冲电源具有一个较完善的控制系统，能根据某个给定目标（保证一定表面粗糙度的前提下提高生产率）连续不断地检测放电间隙状态，并与最佳模型（数学模型或经验模型）进行比较运算；然后按其计算结果控制有关参数，以获得最佳加工效果。这类脉冲电源实际上是一个自适应控制系统，它的参数是随加工条件和极间状态而变化的。当工件和工具材料、粗/中/精不同的加工规准、工作液的污染程度与排屑条件、加工深度及加工面积等条件变化时，自适应控制系统都能自动、连续不断地调节有关参数，如脉冲间隔和进给速度、抬刀高度，防止电弧放电，以达到生产率最高的最佳放电间隙状态，成为电火花加工的"专家系统"。

2. 间隙自动进给调节系统

电火花加工不同于传统切削加工，在加工中火花放电时正、负电极都要受到不同程度的电蚀。因此，一方面随着工件材料的蚀除，工具电极需要向工件电极方向进给，以保证火花放电持续进行；另一方面，电极损耗会增大极间距离，即间隙需要进行补偿。若要保证火花放电稳定地进行，极间距离应该保持在一个合理的范围内。因此，间隙自动进给调节系统的作用非常重要。

间隙自动进给调节系统在电火花加工设备中占有很重要的位置，它的性能直接影响加工的稳定性和加工效果。电火花加工的间隙自动进给调节系统，主要包含伺服进给系统和参数控制系统。伺服进给系统主要用于控制放电间隙的大小，而参数控制系统主要用于控制电火花加工中的各种参数，如放电电流、脉冲宽度、脉冲间隔等，以便能够获得最佳的加工效果。

1）间隙自动进给调节系统的作用、技术要求和分类

正常情况下，进行电火花加工时，工具电极和工件电极之间存在一个放电间隙 δ，放电间隙、加工速度和进给速度之间的对应关系如图 4-16 所示。若放电间隙 δ 过大，脉冲电压不能击穿放电间隙中的绝缘介质，则不会产生火花放电。必须使工具电极向下进给，直到放电间隙 δ 等于或小于某一值（一般 $\delta=0.1\sim0.01\mathrm{mm}$，与加工规准有关），才能击穿放电间隙，产生火花放电。正常进行电火花加工时，工件以加工速度 v_{w} 不断被蚀除，放电间隙 δ 逐渐增大。必须使工具电极以加工速度 v_{w} 补偿进给速度，以维持所需的放电间隙。若进给速度 v_{d} 大于工件的加工速度 v_{w}，则放电间隙 δ 逐渐变

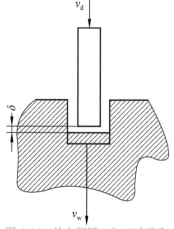

图 4-16 放电间隙、加工速度和进给速度之间的对应关系

小。当放电间隙过小时，必须减小进给速度 v_{d}。如果工具电极和工件电极之间发生短路（放电间隙 $\delta=0$），就必须使工具电极以较大的进给速度 v_{d} 反向快速退回，以消除短路。随后工具电极重新向下进给，把极间距离调节到所需的放电间隙大小。这是正常电火花加工时必须解决的问题。

由于火花放电间隙 δ 很小，并且与加工规准、加工面积、加工速度等因素有关，因此很难靠人工进给，也不能像钻削那样采用"机动"的等速进给方式，而必须采用间隙自动

进给调节系统。这种不等速的间隙自动进给调节系统也称为伺服进给系统。

间隙自动进给调节系统的作用在于维持一定的"平均"放电间隙 δ，保证电火花加工正常而稳定地进行，以获得较好的加工效果。就原则而言，应使工具电极的进给速度 v_d 等于工件电极的加工速度 v_w。由于 v_w 并非固定的常数，因此保持一个微小的、动态的、稳定的放电间隙 δ 较困难。下面用间隙-蚀除特性曲线和进给调节特性曲线（见图 4-17）说明加工速度和进给速度的关系。

在图 4-17 中，横坐标为放电间隙 δ 值或对应的放电间隙平均电压 u_e，它与纵坐标的加工速度 v_w 有密切的关系。当放电间隙太大时，例如，在力点 A 及力点 A 之右，即放电间隙 $\delta \geqslant 60\mu m$ 时，极间介质不易被击穿，使火花放电率和加工速度等于 0。只有在力点 A 之左，即放电间隙 $\delta < 60\mu m$ 时，火花放电率和加工速度 v_w 才逐渐增大。当放电间隙太小时，又因电蚀产物难于及时排除，火花放电率减小、短路率增加，加工速度也将明显下降。当短路时，即放电间隙 $\delta = 0$ 时，火花放电率和加工速度都为零。因此，必有一个最佳放电间隙 δ_B 对应最大加工速度的 B 点，

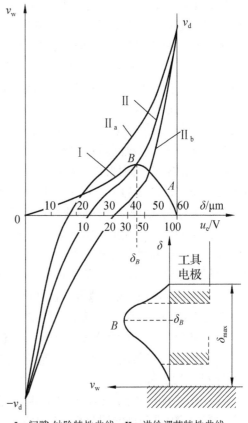

I—间隙-蚀除特性曲线；II—进给调节特性曲线；
δ_B—最佳放电间隙

图 4-17　间隙-蚀除特性曲线和进给调节特性曲线

图 4-17 中的曲线 I 即间隙-蚀除特性曲线，该图右下角的图形更能直观地显示出工具电极与工件电极之间的放电间隙。

如果加工时采用的规准不同，那么 δ 和 v_w 的对应值也不同。例如，采用精加工规准时，放电间隙 δ 变小，最佳放电间隙 δ_B 移向左边，最高点 B 移向左下方，曲线 I 变低，成为另一条间隙-蚀除特性曲线，但变化趋势大体相同。

间隙自动进给调节系统的进给调节特性曲线见图 4-17 中的曲线 II，其右边的纵坐标为电极进给（左下为回退）速度，横坐标仍为放电间隙 δ 或对应的放电间隙平均电压 u_e。当放电间隙过大时，如 $\delta \geqslant 60\mu m$，A 点的开路电压为 100V，工具电极将以较大的空载速度 v_d 向工件进给。随着放电间隙的减小和火花放电率的提高，工具电极向下的进给速度也逐渐减小，直至为零。当短路时，工具电极将在反向以 v_d 高速回退。理论上，希望进给调节特性曲线 II 相交于间隙-蚀除特性曲线 I 的最高处 B 点。这要依靠操作人员丰富的经验和精心调节才能实现，一旦加工规准、加工面积等发生变化，进给调节特性曲线 II 和间隙-蚀除

特性曲线 I 就发生变化，又需要重新调节曲线 II，使之相交于新的曲线 I 的最高点 B 处。只有配置自动寻优系统或自适应控制系统，电火花加工时才能自动使曲线 II 和曲线 I 相交于最高处 B 点，处于最佳放电间隙状态。

实际上，进行电火花加工时，曲线 II 很难相交于曲线 I 最高点 B 处，常相交于 B 点之左或之右，如图 4-17 中的 II_a 或 II_b 所示。但无论如何，整个系统将力图自动趋向使工作点处于两条曲线的交点处。因为只有在此交点上，进给速度等于加工速度（$v_d=v_w$），才是稳定的工作点和稳定的放电间隙（在交点之右，进给速度大于加工速度，放电间隙将逐渐变小；在交点之左，放电间隙将逐渐变大）。在设计和使用间隙自动进给调节系统时，应根据粗、中精、精加工不同规准，以及不同工件材料等的间隙-蚀除特性曲线的范围，能较易调节使这两条特性曲线的工作点相交于最佳放电间隙 δ_B 附近，以获得最高加工速度。

理解上述间隙-蚀除特性曲线和进给调节特性曲线的概念与工作状态，对合理选择加工规准、正确操作电火花加工机床和设计间隙自动进给调节系统都是很必要的。

以上对调节特性的分析，没有考虑伺服进给系统在运动时的惯性滞后和外界的各种干扰，因此只是静态的。实际伺服进给系统中电动机、工作台、工件的质量，以及电路中的电容、电感都有惯性、滞后现象，往往产生"欠进给"和"过进给"，甚至使主轴上下振荡。

对间隙自动进给调节系统的一般要求如下。

（1）有较广的速度调节跟踪范围。在电火花加工过程中，加工规准、加工面积等条件的变化，都会影响其进给速度。间隙自动进给调节系统应有较宽的调节范围，以适应加工过程变化的需要。

（2）有足够的灵敏度和快速性。电火花加工用的脉冲频率很高，放电间隙的状态瞬息万变，要求间隙自动进给调节系统能根据放电间隙状态的微弱信号相应地快速调节。为此，要求整个系统的不灵敏区域、时间常数、可动部分的质量惯性小，放大倍数应足够大，过渡过程应短。

（3）有足够的稳定性。由于间隙自动进给调节系统的电蚀速度一般不高，加工进给量也不必过大，一般每步 1μm，所以应有很好的低速性能，均匀、稳定地进给，避免电动机低速爬行；要求超调量小，传动刚度应高，传动链中不得有明显间隙，抗干扰能力强。此外，还要求间隙自动进给调节系统体积小、结构简单、可靠性好、维修操作方便等。

电火花加工用的自动进给调节系统的种类很多，目前，电火花加工的伺服进给系统主要以步进电动机和伺服电动机控制的控制系统为主，喷嘴-挡板式电液伺服进给系统已停止生产。其中，步进电动机伺服进给系统价格低廉，调速性能稍差，主要用于中小型电火花机床及数控线切割机床。直流/交流伺服电动机主要用于大、中型电火花加工机床。

2）间隙自动进给调节系统的基本组成部分

间隙自动进给调节系统的构造虽然不同，但都是由几个基本环节组成的，包括测量环节、比较环节、放大驱动环节、执行环节（伺服电动机）和调节对象（工具电极和工件电极之间的放电间隙）等几个主要环节，图 4-18 所示为间隙自动进给调节系统的基本组成。实际上，根据电火花加工机床的简繁或不同的完善程度，其基本组成部分可能略有增减。

（1）测量环节。直接测量放电间隙大小及其变化是很困难的，一般都是采用测量与放电间隙成比例关系的电参数（如电压）间接反映放电间隙的大小。因为当放电间隙较大、开路时，放电间隙电压最大或接近脉冲电源的峰值电压；当放电间隙为零时，即短路时，间隙电压为 0。两者虽不成正比，但有一定的相关性。

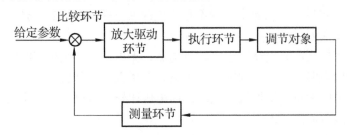

图 4-18　间隙自动进给调节系统的基本组成

常用的信号检测方法有两种：第一种是平均值测量法，即测量平均间隙电压，图 4-19 所示为不带整流桥的平均值测量电路和带整流桥的平均值测量电路。在图 4-19（a）中，间隙电压经电阻 R_1 由电容 C 充电、滤波后成为平均值，又经电位器及电阻 R_2 分压，输出值 U 即平均间隙电压。图 4-19（a）中的充电时间常数 R_1C 应略小于放电时间常数 R_2C，这样，使得充电快，放电慢。图 4-19（b）所示为带整流桥的平均值测量电路，其优点是工具电极和工件电极的极性变换不会影响输出值 U 的极性。

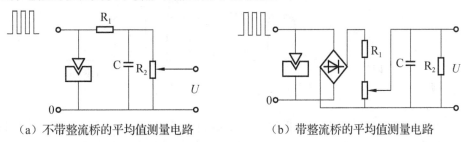

（a）不带整流桥的平均值测量电路　　　（b）带整流桥的平均值测量电路

图 4-19　不带整流桥的平均值测量电路和带整流桥的平均值测量电路

第二种是峰值检测法，即利用稳压管测量脉冲电压峰值。例如，测量脉冲电压的峰值时，采用图 4-20 所示的测量电路，其中的稳压管 VS 的稳压值选择 30～40V，它能阻止和滤除比其稳压值低的火花维持电压。只有当放电间隙上出现大于 30～40V 的空载、峰值电压时，才能通过稳压管 VS 及二极管 VD 向电容 C 充电，滤波后经电阻 R 及电位器分压输出，该电路突出了空载峰值电压的控制作用。这种检测方法常用于需要保证加工稳定、尽量减小短路概率、宁可欠进给的场合。

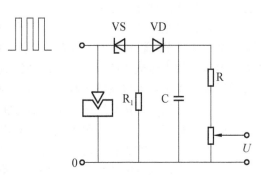

图 4-20　脉冲电压峰值测量电路

对于弛张式脉冲电源，一般采用平均间隙电压测量法。对于晶体管式独立脉冲电源，则采用峰值电压测量法。因为使用晶体管式脉冲电源时，在脉冲周期内极间电压为零，火花放电所要求的平均电压很低，对极间距离变化的反应不如对峰值电压灵敏。

更合理的措施是应检测5种放电间隙状态。通常放电间隙状态有空载、产生火花、短路3种，细分后还可以多出稳定电弧和不稳定电弧（电弧前兆）2种放电状态，上述5种放电间隙状态如图4-21所示。

根据空载时有电压、无电流，短路时有电流、无电压，产生火花时既有电压又有电流信号，利用逻辑门电路，可以区别空载、短路、产生火花3种放电间隙状态。然后检测火花放电时高频分量的大小，根据阈值电压，用电压比较器可以区分产生火花、不稳定电弧和稳定电弧3种放电间隙状态。

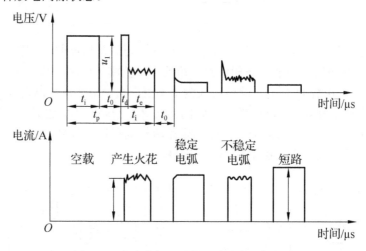

图 4-21　电火花加工时的 5 种放电间隙状态

（2）比较环节。比较环节用于根据进给量或间隙平均电压的"设定值"（称为伺服参考电压）调节进给速度，以适应粗、中精、精不同的加工规准。它实质上是把从测量环节得来的信号和"给定值"的信号进行比较，再按此差值来控制加工过程。大多数比较环节包含或合并在测量环节之中。

（3）放大驱动环节。由测量环节获得的信号一般都很小，难于驱动执行元件，必须增加一个放大环节（通常称为放大器）。为了获得足够的驱动功率，放大器要有一定的放大倍数。但是，放大倍数过高也不好。过高的放大倍数会使系统产生过大的超调现象，即出现自激现象，使工具电极调节不稳定。常用的放大器主要是各类晶体管。

（4）执行环节。执行环节也称为执行机构，常采用不同类型的伺服电动机。伺服电动机能根据控制信号的大小及时地调节工具电极的进给速度，以保持合适的放电间隙，从而保证电火花加工正常进行。由于它对间隙自动调节系统有很大影响，通常要求它的机电时间常数尽量小，以便能够快速地反映放电间隙状态变化；要求机械传动间隙和摩擦力应尽量小，以减小系统的不灵敏区域；还要求具有较宽的调速范围，以适应各种加工规准和工艺条件的变化。

（5）调节对象。工具电极和工件电极之间的放电间隙就是调节对象，应把放电间隙控制在 0.1～0.01mm。

目前，以步进电动机和直流/交流伺服电动机为核心的伺服进给系统具有传动链短、灵敏度高、体积小、结构简单、惯性小的特点，有利于在加工中实现自动控制，因而在现代电火花加工机床中得到广泛应用。测量环节的放电间隙状态信号经过放大驱动环节后，可用于控制步进电动机或伺服电动机的正、反转，相应地实现工具电极的进给与回退。近年来，国内外的高档电火花加工机床多采用伺服电动机直接拖动丝杠的传动方式，以高精度光栅尺作为位置检测元件，因此这种机床的进给精度、性能及自动化程度等都得到较大提高。

3. 机床本体

电火花加工机床的本体大致可分为以下几个部分：床身、立柱（包括导轨）、数控轴、主轴头、工作台及工作液循环和过滤系统等。其中，床身和立柱是机床的主要结构件，它们必须有足够的刚度；要求工作台与立柱导轨面之间应保持一定的垂直度，还应有较好的精度保持性；还要求立柱导轨具有良好的耐磨性，能充分消除内应力等。

工作台一般带有坐标装置，可以作横向和纵向移动。传统机床的工作台依靠手轮调整工件位置，近年来，随着数控技术的进步，可由数控两轴协调运动工作台的三轴电火花加工机床已广泛应用。

1）床身、立柱和数控轴

床身和立柱是电火花加工机床的基础结构件，其作用是保证工具电极与工作台、工件电极之间的相对位置。在常用的 C 形结构中，立柱承载垂直方向（Z 轴）、横向（X 轴）及纵向（Y 轴）的载荷，完成空间三轴运动，工件电极固定在工作台上。目前，数控电火花加工机床一般采用精密滚珠丝杠、直线导轨和步进电动机。在高档数控机床中常以高性能伺服电动机代替步进电动机，以满足精密模具的加工要求。伺服电动机通过联轴器带动丝杠转动，通过丝杠、螺母实现从转动到直线运动的转换。移动的距离由丝杠导程和伺服电动机的转数共同决定。这样，数控轴步进（伺服）电动机能根据放电间隙状态识别相关装置的信号，通过正、反转实现前进和后退，使加工过程能自动进行。

2）主轴头

主轴头是电火花加工机床的关键部件之一，可沿 Z 轴的上、下两个方向运动。主轴头是机床自动调节系统的执行机构，一般由伺服进给机构、导向防扭机构、电极装夹及调整机构组成，它控制工件电极与工具电极之间的放电间隙。主轴头的好坏直接影响电火花加工工艺的各项指标，如加工效率、几何精度及表面粗糙度等。

早期的主轴头主要以电-机械式主轴头为主，采用液压系统实现主轴头的上下运动，目前国内已停产这类主轴头，由步进电动机、伺服电动机取代。由电动机直接带动丝杠的电-机械式主轴头，可实现传动链短、运动精确、数字化控制等目标。

3）工作液循环和过滤系统

工作液是电火花加工的必要条件之一，它对火花放电、能量的传递和分布、电蚀等过程都有直接的影响，进而影响电火花加工工艺的各项指标。

工作液的作用如下：

（1）在脉冲间隔火花放电结束后，尽快恢复放电间隙的绝缘状态（消电离），以便下一个脉冲电压产生火花放电。

（2）使电蚀产物比较容易地从放电间隙中排泄出去，以免严重污染放电间隙，导致火花放电点不分散而形成有害的电弧放电。对于黏度、密度、表面张力越小的工作液，此项作用越强。

（3）冷却工具电极和降低工件表面因瞬时放电而产生的局部高温，否则，工件表面会因局部高温而积炭、烧伤并产生电弧放电。

（4）工作液还可压缩放电通道，使放电通道中被压缩的气体、等离子体膨胀，以便抛出更多熔化和气化了的金属电极材料，增加电蚀量。对黏度、密度等越大的工作液，此项作用越强。

根据电火花加工的具体要求，目前，在电火花加工中，仍然采用油类有机化合物（以下简称油）作为工作液。乳化液和去离子水主要用于小面积或线切割加工中。此外，在油中加入活化剂和各种添加剂有利于提高电火花加工的工艺指标。

工作液循环和过滤系统包括油箱、电动机液压泵、过滤装置、工作液槽、油杯、管路、阀门及测量仪表等。放电间隙中的电蚀产物除了依靠自然扩散、定期抬刀及使工具电极附加振动等方式排除，常采用强迫循环方式加以排除，以免放电间隙中的电蚀产物过多，引起已加工过的侧表面之间发生"二次放电"，影响加工精度。此外，通过工作液的循环还可散发一部分热量。

工作液强迫循环方式有两种：一种为冲油式，如图4-22（a）和图4-22（b）所示，这种方式在生产中采用较多，排屑、冲刷能力强，但电蚀产物仍通过已加工区域，对加工精度稍有影响；另一种为抽油式，如图4-22（c）和图4-22（d）所示，这种方式易使加工过程中分解出来的可燃气体积聚在抽油回路的死角处，这些可燃气体遇到电火花会引起"放炮"现象。因此，生产中较少采用这种方式，一般在要求小间隙、精加工的场合使用这种方式。

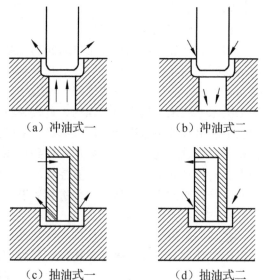

（a）冲油式一　　　　（b）冲油式二

（c）抽油式一　　　　（d）抽油式二

图4-22　工作液强迫循环方式

目前，工作液循环和过滤系统比较成熟，运用液压传动的基本回路即可实现。图4-23所示为工作液循环和过滤系统原理示意。

工作液循环和过滤系统一般由原动机（电动机）、涡旋式液压泵，压力调节阀和粗/精过滤器组成。有粗、精两级过滤系统，经过粗过滤器、涡旋式液压泵及溢流阀，可完成油箱内油液的过滤和清洁。精过滤器与冲油控制阀、进油控制阀组成工作液循环系统，对工作液进行强迫循环，使电火花加工中产生的电蚀产物加速排除，改善放电间隙状态。

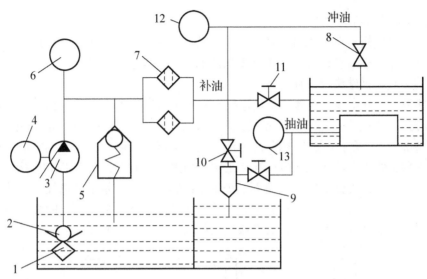

1—粗过滤器；2—单向阀；3—涡旋式液压泵；4—原动机；5—溢流阀；6—压力表；7—精过滤器；
8—压力调节阀；9—抽吸管；10—冲油控制阀；11—快速进油控制阀；12—冲油压力表；13—抽油压力表

图 4-23　工作液循环和过滤系统原理示意

4.1.4　电火花加工用工具电极的制备

在电火花加工过程中，工具电极用于传导放电能量，还可把工具电极的形状和尺寸复制到工件（工件电极）上，形成特定的结构。因此，工具电极的制备在电火花加工中十分重要。

1）工具电极材料

从理论上说，任何导电材料都可以作为电极材料，但由不同材料制备的电极对电火花加工工艺指标影响不同。表 4-3 所示为常用工具电极材料及其优缺点和使用场合。

表 4-3　常用工具电极材料及其优缺点和使用场合

工具电极材料	优缺点和使用场合
石墨	电加工性能良好，损耗小；硬度低，容易加工成型；密度小，质量较小，但脆性大，易塌角，广泛应用于型腔加工中
紫铜	电加工稳定性好，塑性好，不容易崩刃塌角，适应性广，但密度大，精加工时工具电极损耗较大，适用于要求轮廓清晰、仿形精度高的型腔加工
黄铜	电加工稳定性好，容易加工成型但工具电极损耗较大，适用于简单的模具加工或通孔加工
铸铁	电加工稳定性较好，制造容易，成本低。工具电极损耗一般在20%以下，适用于冷冲模加工
钢	电加工稳定性较差，效率低，工具电极损耗与铸铁工具电极损耗相同，主要用于冷冲模加工，使工具电极和冲头一次成型，可以减少工具电极与冲头的制造时间
铜钨合金	电加工稳定性好，工具电极损耗很小，但价格较贵，主要用于深长直壁孔、硬质合金穿孔的加工
银钨合金	性能与铜钨合金相似，是较好的工具电极材料，但价格昂贵，仅用于精密冲模的加工

2）工具电极的结构形式

在选择工具电极材料的同时，还应确定其结构。关于工具电极的结构形式，可根据型孔或型腔的尺寸大小、复杂程度及工具电极的加工工艺确定。

常用的工具电极结构形式如下：

（1）整体式工具电极。整体式工具电极由一整块材料制成，如图 4-24 所示。对于穿孔加工，有时为了提高生产率、加工精度及降低表面粗糙度，常采用阶梯形整体式工具电极，如图 4-24（a）所示。该图中的 L_1 为原始工具电极的长度，L_2 为工具电极增长部分的长度。阶梯形整体式工具电极在电火花加工中的加工原理如下：先用工具电极增长部分 L_2 进行粗加工，蚀除大部分金属，只留下很少余量；然后，用原始工具电极进行精加工。阶梯形整体式工具电极的优点如下：粗加工时能快速蚀除金属，将精加工的加工余量降低到最小值，提高了生产率；可减少工具电极更换的次数，以简化操作。

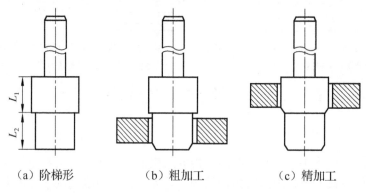

（a）阶梯形　　　　　　（b）粗加工　　　　　　（c）精加工

图 4-24　整体式工具电极

（2）组合式工具电极。组合式工具电极是指将若干小电极组装在固定板上，组成可同时对多个成型表面进行电火花加工的电极。图 4-25 中的叶轮工具电极就是由多个小电极组装构成的。

采用组合式工具电极加工时，生产率高，各型孔之间的位置精度也较准确。需要注意的是，使用组合式工具电极时，一定要保证各个小电极之间的定位精度，并且每个小电极的轴线要垂直于固定板的表面。

（3）镶拼式工具电极。镶拼式工具电极是指先将形状复杂而制备困难的工具电极分成几块加工，然后镶拼成一个工具电极。在图 4-26 中，E 形硅钢片冲模所用的工具电极被分成 3 块，加工完后被镶拼成整体。这样不仅可保证工具电极的精度、得到尖锐的凹角，而且简化了工具电极的加工，节约了材料，降低了制造成本。但在制备过程中应保证工具电极各个分块之间的位置准确，配合要紧密牢固。

确定工具电极结构形式的原则如下：

（1）工件的技术要求。主要指设计工件图样时的具体要求，包括工件的尺寸精度、几何形状精度、相对位置精度、加工表面质量、加工面积、加工深度、形状的复杂程度及需要加工的数量等。

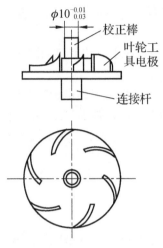

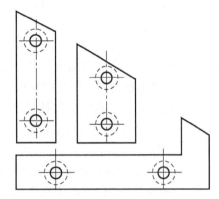

图 4-25　组合式工具电极　　　　　　　图 4-26　镶拼式工具电极

（2）加工工艺条件。主要指机床设备允许的加工范围、脉冲电源的技术性能及其能达到的工艺指标（包括电极损耗、加工速度、加工后的表面粗糙度等）及方法、工具电极制备、工具电极材料、工具电极装夹、工具电极校正、工件定位，以及加工过程中的排屑、排气要求等。

3）工具电极的设计

由于电火花加工是一种仿形加工，因此工具电极的尺寸和形状取决于工件被加工部位的尺寸和形状及其复杂程度，而且与工具电极材料、加工电流、加工深度、加工余量及放电间隙等因素有关。若工具电极作平动，则计算放电间隙时应考虑平动量。

（1）水平截面尺寸。与主轴头进给方向垂直的工具电极尺寸称为水平截面尺寸［见图 4-27（a）］，计算该尺寸时应加上放电间隙和平动量。对于任何有内、外直角及圆弧的型腔，适用以下简化的工具电极尺寸计算公式：

$$a = A \pm K\delta \qquad\qquad (4\text{-}1)$$

式中，a——工具电极的水平方向尺寸；

A——型腔的水平方向尺寸；

K——与型腔尺寸标注有关的系数；

δ——工具电极单边缩放量（有平动时，包括平动量）。

$$\delta = \delta_0 + \delta_1 + \delta_3 \qquad\qquad (4\text{-}2)$$

式中，δ_0——电火花加工时单边放电间隙；

δ_1——按前一次规准加工时表面微观不平度的最大值；

δ_3——按本次规准加工时表面微观不平度的最大值。

对式（4-1）中 K 值及其正负号的选择，应根据以下具体情况确定：

凡是型腔凹入部分尺寸，工具电极相应的凸出部分尺寸应缩小，因此对 K 取负值。计算图 4-27（a）的 a_1 尺寸时，为保证 A_1 尺寸，要缩小工具电极尺寸，因此对 K 取负号。凡是型腔凸出部分尺寸，工具电极相应的凹入部分尺寸应放大，因此对 K 取正值。计算 a_2 尺寸时，为保证 A_2 尺寸，工具电极尺寸要增大，因此对 K 取正号。

当加工尺寸为双边放电间隙时，如 a_1、a_2，此时 $K=2$。对于单边放电间隙（半径），如 r_1、c，此时 $K=1$。

（2）高度尺寸。工具电极平行于机床主轴方向上的尺寸称为工具电极的高度尺寸 [见图 4-27（b）]。工具电极的高度尺寸取决于所采用的加工方法、被加工工件的结构形式、加工深度、工具电极材料、型孔的复杂程度、工具电极的装夹方式、工具电极的使用次数、工具电极定位校直、工具电极制备工艺等一系列因素。

除被装夹部分以外的工具电极总高度按下式计算：

$$H = l + L \tag{4-3}$$

式中，H——除被装夹部分以外的工具电极总高度；

l——每加工一个型腔，工具电极在垂直方向的有效高度，包括型腔深度和工具电极端面损耗，并扣除端面间隙值；

L——对该长度值，考虑了加工结束时工具电极夹具不与夹具模块或压板发生接触，以及同一个工具电极因重复使用而增加的高度。

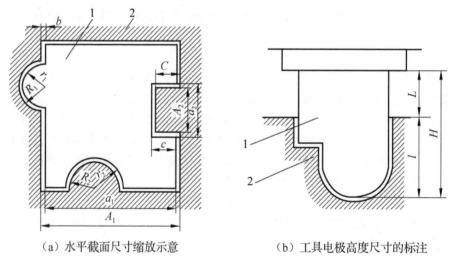

（a）水平截面尺寸缩放示意　　　　（b）工具电极高度尺寸的标注

1—工具电极；2—型腔

图 4-27　工具电极尺寸设计

（3）工具电极精度的确定。由于工件的精度主要决定于工具电极的精度，因此对工具电极精度有较为严格的要求：要求工具电极的尺寸精度和表面粗糙度比工件高一个级别，一般情况下要求工具电极精度级别不低于 IT7，表面粗糙度小于 1.25μm，并且在 100mm 的长度上的直线度、平面度和平行度都不大于 0.01mm。对一般截面的尺寸公差，选取工件相应尺寸公差的 1/2～2/3。

4) 工具电极的加工方法

对于纯铜工具电极,常用电火花线切割加工、一般机械加工、数控铣削、电铸等方法制备。对于微细电火花加工用工具电极的制作,常采用线电极磨削、电火花块电极反拷、孔轴自成型,以及 LIGA(光刻、电铸和注塑 3 个德文单词的缩写)增材制造等方法实现。对于石墨工具电极,应采用质细、致密、颗粒均匀、强度高、气孔率少的高纯石墨制备,业界已开发出专门的石墨铣专用机床对这种工具电极进行成型加工。

按照成型方法分类,工具电极的加工方法有以下几种:

(1)机械加工成型法。一般长寿命模具的工具电极多采用机械加工成型,如塑料模、胶木模、橡胶模、冲压模等。这种模具的工具电极的特点是一次成型或少次数的重复成型。通常这种电极的形状较为复杂,在制作过程中钳工的工时比重较大。

(2)电化学成型法。这种方法利用阳极溶解或阴极沉积的电化学反应对工具电极进行成型加工,包括电解加工和电铸加工。

(3)精密铸造法。这种方法节省电极材料(无切削),制作周期短,适合加工多次重复成型的工具电极。

(4)精密锻造法。这种方法可节省电极材料,制作周期短,成本较低,适合加工多次重复成型的紫铜材料工具电极。

(5)粉末冶金成型法。这种方法采用金属粉或石墨粉在粉末冶金模具中成型,然后用粉末冶金工艺将其加工成工具电极,制作周期较短,适合批量生产。

4.1.5 电火花加工的基本工艺规律

电火花加工是一种复杂或综合性的工艺加工过程,电火花加工的工艺指标主要有加工速度、加工精度、加工表面质量及工具电极的相对损耗等。研究电火花加工的基本工艺规律,对提高电火花加工速度、改善加工表面质量、降低工具电极的损耗极为重要。

1. 影响电火花加工的主要因素

在电火花加工过程中,材料被电蚀是加工的实质表现,其工艺规律是十分复杂的综合性问题。

1) 极性效应

电火花加工的微观过程决定了在火花放电过程中,无论是正极还是负极都会受到不同程度的电蚀,即使正负极使用相同的材料。例如,用钢工具电极加工钢,正、负电极的电蚀量也是不同的。这种单纯由于正、负极性不同而彼此电蚀量不一样的现象称为极性效应。若两个电极的材料不同,则极性效应更加复杂。在生产中,把工件连接脉冲电源正极(工具电极连接负极)的电火花加工称为"正极性"加工,把工件连接脉冲电源负极(工具电极连接正极)的电火花加工称为"负极性"加工,又称为"反极性"加工。

产生极性效应的原因很复杂,对这一问题定性的解释如下:在火花放电过程中,正、负极表面分别受到电子和正离子的撞击与瞬时热源的作用,两个电极表面所分配到的能量不一样，因此，由熔化和气化抛出的电蚀量也不一样。这是因为电子的质量和惯性都小，在火花放电的初始阶段容易获得很高的加速度和速度，大量的电子向正极移动，把能量传递给正极表面，使电极材料迅速熔化和气化；而正离子则由于质量和惯性较大，加速度和速度较小，在火花放电的初始阶段，大量的正离子来不及到达负极表面，只有小部分正离子到达负极表面并传递能量。因此，在窄脉宽下进行加工时，电子的撞击作用大于正离子的撞击作用，正极的电蚀速度大于负极的电蚀速度，这时工件应连接正极。相反，在长脉宽（放电持续时间较长）下进行加工时，质量和惯性大的正离子有足够的时间加速，到达并撞击负极表面的正离子数将随放电持续时间的延长而增多。由于正离子的质量大，对负极表面的撞击作用、发热作用强，因此在长脉宽下负极的电蚀速度大于正极的电蚀速度，这时工件应连接负极。因此，在窄脉冲下（例如，用纯铜电极加工钢时，电压脉冲宽度 t_i <10μs）进行精加工时，应选用正极性加工方法；在长脉冲下（例如，用纯铜电极加工钢时，电压脉冲宽度（脉宽）t_i>80μs）进行粗加工时，应采用负极性加工方法，可以得到较高的电蚀速度和较低的电极损耗。

能量在两个电极上的分配是影响两个电极电蚀量的重要因素，电子和正离子对电极表面的撞击作用则是影响能量分布的主要因素。因此，电子撞击和正离子撞击无疑是影响极性效应的重要因素。但是，近年来的生产实践和研究结果表明，正电极表面能吸附从工作液中分解游离出的带负电荷的碳微粒，形成熔点和沸点较高的一层炭黑膜，以保护正极，减小电极损耗。例如，用铜电极加工钢时，当脉冲宽度为 12μs、脉冲间隔为 15μs 时，炭黑膜不易形成，往往正极的电蚀速度大于负极的电蚀速度，应采用正极性加工。当脉冲宽度不变时，如果逐步把脉冲间隔减小（应配之以抬刀，以防止异常放电），使正极上形成炭黑膜，就会使负极电蚀速度大于正极电蚀速度，从而可以改用负极性加工。这实际上是极性效应和正极吸附炭黑（覆盖效应）之后对正极的保护作用的综合效果。

由此可见，极性效应是一个较为复杂的问题。除了脉冲宽度、脉冲间隔的影响，还有脉冲峰值电流、放电电压、工作液以及电极对的材料等都会影响到极性效应。在实际生产中，极性的选择主要靠试验确定。

从提高加工生产率和减小工具损耗的角度来看，极性效应越显著越好，故在电火花加工过程中必须充分利用极性效应。当用交变的脉冲电流加工时，单个脉冲的极性效应便相互抵消，增加了工具的损耗。因此，电火花加工一般都采用单向脉冲直流电源，而不能用交流电源。

为了充分地利用极性效应，最大限度地降低工具电极的损耗，应合理选用工具电极的材料。根据工具电极对材料的物理性能、加工要求，选用最佳的电参数，正确地选用极性，使工件的加工速度最高，工具电极损耗尽可能小。

2）电参数对电蚀量的影响

电火花加工的电参数主要是指电压脉冲宽度 t_i、电流脉冲宽度 t_e、脉冲间隔 t_0、脉冲频率 f、峰值电流 i_p、峰值电压 u_p 等。

研究结果表明，在电火花加工过程中，无论正极或负极，都存在单个脉冲的电蚀量与单个脉冲能量 W_M 在一定范围内成正比的关系。某一段时间内的总电蚀量约等于这段时间

内各单个有效脉冲电蚀量的总和，故正、负极的电蚀速度与单个脉冲能量、脉冲频率成正比。用公式表示为

$$\begin{cases} q_a = K_a W_M f \phi t \\ q_c = K_c W_M f \phi t \end{cases} \tag{4-4}$$

$$\begin{cases} v_a = \dfrac{q_a}{t} = K_a W_M f \phi \\ v_c = \dfrac{q_c}{t} = K_c W_M f \phi \end{cases} \tag{4-5}$$

式中，q_a、q_c——工件电极的总电蚀量、工具电极的总电蚀量；

v_a、v_c——工件电极的电蚀速度、工具电极的电蚀速度，即工件生产率或工具损耗速度；

W_M——单个脉冲能量；

f——脉冲频率；

t——加工时间；

K_a、K_c——与电极材料、脉冲参数、工作液等有关的工艺系数；

ϕ——有效脉冲利用率。

注：以上符号中，角标 a 表示工件电极，c 表示工具电极。

单个脉冲能量取决于极间电压、放电电流和放电持续时间，因此单个脉冲能量为

$$W_M = \int_0^{t_e} u(t) i(t) \mathrm{d}t \tag{4-6}$$

式中，W_M——单个脉冲能量，单位为 J；

t_e——电流脉冲宽度，单位为 s；

$u(t)$——放电间隙中随时间而变化的电压，单位为 V；

$i(t)$——放电间隙中随时间而变化的电流，单位为 A。

由于放电间隙电阻具有非线性特性，因此击穿后间隙上的火花维持电压是一个与电极对材料及工作液种类有关的数值（例如，在煤油中用纯铜电极加工钢时，火花维持电压约为25V；用石墨电极加工钢时，火花维持电压约为30V）。火花维持电压与脉冲电压幅值、极间距离以及放电电流大小等的关系不大，因而正负极的电蚀量正比于平均放电电流的大小和电流脉宽；对于矩形波脉冲电流，实际上正比于放电电流的幅值。在通常的晶体管式脉冲电源中，脉冲电流波形近似矩形波，当用纯铜电极加工钢时的单个脉冲能量为

$$W_M = (25 \sim 30) i_p t_e \tag{4-7}$$

式中，i_p——峰值电流；

t_e——电流脉冲宽度。

由此总结提高电蚀量和生产率的途径如下：提高脉冲频率 f；增加单个脉冲能量 W_M；或者增大平均放电电流 $\bar{i}_e$（对矩形脉冲而言，即峰值电流 i_p）和脉冲宽度 t_i，减小脉冲间隔 t_0；设法提高系数 K_a 和 K_c。当然，实际生产时要考虑到这些因素之间的相互制约关系

和对其他工艺指标的影响。例如，当脉冲间隔时间过短时，将产生电弧放电；随着单个脉冲能量的增加，被加工工件的表面粗糙度也随之增大。

3）材料热学常数对电蚀量的影响

热学常数是指熔点、沸点、热导率、比热容、熔化热、汽化热等。表4-4所列为常用材料的热学常数。

表4-4　常用材料的热学常数

热学常数	常用材料				
	铜	石墨	钢	铝	钨
熔点 T_r/℃	1083	3727	1535	657	3410
比热容 c/J·(kg·K)$^{-1}$	393.56	1674.7	695.0	1004.8	154.9
熔化热 q_r/J·kg^{-1}	179258.4	—	209340	385185.6	159098.4
沸点 T_r/℃	2595	4830	3000	2450	5930
汽化热 q_q/J·kg^{-1}	5304256.9	46054800	6290667	10894053.6	—
热导率 λ/J·(cm·s·K)$^{-1}$	3.998	0.800	0.816	2.378	1.700
热扩散率 a/cm^2·s^{-1}	1.179	0.217	0.150	0.920	0.568
密度 ρ/(g·cm^3)	8.9	2.2	7.9	2.54	19.3

注：1. 热导率为℃时的值；

2. 热扩散率 $a=\lambda/c\rho$。

每次脉冲放电时，放电通道内及正、负极放电点都瞬时获得大量热能。而正、负极放电点所获得的热能，除了一部分由于热传导散失到电极其他部位和工作液中，其余部分将依次消耗在以下几个方面：热量使局部金属材料温度升高，直至达到熔点（每克金属材料升高1℃（或1K)，所需的热量即该金属材料的比热容）为止；熔化金属材料（每熔化1g材料所需的热量即该金属的熔化热）；使熔化的金属液体继续升温至沸点（每克材料升高1℃所需的热量即该熔融金属的比热容）；使熔融金属气化（每气化1g材料所需的热量称为该金属的汽化热）；使金属蒸气继续加热成过热蒸气（每克金属蒸气升高1℃所需的热量为该蒸气的比热容）。

显然，当单个脉冲能量相同时，金属的熔点、沸点、比热容、熔化热、汽化热越高，电蚀量将越少，越难加工；另一方面，由于热导率越大的金属较多地把瞬时产生的热量传导到其他部位，因而降低了自身的电蚀量。而且当单个脉冲放电能量一定时，脉冲电流幅值 $\hat{i}_e$ 越小，即脉冲宽度 t_i 越长，散失的热量也越多，从而影响电蚀量的减小；相反，脉冲宽度 t_i 越短，脉冲电流幅值 $\hat{i}_e$ 越大，由于热量过于集中而来不及传导扩散，虽使散失的热量减小，但抛出的金属液中气化部分比例增大，多耗用不少汽化热，因此电蚀量也会降低。因此，电极的电蚀量与电极材料的热导率以及其他热学常数、放电持续时间、单个脉冲放电能量有密切关系。由此可见，当单个脉冲放电能量一定时，都会有一个使工件电蚀量最大的脉宽。

4）工作介质对电蚀量的影响

电火花加工中工作介质的作用概括如下：被火花放电击穿而成为放电通道，并在火花放电结束后迅速恢复绝缘状态；对放电通道产生压缩作用，有利于电蚀产物的抛出和排除；对工具电极、工件电极起冷却作用。可见，工作介质对电极的电蚀量也有较大的影响。

近年来随着理论和实验研究的不断深入，电火花加工的工作介质的研究有了更深入的认识，除了传统的火花油或煤油作为工作介质，以氧气作为工作介质的电火花加工可以获得较好的表面质量，以气雾为工作介质的近干式电火花加工可以得到较好的加工速度和表面质量。使用新型水基工作液，可以获得较高的加工速度，甚至接近切削加工。对于低速走丝线切割机床，多采用去离子水作为工作介质；对于高速走丝机床，采用乳化液、复合水基工作液作为工作介质。

5）其他因素对电蚀量的影响

除了以上因素，还有其他一些因素影响电蚀量。首先是加工稳定性。加工稳定性差将干扰甚至破坏正常的火花放电，使有效脉冲利用率降低。加工深度、加工面积的增加，以及待加工型面复杂程度的增大，都将不利于电蚀产物的排出，影响加工稳定性和降低加工速度，严重时将造成异常放电，使加工难以进行。为了改善排屑条件，以提高加工速度和防止异常放电，常采用强迫冲油和使工具电极定时抬刀等措施。

如果加工面积较小，而采用的加工电流较大，就会使局部电蚀产物浓度过高，放电点不能分散转移，火花放电后的余热来不及扩散而积累起来，造成过热，形成电弧，破坏加工稳定性。

电极材料对加工稳定性也有影响。用钢电极加工钢时，加工稳定性较差；用纯铜/黄铜电极加工钢时，加工稳定性较好。脉冲电源的电压/电流波形及其前后沿陡度影响输入能量的集中或分散程度，对电蚀量也有很大影响。

2. 加工速度

进行电火花加工时，单位时间内工件的电蚀量称为加工速度，即生产率；加工速度 v_w 一般采用体积加工速度（mm^3/min）表示，用被加工掉的工件体积 V 除以加工时间 t，即

$$v_w = V / t \qquad (4\text{-}8)$$

有时为了测量方便，也采用质量加工速度 v_m（g/min）表示。

根据电参数对电蚀量的影响可知，提高加工速度的主要途径在于提高脉冲频率以增加单个脉冲能量，以及设法改善工艺条件，如合理选用电极材料和工作液，改善工作液循环和过滤方式等。由于这些因素间的相互制约和对其他工艺指标的影响，故在加工过程中，加工速度不能完全一致。一般经验是粗加工（表面粗糙度 Ra 为 $10 \sim 20\mu m$）时可达 $200 \sim 1000mm^3/min$，中精加工（表面粗糙度 Ra 为 $2.5 \sim 10\mu m$）时，加工速度降到 $20 \sim 100mm^3/min$，精加工（表面粗糙度 Ra 为 $0.32\mu m \sim 2.5\mu m$）时，加工速度一般都在 $10mm^3/min$ 以下。随着表面粗糙度的减小，加工速度显著下降。

3. 工具电极损耗

工具电极和工件电极在加工过程中同时被不同程度地电蚀，单位时间内工具电极的电蚀量称为损耗速度，损耗速度和生产率（加工速度）是矛盾的两个方面。

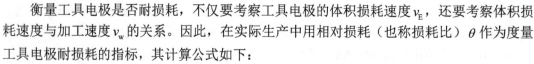

衡量工具电极是否耐损耗，不仅要考察工具电极的体积损耗速度 v_E，还要考察体积损耗速度与加工速度 v_w 的关系。因此，在实际生产中用相对损耗（也称损耗比）θ 作为度量工具电极耐损耗的指标，其计算公式如下：

$$\theta = v_E / v_w \times 100\% \tag{4-9}$$

降低工具电极的相对损耗，是采用电火花加工时的目标。充分利用电火花加工过程中的各种效应，是实现工具电极低损耗的有效途径。

1）正确选择极性

一般情况下，在长脉冲粗加工时采用负极性加工，在短脉冲精加工时采用正极性加工，有利于降低工具电极的相对损耗。使用纯铜工具电极加工钢材料时的电极相对损耗与极性、脉冲宽度的关系曲线如图 4-28 所示。工具电极为直径 6mm 的纯铜，工件为钢，工作介质为煤油，使用矩形波脉冲电源，加工中的峰值电流为 10A。由图 4-28 可知，当脉冲宽度大于 120μs 时，用负极性加工，电极相对损耗将小于 1%；当脉冲宽度小于 15μs 时，用正极性加工，则电极相对损耗比负极性加工时的相对损耗小。

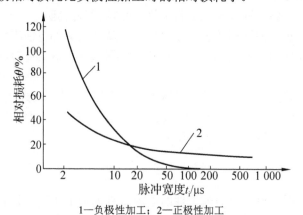

1—负极性加工；2—正极性加工

图 4-28　电极相对损耗与极性、脉冲宽度的关系曲线

2）合理利用吸附效应

用石油产物中的油类碳氢化合物作为工作液，加工时在高温作用下易分解出大量的碳粒子。碳粒子带负电荷，它在电场的作用下，在正极表面形成一定厚度的化学吸附碳层，通常称为炭黑膜，可对电极起到保护和补偿作用，从而实现"低损耗"加工。由于炭黑膜只能在正极表面形成，要利用炭黑膜的补偿作用实现电极的低损耗，必须采用工件连接脉冲电源负极的负极性加工方式。

实验表明，当峰值电流和脉冲间隔一定时，炭黑膜厚度随脉冲宽度的增大而增大；当脉冲宽度和峰值电流一定时，炭黑膜厚度随脉冲间隔的增大而减小。这是因为脉冲间隔增大时，电极为正的时间相对减少，并且引起放电间隙中的介质消电离作用增强，放电通道分散，电极表面温度降低，使吸附效应减弱。影响吸附效应的因素除了电参数，还有冲油和抽油的影响。进行强迫冲油和抽油，有利于放电间隙中的电蚀产物的排除，使加工稳定；

但强迫冲油和抽油使吸附效应减弱，从而增加电极的损耗。因此，在加工过程中进行冲油和抽油时要注意控制冲油和抽油压力。

3）利用传热效应

电极表面放电点的瞬时温度不仅与瞬时放电能量有关，而且与放电通道的截面积有关，还与电极材料的导热性能有关。因此，在放电初期限制脉冲电流的增长率对降低电极损耗是有利的，可使电流密度不致太高，也就使电极表面温度不致过高而遭受较大的损耗。脉冲电流增长率太高时，对在热冲击波作用下易脆裂工具电极（如石墨）的损耗的影响尤为显著。另外，由于一般采用的工具电极的导热性能比工件好，如果采用较大的脉冲宽度和较小的脉冲电流进行加工，导热作用使电极表面温度较低而减小损耗，工件表面温度仍比较高而得到有效蚀除。

4）选用合适的工具电极材料

钨、铂的熔点和沸点较高，损耗小，但其机械加工性能不好，价格又贵。因此，除了线切割加工，很少采用这两种金属做工具电极。铜的熔点虽较低，但其导热性好，又易于制成各种精密和复杂电极，常用作中、小型腔加工用的工具电极。石墨电极不仅热学性能好，而且在长脉冲的粗加工中能吸附游离的碳来补偿电极的损耗，因此相对损耗很小，目前已广泛用作型腔加工的电极。铜碳、铜钨、银钨合金等复合材料不仅导热性好，而且熔点高，因而相对损耗小，但由于其价格较贵，成型加工比较困难，因而一般只在精密电火花加工时采用。

除了以上因素，其他工艺条件对工具电极损耗也有一定影响，例如，二次放电、排屑条件不好及放电间隙污染严重都会增大工具电极损耗。总之，工具电极损耗是上述诸因素综合作用的结果。一般通过实际加工试验，获得一定加工条件下工具电极的相对损耗。

4. 加工精度

与传统的机械加工一样，机床本身的各种误差，以及工件电极和工具电极的定位误差、安装误差都影响加工精度。但电火花加工中，与电火花加工工艺有关的因素对加工精度影响较大，其主要因素有放电间隙大小及其一致性、工具电极损耗及其稳定性。

1）放电间隙大小及其一致性

进行电火花加工时，工具电极与工件电极之间存在一定的放电间隙。若加工过程中放电间隙保持不变，则可以通过修正工具电极的尺寸，对放电间隙大小预先进行补偿，能够获得较高的加工精度。但是，放电间隙大小实际上是变化的，从而影响了加工精度。

放电间隙大小的表达式为

$$\delta_0 = K_u u_{oc} + K_R W_M^{0.4} + \delta_m \tag{4-10}$$

式中，δ_0——单边放电间隙；

u_{oc}——开路电压；

K_u——与工作液介电强度有关的系数，工作液为纯煤油时其值为 5×10^{-2}，工作液含有电蚀产物时 K_u 增大；

K_R——与工件电极材料有关的系数，例如，对于铁，$K_R = 2.5\times10^2$；对于硬质合金，

$K_R = 1.4 \times 10^2$；对于铜，$K_R = 2.3 \times 10^2$；

    W_M——单个脉冲能量；

    δ_m——考虑热胀冷缩、振动等影响时的放电间隙，其值约为 $3\mu m$。

为了减小加工误差，除了保持放电间隙大小一致，还应尽量采用精加工规准，缩小放电间隙。这样，不但能提高仿形精度，而且放电间隙越小，产生的间隙变化量也越小。精加工时的放电间隙一般为 0.01mm，粗加工时的放电间隙可达 0.5mm 以上。

    2）工具电极损耗

工具电极损耗对被加工工件的尺寸精度和形状精度都有影响。进行电火花穿孔成型加工时，工具电极可以贯穿待加工工件型孔而补偿工具电极的损耗。加工型腔时则无法采用这种方法，精密加工型腔时，常采用更换工具电极的方法。进行电火花分层铣削加工时，通常用定长补偿方法补偿工具电极损耗，即横向加工给定轨迹长度后，电极纵向补偿固定的长度。

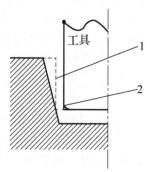

1—工具电极无损耗时的工具轮廓线；
2—工件电极有损耗而不考虑二次放电时的工件轮廓线

图 4-29　电火花加工时的加工斜度

    3）二次放电现象

二次放电是在已加工表面上由于电蚀产物的影响而发生的再次非正常放电，它直接影响工件的形状精度，具体表现在加工深度方向产生斜度和加工棱角棱边变钝。电火花加工时的加工斜度如图 4-29 所示，由于工具电极下端的加工时间长，绝对损耗大，而工具电极入口处的放电间隙由于存在电蚀产物，因此其大小随二次放电概率增大而变大，产生了加工斜度。

除此之外，还有其他的各种因素，如加工稳定性、工作液性能及其强迫循环方式、加工中的热等都会影响加工的精度。

5. 表面质量

电火花加工表面质量的主要参数：表面粗糙度、表面变质层和表面力学性能三部分。

1）表面粗糙度

电火花加工表面和机械加工的表面不同，它是由无方向性的无数大小不等、高低不一的微小电蚀凹坑相互交错重叠而成，同时还黏附细小的球形金属熔滴，这些熔滴多数分布在电蚀凹坑边缘处，熔滴大小为微米级。机械加工表面则由切削或磨削刀痕所组成，且具有方向性。因此，同等条件下，电火花加工表面的润滑性能和耐磨损性能优于机械加工表面。

电火花加工的表面粗糙度可以分为底面粗糙度和侧面粗糙度，按同一规准加工出来的侧面粗糙度因为有二次放电的修光作用，往往要好于底面粗糙度。与切削加工一样，电火花加工表面粗糙度通常用微观轮廓平面度的平均算术偏差 Ra 表示，也有用微观轮廓平面度的最大高度值 R_{max} 表示的。

表面粗糙度的影响因素可归为二大类：电参数和非电参数。其中对表面粗糙度影响最大的是单个脉冲能量，因为脉冲能量大，每次脉冲放电时的电蚀量也大，被电蚀的凹坑既大又深，从而使表面粗糙度恶化。表面粗糙度和脉冲能量之间的关系，可用以下经验公式表示：

$$R_{max} = K_R t_e^{0.3} i_e^{0.4}$$
(4-11)

式中，R_{max}——表面轮廓平面度的最大高度值，单位为μm；

K_R——常数，用铜电极加工钢时，其值取 2.3；用石墨电极加工钢时，其值取 9.8；

i_p——峰值电流，单位为 A；

t_e——电流脉冲宽度（放电时间），单位为μs。

从上式可知，影响表面粗糙度的因素主要是电流脉冲宽度 t_e 与峰值电流 i_p 的乘积，即单个脉冲能量的大小。但实践中发现，即使单个脉冲能量很小，但在电极面积较大时，R_{max} 很难低于 2μm（表面粗糙度 Ra 约为 0.32μm），而且加工面积越大，可达到的最佳表面粗糙度越差。这是因为在煤油工作液中的工具和工件相当于电容器的两个极，具有潜布电容（寄生电容）。也就是说，相当于在放电间隙中并联了一个电容器，当小能量的单个脉冲到达工具和工件时，电能被该电容器吸收，但这个电容器只起充电作用而不会引起火花放电。只有经过多个脉冲充电并达到较高的电压，积累了较多的电能后，才能引起火花放电，电蚀出较大的凹坑。当加工面积较大时因潜布电容的存在而使表面质量恶化的现象，称为"电容效应"。

电火花加工的表面粗糙度和加工速度之间存在着很大的矛盾，例如，若把表面粗糙度 Ra 从 2.5μm 提高到 1.25μm，则加工速度要下降十多倍。按目前的工艺水平，采用较大面积的电火花穿孔成型加工方法，要使表面粗糙度 Ra 达到 0.32μm 以下是比较困难的，但是采用平动或摇动加工可以改善效果。目前，采用电火花穿孔成型加工方法获得的最佳侧面粗糙度 $Ra=1.25\sim0.32$μm，电火花穿孔成型加工+平动或摇动加工获得的最佳表面粗糙度 Ra 为 $0.63\sim0.04$μm，而采用类似电火花-磨削的加工方法获得的表面粗糙度 Ra 可小于 $0.04\sim0.02$μm，但这时加工速度很低。因此，一般先用电火花加工在表面粗糙度 Ra 达到 $2.5\sim0.63$μm 之后，改用其他研磨或抛光方法，这样有利于改善表面质量并节省工时。

工件材料对加工表面粗糙度也有影响，熔点高的材料，单个脉冲能量形成的凹坑较小，在相同能量下加工得到的表面质量比熔点低的材料好。当然，加工速度会相应下降。

精加工时，工具电极材料及其表面粗糙度也将影响到加工精度。由于石墨电极很难加工出非常光滑的表面，因此与紫铜电极相比，用石墨电极加工得到的表面质量较差。

此外，异常放电现象如二次放电等将破坏表面质量，而表面变质层也会影响工件的表面粗糙度；击穿电压、工作液对表面粗糙度也有不同程度的影响。

2）表面变质层

在电火花加工过程中，由于放电的瞬时高温和工作液的快速冷却作用，材料的表层发生了很大的变化，粗略地可把它分为熔化凝固层和热影响层，如图 4-5 所示。

（1）熔化凝固层。熔化凝固层位于工件表层最上层，它被放电时瞬时高温熔化而又滞留下来，受工作液快速冷却作用而凝固。对于碳钢来说，熔化层在金相照片上呈现白色，故又称为白层，它与金属基材完全不同，是一种树枝状的淬火铸造组织，与内层的结合也不甚牢固。它由马氏体大量晶粒极细的残余奥氏体和一些碳化物组成。

熔化层的厚度随脉冲能量增大而变厚，为（1～2）R_{max}，但一般不超过 0.1mm。

（2）热影响层。热影响层介于熔化层和基体之间。在加工过程中其金属基材并没有熔化，只是受到高温的影响，使材料的金相组织发生了变化，它与金属基材并没有明显的界限。由于温度场分布和冷却速度的不同，对淬火钢，热影响层包括再淬火区、高温回火区和低温回火区；对未淬火钢，热影响层主要为淬火区。因此，淬火钢的热影响层厚度比未淬火钢大。

（3）显微裂纹。电火花加工表面由于受到瞬时高温作用并迅速冷却而产生残余拉应力，往往出现显微裂纹。实验表明，一般裂纹仅在熔化凝固层内出现，只有在脉冲能量很大情况下（粗加工时）才有可能扩展到热影响层。

脉冲能量对显微裂纹的影响是非常明显的，能量越大，显微裂纹越宽越深。脉冲能量很小时（如加工表面粗糙度 Ra 小于 12.5μm 时），一般不出现裂纹。不同工件材料对裂纹的敏感性也不同，硬质合金等硬脆材料容易产生表面显微裂纹。在含铬、钨、铂、钒等合金元素的冷轧模具钢、热轧模具钢、高速钢、耐热钢中较易产生，在低碳钢和低合金钢中不产生。工件预先的热处理状态对裂纹产生的影响也很明显，加工淬火材料要比加工淬火后回火或退火的材料容易产生裂纹，因为淬火材料脆硬，原始内应力也较大。

3）表面力学性能

（1）显微硬度及耐磨性。电火花加工后表层的硬度一般比较高，但对某些淬火钢，也可能稍低于基材硬度。对未淬火钢，特别是原来含碳量低的钢，热影响层的硬度都比基材高；对淬火钢，热影响层中的再淬火区的硬度稍高于或接近基材硬度，而回火区的硬度比基材低，高温回火区的硬度又比低温回火区的硬度低。因此，一般来说，电火花加工表面最外层的硬度比较高，耐磨性好。但对于滚动摩擦，由于是交变载荷，特别是干摩擦，则因熔化凝固层和基材的结合不牢固，容易剥落而加快磨损。因此，对一些要求高的模具，应先研磨掉电火花加工后的表面变质层。

（2）残余应力。电火花加工表面存在着由于瞬时先热胀后冷缩作用而形成的残余应力，而且大部分表现为拉应力。残余应力的大小和分布，主要和材料在加工前的热处理状态及加工时的脉冲能量有关。因此，对表层要求质量较高的工件，应尽量避免使用粗加工规准。

（3）耐疲劳性能。电火花加工表面存在着较大的拉应力，还可能存在显微裂纹，因此其耐疲劳性能比机械加工的表面低许多。采用回火处理、喷丸处理等，有助于降低残余应力，或使残余拉应力转变为压应力，从而提高其耐疲劳性能。

4.1.6　电火花加工的典型应用

1. 冲模型孔加工

用电火花加工通孔的方法称为电火花型孔加工，是利用火花放电蚀除金属的原理，用工具电极对工件进行复制加工的工艺。其应用又分为冲模（包括凸凹模及卸料板、固定板）、粉末冶金模、挤压模（型孔）、型孔零件、小孔（$\phi 0.01mm \sim \phi 3mm$ 小圆孔和异型孔）、深孔等。

冲模加工是电火花型孔加工的典型应用。冲模是生产上应用较多的一种模具，由于形状复杂和尺寸精度要求高，所以它的制造已成为生产上关键技术之一。特别是凹模，应用一般的机械加工是困难的，在某些情况下甚至不可能，而依靠钳工加工的劳动量大，质量不易保证，还常因淬火变形而报废，采用电火花加工或线切割加工能较好地解决这些问题。对冲模采用电火花加工（相比机械加工）有如下优点：

（1）可以在工件淬火后进行加工，避免了热处理变形的影响。

（2）冲模的配合间隙均匀，刃口耐磨，提高了模具质量。

（3）不受材料硬度的限制，可以加工硬质合金等冲模，扩大了模具材料的选用范围。

（4）对于中、小型复杂的凹模可以不用镶拼结构，而采用整体式，简化了模具的结构，提高了模具强度。

1）冲模的电火花加工工艺

凹模的尺寸精度主要靠工具电极来保证，因此，对工具电极的精度和表面粗糙度都应有一定的要求。如凹模的尺寸为 L_2，工具电极相应的尺寸为 L_1（见图 4-30），单边火花间隙为 S_L，则

$$L_2 = L_1 + 2S_L \tag{4-12}$$

式中，单边火花间隙 S_L 的值主要决定于脉冲参数与机床的精度。

只要加工规准选择恰当，保证加工的稳定性，单边火花间隙 S_L 的误差是很小的。因此，只要工具电极的尺寸精确，用它加工出的凹模也是比较精确的。

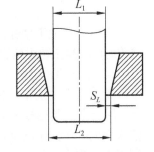

图 4-30　凹模的电火花加工

对冲模，配合间隙是一个很重要的质量指标，它的大小与均匀性都直接影响冲模的质量及模具的寿命，在加工中必须给予保证。达到配合间隙的方法有很多种，例如，用电火花加工型孔时，常用钢电极加工钢的直接配合法。

该方法是直接用钢凸模作为电极直接加工凹模，加工时将凹模刃口端朝下形成向上的"喇叭口"。加工后将工件翻过来，使"喇叭口"（此喇叭口有利于冲模落料）向下作为凹模，电极也被倒过来，把损耗部分切除或用低熔点合金浇固，而后作为凸模。

配合间隙靠调节脉冲参数、控制火花放电间隙来保证。这样，电火花加工后的凹模就可以不经任何修正而直接与凸模配合。这种方法可以获得均匀的配合间隙、模具质量高、电极制造方便以及钳工工作量少的优点。

但这种用钢电极加工钢时的工具电极和工件都是磁性材料，在直流分量的作用下易产生磁性，电蚀下来的金属屑被吸附在电极放电间隙的磁场中而形成不稳定的二次放电，使加工过程很不稳定。近年来由于采用了具有附加 300V 高压击穿（高低压复合回路）的脉冲电源，情况有了很大改善。目前，采用电火花加工冲模时的单边火花间隙可小至 0.02mm，甚至达到 0.01mm，所以，对一般的冲模加工，采用控制电极尺寸和火花间隙的方法可以保证冲模配合间隙的要求，故直接配合法在生产中已得到广泛的应用。

2）电规准的选择及转换

电规准是指电火花加工过程中一组电参数，如电压、电流、脉冲宽度、脉冲间隔等。电规准选择正确与否，将直接影响着模具加工工艺指标。应根据工件的要求、电极和工件的材料、加工工艺指标和经济效果等因素确定电规准，并且在加工过程中及时地转换。

冲模加工中，常选择粗、中精、精三种加工规准。每种又可分几个档次。对粗加工规准的要求如下：生产率高（不低于 $50mm^3/min$）；工具电极的损耗小。转换中精加工规准之前的表面粗糙度 Ra 应小于 $10\mu m$，否则将增加中精、精加工时的加工余量与加工时间；加工过程要稳定。因此，粗加工规准主要指采用较大的电流，较长的脉冲宽度（$t_i =50\sim500\mu s$），采用铜电极时电极相对损耗应低于 1%。

中精加工规准用于过渡性加工，以减小精加工时的加工余量，提高加工速度，中精加工规准采用的脉冲宽度一般为 $10\sim100\mu s$。

精加工规准用来保证模具所要求的配合间隙、表面粗糙度、刃口斜度等质量指标，并在此前提下尽可能地提高其生产率。故应采用小的电流，高的频率、短的脉冲宽度（一般为 $2\sim6\mu s$）。

粗加工规准和精加工规准的正确配合，可以适当地解决电火花加工时的工件表面质量和生产率之间的矛盾。

2. 型腔加工

用电火花加工型腔的方法较多，主要有单电极平动法、多电极更换法、分解电极法等，选用时应根据工件成型的技术要求、复杂程度、工艺特点、加工材料、电源类型等而定。

1）单电极平动法

单电极平动法在型腔模的电火花加工中应用最广，利用放电间隙与电规准成比例的特点，用一个工具电极完成粗、半精、精加工过程，在加工中依次降低采用的电规准。同时，依次增大电极的平动量，以补偿前后相邻电规准之间的放电间隙差值，实现型腔的加工。所谓平动是指工具电极在进行深度方向加工时，在水平方向的微小移动，一般是由机床附件"平动头"来实现的。

单电极平动法加工中无须更换电极，减小了电极重复安装及定位误差，加工精度较高。此外，平动头的运动改善了排屑条件、加工过程容易稳定。但是普通平动头难以获得高精度的型腔模，特别是难以加工出内清角，因为平动头的原理使得电极上的每个点都按平动头的偏心半径作圆周运动，清角半径由偏心半径决定。

采用三轴数控电火花加工机床时，可利用数控程序实现工具电极的平动，称为"摇动"

加工，即在工具电极在主程序加工过程同时，围绕该中心点作小幅度的有规律运动，摇动轨迹通常为圆形、正方形、十字形等。摇动加工能有效地排除间隙产物，并能获得较好的"清根"效果。

2）多电极更换法

多电极加工法即将粗、精加工分开进行，通过更换不同的电极加工同一个型腔的方法。当每个电极加工时，必须把上一规准的放电痕迹去掉，因此多电极加工的仿形精度高，适用于尖角、窄缝多的型腔加工。

先用粗加工电极去除大部分金属，粗加工以去除金属为目的，采用电规准较大，电极损耗严重，一般不能满足尺寸、精度要求，需要更换半精加工、精加工电极，配合以合适的放电规准，得到仿形精度要求高的型腔。

该方法加工一个型腔，需要两到三个相同的工具电极，加工过程中更换工具电极需要较高的重复定位精度，影响加工效率，有时还需要附件和夹具来配合，因此一般适用于精密型腔加工。

3）分解电极法

分解电极加工法是根据型腔的几何形状，把电极分解成主型腔电极和副型腔电极，分别制造。先用主型腔电极加工出主型腔，后用副型腔电极加工尖角、窄缝等部位的副型腔。此方法的优点是能根据主、副型腔不同的加工条件，选择不同的加工规准，有利于提高加工速度和改善加工表面质量，同时还可简化电极制造，便于电极修整。缺点是主型腔和副型腔间的精确定位较难解决。

3. 集束电极加工法

集束电极加工法是指将块状成型电极数字离散化、棒状单元电极集束化的制备成型电极的方法。图 4-31 所示为电火花加工用集束电极，采用空心管状电极进行集束，按照所需型腔的形状，调整集束管电极的端面组成。该方法将三维复杂型腔简化成由大量微小截面单元组成的近似曲面，这些电极单元组合后形成端面与原曲面形状近似的集束电极。集束电极中每个管电极的中空位置可以强迫工作液冲出，改善加工效果。该方法在快速制造电极方面具有较大优势，而且节约了电极制造成本，用过的电极经端面处理后，仍能重新集束利用，是一种比较有优势的方法。

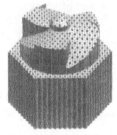
（a）集束电极的整体

（b）集束电极的端面

图 4-31　电火花加工用集束电极

4. 电火花铣削加工

近年来，电火花铣削加工技术得到较快的发展，同时自动化技术的快速发展，也使多轴数控电火花加工机床得到越来越广泛的应用。采用简单形状的工具电极（一般为圆柱形），对三维型腔进行分层处理，在每层内规划单层的加工轨迹，以二维层面的累加实现三维型腔的加工。电火花铣削加工原理示意如图 4-32 所示。

电火花铣削加工方法在微小型腔加工中优势较明显，一方面微小成型电极的制作较困难，采用离线制作的方法会带来安装定位误差。另一方面，电极损耗补偿相对容易，通常电极定长补偿方法来补偿电极损耗。该方法加工时，理想的加工状态是电极底面放电去除工件多余金属材料。因此，在分层设计时，要求分层厚度小于放电间隙，以保证加工精度。

电火花铣削加工方法在微小型腔加工中优势较明显，一方面，微小成型电极制作困难，采用离线制作的方法会带来安装定位误差。另一方面，电极损耗补偿相对容易，通常采用电极定长补偿方法来补偿电极的损耗。采用电火花铣削加工时，理想的加工状态是电极底面通过放电去除工件多余的金属材料。因此，在分层设计时，要求分层厚度小于放电间隙，以保证加工精度。

5. 用电火花高速加工小孔

用电火花高速加工小孔是一种利用大能量放电，高压冲液实现小孔加工的高效电加工工艺。主要用于线切割加工的穿丝孔加工，精度不高的通孔加工等场合。其工作原理的要点如下：一是采用中空的管状电极；二是在管状电极中通入高压工作液，以冲走加工产物；三是加工时管状电极作回转运动，可使端面损耗均匀，不因受高压且高速运动的工作液的反作用力而偏斜。高压且高速流动的工作液在小孔的孔壁上按螺旋线轨迹流出小孔外，像静压轴承那样，使管状电极"悬浮"在小孔中心，不易产生短路，从而加工出直线度和圆柱度都很好的深小孔。图 4-33 所示为用电火花高速加工小孔的原理示意。

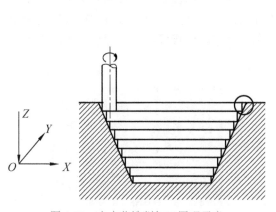

图 4-32　电火花铣削加工原理示意

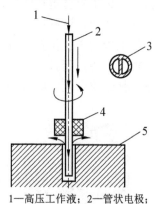

1—高压工作液；2—管状电极；
3—管状电极截面放大图；4—导向器；5—工件

图 4-33　用电火花高速加工小孔的原理示意

加工时工具电极作轴向进给运动，管电极中通入1～5MPa的高压工作液（自来水、去离子水、蒸馏水、乳化液）。由于高压工作液能迅速将电极产物排除，且能强化火花放电的电蚀作用，因此这一加工方法的最大特点是加工速度高，一般小孔加工速度可达20～60 mm/min，比普通钻削小孔的速度还要快。这种加工方法最适合加工直径为0.3～3mm的小孔，并且深径比可超过100。

用一般空心管状电极加工小孔，容易在工件上留下毛刺状的料芯，阻碍工作液的高速流通，过长过细时会歪斜，以致引起短路。为此，用电火花高速加工深小孔时采用双孔管状电极，其截面上有两个半月形的孔，这样加工中电极转动时，在工件上不会留下毛刺状的料芯。

电火花高速小孔加工主要用于加工不锈钢、淬火钢和硬质合金等难加工导电材料工件上的小孔，如化纤喷丝孔、滤板孔、发动机叶片、缸体的散热孔及液压、气动阀体的油路、气路孔、深小孔等，并能方便地从工件的斜面、曲面穿入。

6. 微细电火花加工

随着科技的进步，航空航天、机械、电子、通信、国防等领域需要的零部件不断小型化和微型化。目前，运用精密电火花加工技术可稳定地得到尺寸精度高于0.1mm和表面粗糙度0.01mm的加工表面。微型机械的发展也促进了微细加工技术的发展。微细电火花加上技术与其他微细加工技术相比，在三维结构成型方面有明显的优势。

微细电火花加工采用的主要工艺是扫描电火花加工工艺（又称为电火花铣削），即利用简单形状的工具电极（圆形或方形），选择电极端部放电扫描加工。也就是将三维形状分层切片为两维轮廓，逐层扫描加工。

实现微细电火花加工的关键在于微小工具电极的在线制作、微小能量放电电源的选择、工具电极的微量伺服进给机构的选择。微小工具电极的在线制作一般采用电火花-磨削；微小能量放电电源一般采用RC弛张式微小能量电火花电源；工具电极的微量伺服进给机构一般采用以压电元件为动力的蠕动式微进给机构。

在微细电火花加工过程中，工具电极的在线制作非常重要，能减小电极安装及定位误差。微细电火花加工用电极的制作装置如图4-34所示。图中，工具电极装夹在高回转精度主轴上，利用线电极向工具电极进给，在线电极与工具电极之间接入脉冲电源，实现对工具电极的加工。线电极沿导轮移动以补偿放电造成的损耗。这一方法具有很高的加工精度，目前能加工出直径为2.5μm（人的头发的直径约为70μm）的工具电极。工具电极加工完成后，还可反转加工极性，实现对工件的去除加工，加工出直径为5μm的微细孔。

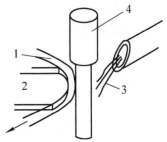

1—线电极；2—导轮；3—电加工绝缘液；4—工件或细轴

图4-34 微细电火花加工用电极的制作装置

7. 球面加工

近年来，光学透镜、眼镜等用的凹凸球面注塑模常用于压注聚碳酸酯等透明塑料，使之成为凹凸球面透镜，广泛用于放大镜、玩具望远镜、低档照相机、低档眼镜等的镜片制作。这类凹凸球面或球头等很容易用双轴回转展成法电火花铣削加工，图4-37为其加工原理示意。在该图中，工件1和管状工具电极2分别作正、反方向旋转，工具电极的旋转轴心线与水平的工件轴心线的夹角调节成α，工具电极沿其回转轴心线向工件伺服进给，即可逐步加工出精确的凹球面，如图4-35（a）所示。如果将夹角α调节成较小的角度，就可加工出具有较大曲率半径R的凹球面。在图4-35中，曲率半径R、管状工具电极的中径d、球面的直径D和两轴的夹角α的关系为

根据直角三角形△OAB可知

$$\sin\alpha = \frac{AB}{OA} = \frac{\frac{d}{2}}{R} = \frac{d}{2R}$$ （4-13）

根据直角三角形△ACD可知

$$\cos\alpha = \frac{CD}{AC} = \frac{\frac{D}{2}}{d} = \frac{D}{2d}$$ （4-14）

由式（4-13）可见，若把夹角α调节得很小，则可以加工出很大曲率半径的球面；若α=0，则两回转轴平行，可加工出光洁平整的平面，如图4-35（b）所示；如果α转向相反的方向，就可以加工出凸球面如图4-35（c）所示；若夹角α更大，则可以加工出球头，如图4-35（d）所示。

上述加工原理和铣刀盘飞刀旋风铣削球面、球头以及用碗状砂轮磨削球面、球头的原理是一样的，但是电火花加工的工艺适应性很强，管状工具电极的取材容易，"柔性"很高，而且可以自动补偿工具电极的损耗，对加工精度没有影响。

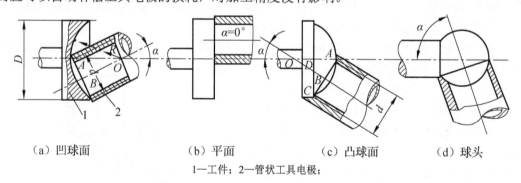

（a）凹球面　　　　　　（b）平面　　　　　　（c）凸球面　　　　　　（d）球头
1—工件；2—管状工具电极；

图4-35　电火花双轴回转展成法加工凹凸球面、球头和平面

8. 电火花表面强化和刻字工艺

电火花表面强化也称为电火花表面合金化。图4-36是金属电火花表面强化器的加工原

理示意。在工具电极和工件之间连接上 RC 电源，由于振动器 L 的作用，使电极与工件之间的放电间隙在开路、短路两种状态之间频繁变化，工具电极与工件间不断产生火花放电，从而实现对金属表面的强化。

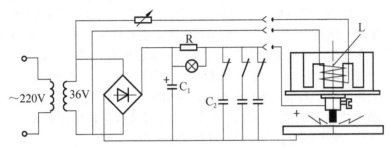

图 4-36　金属电火花表面强化器的加工原理示意

　　电火花表面强化过程原理示意如图 4-37 所示。当电极与工件之间的距离较大时[见图 4-37（a）]，电源经过电阻对电容 C_2 充电，同时工具电极在振动器的驱动下向工件运动。当间隙接近某一距离时，间隙中的空气被击穿，产生火花放电[见图 4-37（b）]，使工具电极和工件材料局部熔化，甚至气化。当工具电极继续接近工件并与工件接触时[见图 4-37（c）]，在接触点处流过短路电流，使该处继续加热，并且以适当压力压向工件，使熔化了的材料相互黏结、扩散形成熔渗层。在图 4-37（d）中，工具电极在振动作用下离开工件，由于工件的热容比工具电极大，使靠近工件的熔化层首先急剧冷凝，从而使工具电极的材料被黏结，覆盖在工件上。

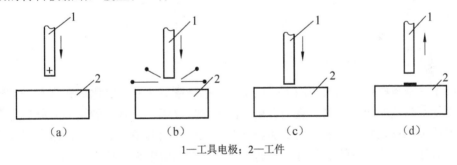

1—工具电极；2—工件

图 4-37　电火花表面强化过程原理示意

　　电火花表面强化层具有如下特性：

　　（1）当采用硬质合金做电极材料时，硬度可达 1100～1400HV（70HRC 以上）或更高。

　　（2）当使用铬锰合金、钨铬钴合金、硬质合金做的工具电极强化 45 号钢时，电火花表面强化层的耐磨性比原表层提高 2～5 倍。

　　（3）当用石墨做电极材料强化 45 号钢、用食盐水做腐蚀性试验时，电火花表面强化层的耐腐蚀性提高 90%。用碳化钨（WC）和铬锰作为电极强化不锈钢时，耐蚀性提高 3～5 倍。

　　（4）耐热性大大提高，提高了工件使用寿命。

　　（5）疲劳强度提高 2 倍左右。

（6）硬化层厚度为 0.01～0.03mm。

电火花表面强化工艺简单、经济、效果好，因此广泛应用于模具、刃具、量具、凸轮、导轨、水轮机和涡轮机叶片的表面强化。

电火花表面强化的原理也可用于产品上刻字、打印记。过去，有的产品上的规格、商标等印记都是依靠涂蜡及仿形铣刻字，然后用硫酸等酸洗腐蚀；有的用钢印打字，工序多，生产率低，劳动条件差。国内外在刃具、量具、轴承等产品上用电火花刻字、打印记取得很好的效果。一般有两种办法，一种方法是把产品商标、规格、型号、出厂日期等用铜片或铁片做成字头图形并作为工具电极，然后组成电路（见图 4-38）。工具电极一边振动，一边与工件电极产生火花放电，电蚀产物镀覆在工件表面形成印记，每打一个印记用时 0.5～1s。另一种方法是不用现成字头而用铜丝或钨丝电极，按缩放尺或依靠模型仿形刻字，打一个印记的时间稍长，需要 2～5s。图 4-38 中用钨丝连接负极，工件连接正极，可刻出黑色字迹。若工件是经镀黑或表面发蓝处理过的，则可把工件连接负极，钨丝连接正极，可以刻出银白色的字迹。

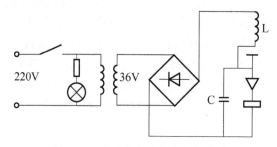

图 4-38   电火花刻字打印装置电路

9. 高阻抗非金属材料电火花加工

高阻抗非金属材料的电火花加工一般是对聚晶金刚石、立方氮化硼和具有一定导电性的导电工程用陶瓷的加工。聚晶金刚石被广泛用作拉丝模、刀具、砂轮等。单晶金刚石不导电，聚晶金刚石是由许多细小的单晶金刚石微粒用少量的钴等导电材料作为结合剂，搅拌、混合后加压烧结而成的，具有一定的导电性，可以用电火花加工。

其原理是利用火花放电时的高温将导电的结合剂熔化、气化而蚀除，对于聚晶金刚石，由于高温会使金刚石微粉"碳化"成为可加工的石墨，也可能因结合剂被蚀除后而整个金刚石微粒自行脱落下来。

近年来，研究者采用多种方法，拓宽了电火花加工的应用领域。例如，采用辅助电极法、电火花机械复合加工法等对绝缘陶瓷进行加工，都获得了较好的加工效果。图 4-39 所示为用辅助电极法加工绝缘陶瓷材料的原理示意，充分利用火花放电过程的吸附效应，采用煤油工作介质，在工件表面覆上很薄的金属箔片，把金属箔片作为辅助电极，工件连接正极。

在加工初始阶段，金属箔片与工具电极之间放电，裂解煤油工作介质，形成带负电荷的碳胶团，吸附于绝缘陶瓷表面，形成导电层，保证电火花加工持续进行。此后，加工过程在炭黑膜形成、吸附、放电蚀除、形成新的炭黑膜、吸附之间反复进行，直至加工结束为止。为了获得较高的加工效率，该工艺所采用的脉冲是长短脉冲交替的形式。在长脉冲段有利于生成炭黑膜，而在短脉冲段有利于材料的蚀除。

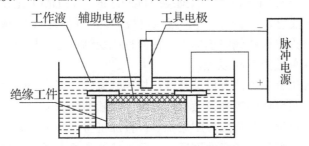

图 4-39　用辅助电极法加工绝缘陶瓷材料的原理示意

图 4-40 所示为电火花铣削与机械磨削复合加工绝缘陶瓷材料原理示意。加工时，工具电极被安装在机床的主轴头上，在主轴的带动下工具电极作高速旋转运动和 Z 轴方向的移动。工具电极和工件分别与脉冲电源的负极和正极相连接，工件安装在数控工作台上并向工具电极作进给运动。工作介质为水基乳化液，通过喷嘴浇注在工具电极与工件之间，当工具电极与工件之间某处的电场强度达到工作介质的击穿强度时，产生火花放电，由放电时产生的瞬时高温、高压作用蚀除多余的工件材料。放电铣削在去除工件材料的同时，还在工件表面形成一层变质层。用磨削棒磨削去除该变质层，又为下一次放电提供了有利条件。工具电极所在主轴不断地旋转，电火花铣削和机械磨削不断地交替进行，从而较好地实现了电火花铣削与机械磨削的复合加工。

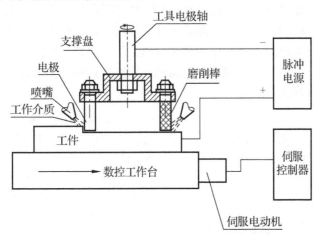

图 4-40　电火花铣削与机械磨削复合加工绝缘陶瓷材料原理示意

随着电火花加工理论研究及实验的不断深入，新加工方法不断涌现。电火花加工技术与其他加工方法的复合加工、组合加工已经成为发展的重要方向，并在特种加工领域发挥越来越重要的作用。

4.2 电火花线切割加工

电火花线切割（Wire Electrical Discharge Machining，WEDM）是在电火花加工基础上发展起来的一种新的工艺，由于该工艺用线状电极（钼丝或铜丝等），依靠火花放电对工件进行切割加工，故称为电火花线切割加工，常简称线切割加工。目前，国内的线切割机床已占电火花加工机床总数的70%以上。

电火花线切割加工分类方法有以下几种：按控制方式，可分为依靠模型的仿形控制、光电跟踪仿形控制、数字程序控制及微机控制等；按脉冲电源形式，可分为RC电源、晶体管电源、分组脉冲电源及自适应控制电源等；按加工特点，可分为大、中、小型及普通直壁切割型与锥度切割型等；按走丝速度，可分为低速走丝方式、高速走丝方式及中速走丝线切割机床。

4.2.1 电火花线切割加工原理、特点及应用范围

1. 加工原理

电火花线切割加工与电火花穿孔成型加工的基本原理相同，两者都基于放电间隙 δ 中发生的电蚀原理，实现零部件的加工。所不同的是，电火花线切割加工不须制作复杂的成型电极，仅利用移动的细金属丝（钼丝或铜丝）作为工具电极（电极丝）；工件按照预定的轨迹运动，就能"切割"出所需的各种尺寸和形状。

电火花线切割加工原理如图4-41所示，电极丝连接脉冲电源的负极，工件连接脉冲电源的正极。当一个电脉冲到达时，在电极丝和工件之间产生一次火花放电。在放电通道的中心瞬时温度高达10 000℃以上，高温使工件金属熔化，甚至少量气化；高温也使电极丝和工件之间的工作介质部分气化，这些气化后的工作介质和金属蒸气迅速热膨胀，并具有局部微爆炸的特性。这种热膨胀和局部微爆炸会抛出熔化和气化了的金属材料，从而实现对工件材料电蚀切割加工。

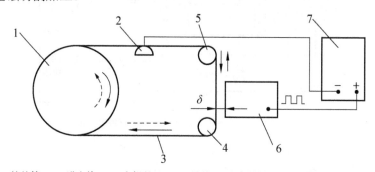

1—储丝筒；2—进电块；3—电极丝；4—下导轮；5—上导轮；6—工件；7—脉冲电源

图4-41 电火花线切割加工原理

2. 工艺特点

线切割加工工艺的主要特点表现在以下6个方面：

（1）该工艺以直径为 0.02～0.35mm 的金属丝作为工具电极，不须制作特定形状的电极，只需输入控制程序即可进行加工；主要用于切割各种高硬度、高强度、高韧性和高脆性的导电材料，如淬火钢、硬质合金等。

（2）由于工具电极是直径较小的细丝，因此加工工艺参数的范围较小，适用于加工微细异型孔、窄缝和复杂形状的工件。

（3）电极丝在加工中是移动的，可以不断更新（采用低速走丝机床时）或反复利用（采用高速走丝机床时），电极损耗对加工精度的影响小。

（4）依靠计算机对电极丝轨迹的控制，可以方便地调整凹模具和凸模具的配合间隙；依靠锥度切割功能，能实现凹模具和凸模具的一次性加工。

（5）对于低速走丝机床，放电间隙更小，精度更高，常用去离子水为工作介质；对于高速走丝机床，采用乳化液、复合工作液作为工作介质。

（6）为了防止断丝，脉冲电源加工电流要小，脉冲宽度也要小，并且采用电极丝连接负极的正极性加工方式。

3. 应用范围

电火花线切割加工应用广泛，目前主要用于加工各类模具、电火花穿孔成型加工用的电极及各类复杂零件。

（1）试制新产品及零件加工。在新产品的开发过程中需要单件的样品，使用线切割就可直接切割出零件，由于无须另行制造模具，因此可大大缩短制造周期、降低成本。在零件制造方面，可用于加工品种多且数量少的零件、特殊且难加工材料的零件、材料试验件，以及各种型孔、型面、特殊齿轮、凸轮、样板、成型刀具等。

（2）加工电火花穿孔成型加工用的电极。切割某些高硬度、高熔点的金属时，使用机械加工的方法几乎是不可能的，而采用线切割加工既经济又能保证精度。电火花穿孔成型加工用的电极、一般穿孔加工用的电极、带锥度型腔加工用的电极，以及铜钨、银钨合金之类的电极材料，用线切割加工特别经济。

（3）加工模具零件。电火花线切割加工主要应用于冲模、挤压模、冷拔模、塑料模、粉末冶金模、镶拼型腔模、电火花型腔模等模具零件。电火花线切割机床的加工速度和精度的迅速提高，目前已达到与磨床相同的水平。因此，在一些工业发达国家，精密冲模的磨削工序已被电火花加工和电火花线切割加工所代替。

4.2.2 电火花线切割加工设备

电火花线切割机床可分为高速走丝线切割机床、低速走丝线切割机床及中速走丝线切割机床。高速走丝线切割机床具有设备投资少、生产成本低的特点，国内现有的线切割机床大多为高速走丝线切割机床，国外的相关产品和国内近些年开发的线切割机床大多为低速走丝线切割机床。

线切割机床型号的编制要根据国家标准进行，下面，以 DK77 开头的型号为例说明其含义，如 DK7725 的含义。

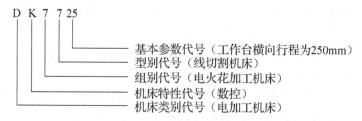

电火花线切割机床的种类不同，其组成也不一样。通常来说，电火花线切割加工设备主要由机床本体、脉冲电源、控制系统、工作液循环系统和机床附件等多个部分组成。如图 4-42 和图 4-43 所示分别为低速和高速走丝线切割加工设备组成。下面，主要以高速走丝线切割加工设备为例进行介绍。

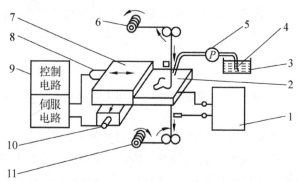

1—脉冲电源；2—工件；3—工作液箱；4—去离子水；5—工作液泵；
6—储丝筒；7—工作台；8—X轴电动机；9—数控装置；10—Y轴电动机；11—收丝筒

图 4-42 低速走丝线切割加工设备组成

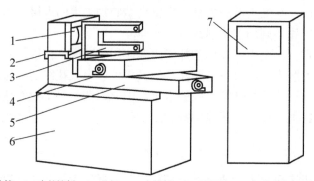

1—卷丝筒；2—走丝溜板；3—丝架；4—上滑板；5—下滑板；6—机床床身；7—电源及控制柜

图 4-43 高速走丝线切割加工设备组成

1. 机床本体

机床本体主要包括机床床身、X/Y 轴方向坐标工作台、走丝机构、丝架、工作液箱、附件和夹具等多个部分。

机床床身通常采用箱式结构的铸铁件，它是 X/Y 轴方向坐标工作台、走丝机构及丝架的支撑和固定基础，应有足够的强度和刚度。床身内部可安装电源和工作液箱，考虑电源的发热和工作液泵的振动对机床精度的影响，有些机床将电源和工作液箱移出床身另行安放。

1）X/Y 轴方向坐标工作台

电火花线切割机床最终都是通过 X/Y 轴方向坐标工作台与电极丝的相对运动完成零件加工的，机床的精度将直接影响工件的加工精度。加工时，工件装夹在 X/Y 轴方向坐标工作台上。目前高速走丝线切割机床的工作台多采用步进电动机作为驱动元件，通过导轨和丝杠传动副将电动机的旋转运动变为直线运动。通过 X/Y 轴方向的插补运动所形成的移动轨迹，可合成并获得各种平面图形曲线轨迹。为保证坐标工作台的定位精度和灵敏度，传动丝杆和螺母之间的间隙必须消除。

2）走丝机构

走丝机构使电极丝以一定的速度运动并保持一定的张力。在高速走丝线切割机床上，一定长度的电极丝平整地卷绕在储丝筒上（见图 4-44），丝的张力与卷绕时的拉紧力有关（为提高加工精度，近来已研制出恒张力装置），储丝筒通过联轴节与驱动电动机相连接。为了重复使用该段电极丝，电动机由专门的换向装置控制作正反向交替运转。走丝速度等于储丝筒周边的线速度，通常为 8～10m/s。在运动过程中，电极丝由丝架支撑，并且依靠导轮保持电极丝与工作台垂直或倾斜一定的几何角度（进行锥度切割时）。

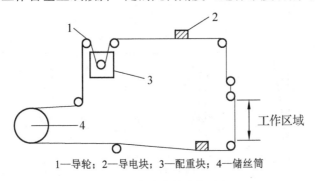

1—导轮；2—导电块；3—配重块；4—储丝筒

图 4-44　高速走丝系统示意

低速走丝系统示意如图 4-45 所示。电极丝储丝筒（卷绕了 1～3kg 的金属丝）、依靠卷丝轮的张力，使电极丝以较低的速度（通常在 0.2m/s 以下）移动。为了提供一定的张力（2～25N），在走丝路径中装有一个机械式或电磁式张力机构（图 4-45 中的 4 和 5）。为实现断丝时能自动停车并报警，走丝系统中通常还装有断丝检测微动开关。用过的电极丝集中到卷丝筒上或送到专门的收集器中。

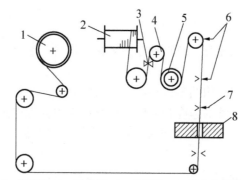

1—收丝筒；2—储丝筒；3—拉丝模；4—张力电动机；
5—电极丝张力调节轴；6—退火装置；7—导向器；8—工件

图 4-45　低速走丝系统示意

　　为了减轻电极丝的振动，加工时应使其跨度尽可能小（按工件厚度调整）。通常在工件的上下面采用蓝宝石 V 形导向器或圆孔金刚石模块导向器，其附近装有引电部分。

　　工作液一般先通过引电区和导向器再进入加工区域，可使全部电极丝的通电部分都能冷却。有的机床上还装有依靠高压水射流冲刷引导的自动穿丝机构，能使电极丝经一个导向器穿过工件上的穿丝孔而被传送到另一个导向器，在必要时也能自动切断并再穿丝，为无人连续切割创造了条件。

　　3）锥度切割装置

　　为了切割有落料角的冲模和某些有锥度（斜度）的内外表面，有些线切割机床被设计成具有锥度切割功能。实现锥度切割的方法有多种，下面介绍其中的两种。

　　（1）偏移式丝架。偏移式丝架主要用在高速走丝线切割机床上实现锥度切割，其工作原理如图 4-46 所示。

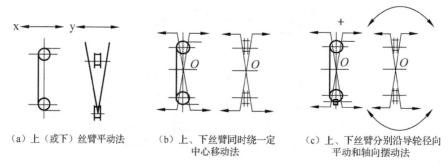

（a）上（或下）丝臂平动法　　　（b）上、下丝臂同时绕一定　　　（c）上、下丝臂分别沿导轮径向
　　　　　　　　　　　　　　　　　中心移动法　　　　　　　　　　平动和轴向摆动法

图 4-46　通过偏移式丝架实现锥度加工的原理

　　图 4-46（a）为上（或下）丝臂平动法，上丝臂沿 X、Y 轴方向平移，下导轮中心轴线固定不动，使电极丝与垂直线偏移一定角度。采用这种方法加工时，锥度不宜过大，否则，钼丝易拉断，导轮易磨损，工件上会有一定的加工圆角。图 4-46（b）为上、下丝臂同时绕一定中心移动法，若模具刃口放在中心点 O 上，则加工圆角近似为电极丝半径。采用这种方法加工时，锥度也不宜过大。由于其机械构造复杂，需要 4 个步进电动机驱动两副小

十字形托板，制造装配困难，控制复杂，目前应用较少。图 4-46（c）为上、下丝臂分别沿导轮径向平动和轴向摆动法，采用这种方法加工时，锥度大小不影响导轮的磨损。最大切割锥度通常可达 5°以上。

（2）双坐标联动装置。在低速走丝线切割机床上广泛采用此类装置，它主要依靠上导向器作纵横两轴（U 轴和 V 轴）驱动，与工作台的 X、Y 轴一起构成 NC（数字控制）四轴同时控制，如图 4-47 所示。这种方式的自由度很大，依靠功能丰富的软件，可以实现上下异型截面形状的加工。最大的倾斜角度一般为±5°，有的甚至可达 30°～50°（与工件厚度有关）。在加工锥度时，保持导向间距（上、下导向器与电极丝接触点之间的直线距离）一定，是获得高精度的主要因素。为此，有的机床具有 Z 轴设置功能，并且一般采用圆孔方式的无方向性导向器。

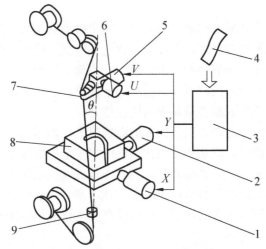

1—X 轴驱动电动机；2—Y 轴驱动电动机；3—控制装置；4—数控纸带；
5—V 轴驱动电动机；6—U 轴驱动电动机；7—上导向器；8—工件；9—下导向器

图 4-47　四轴联动锥度切割装置

2. 脉冲电源

电火花线切割脉冲电源是数控电火花线切割机床的主要组成部分，是影响线切割加工工艺指标的主要因素之一。设计时要考虑电极丝承载电流的限制，线切割脉冲电源通常由脉冲发生器、推动级、功率放大器及直流电源四部分组成，如图 4-48 所示。

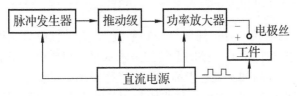

图 4-48　电火花线切割脉冲电源的组成

电火花线切割加工用的脉冲电源的原理与电火花加工用的脉冲电源是一样的，只是由于加工条件和加工要求不同，对电源又有特殊的要求。由于受加工表面粗糙度和电极丝承载电流的限制，脉冲电源的脉冲宽度较窄（1～128μs），脉冲间隔为5～1500μs，占空比最大可达1∶12。单个脉冲能量、平均电流（1～8A）一般较小。因此，线切割加工总是采用正极性加工方式。脉冲电源的形式和品种很多，主要有晶体管矩形波脉冲电源、高频分组脉冲电源、阶梯波脉冲电源和并联电容型脉冲电源等。近年来，随着大规模集成电路和功率器件的发展，在低速走丝线切割脉冲电源中，已采用高速开关大功率集成模块（IGBT），它能形成0.1μs级和500～1000A的窄脉冲大高峰值电流。提高峰值电流，能大大提高低速走丝线切割机床的加工速度，但脉冲宽度必须减小，否则，电极丝容易被烧断。

3. 工作液循环系统

工作液的主要作用是在脉冲间隔时间内及时将电蚀产物从加工区域排除，使电极丝与工件之间的介质迅速恢复绝缘状态，保证火花放电不会变为连续的弧光放电，使线切割顺利进行下去。此外，工作液还有另外两个作用：一方面有助于压缩放电通道，使能量更加集中，提高电蚀能力；另一方面可以冷却受热的电极丝，防止放电产生的热量扩散到不必要的地方，有助于保证工件表面质量和提高电蚀能力。

工作液在线切割加工中对加工工艺指标的影响很大，如对切割速度、表面粗糙度、加工精度和生产率等都有影响。低速走丝线切割机床大多采用去离子水作为工作液，只有在特殊精加工时才采用绝缘性能较高的煤油。高速走丝线切割机床使用的工作液是专用乳化液，目前商业化供应的乳化液有DX-1、DX-2、DX-3等，各有特点。例如，有的适用于快速加工，有的适用于大厚度工件的切割。也可以在原工作液中添加某些化学成分，以改善其切割速度或提高防锈能力等。

由于线切割的切缝很窄，顺利地排除电蚀产物是极为重要的。因此，工作液的循环和过滤系统是线切割机床必不可少的，其作用是充分地、连续地向加工区域供给清洁的工作液，及时排除间隙中的电蚀产物并冷却加工区域，以保证脉冲放电稳定地进行。一般线切割机床的工作液循环和过滤系统包括工作液箱、工作液泵、流量控制阀、进液管、回液管及过滤网罩等。对于高速走丝线切割机床，通常采用浇注方式供液；对于低速走丝线切割机床，近年来有些已采用浸泡式的供液方式。

4.2.3 电火花线切割加工控制系统和编程

1. 电火花线切割控制系统

电火花线切割控制系统（以下简称"控制系统"）是进行电火花线切割加工的重要组成环节，是机床工作的指挥中心。控制系统的技术水平、稳定性、可靠性、控制精度及自动化程度等直接影响工件的加工工艺指标，决定操作员的劳动强度。

控制系统的主要作用如下：在电火花线切割加工过程中，根据工件的形状和尺寸要求，自动控制电极丝相对于工件的运动轨迹；同时自动控制伺服进给速度，实现对工件的形状和尺寸加工。也就是说，即当控制系统使电极丝相对于工件按一定轨迹运动的同时，还应该实现伺服进给速度的自动控制，以维持正常的放电间隙和稳定地切割加工。前者轨迹控制依靠数控编程和数控系统，后者是根据放电间隙大小与放电间隙状态由伺服进给系统自动控制的，使进给速度与工件的加工速度相平衡。

电火花线切割控制系统的主要功能是加工轨迹控制和加工过程控制。

加工轨迹控制，即精确控制电极丝相对于工件的运动轨迹，以加工出所需要的工件形状和尺寸。加工过程控制主要包括对伺服进给速度、脉冲电源、走丝机构、工作液循环系统及其他操作的控制。此外，失效、安全控制及自诊断功能等也是控制系统重要的功能。

电火花线切割机床的轨迹控制系统曾经历过依靠模型仿形控制、光电跟踪仿形控制，现在普遍采用数字程序控制，并且已发展到微型计算机直接控制阶段。数字程序控制（NC控制）电火花线切割加工的原理：把图样上工件的形状和尺寸编制成程序指令，传输给计算机；计算机根据输入的程序进行计算并发出进给信号来控制驱动电动机；由驱动电动机带动精密丝杠，使工件相对于电极丝作某一轨迹运动，实现加工过程的自动控制。图 4-49所示为数字程序控制过程框图。目前，高速走丝电火花线切割机床的控制系统大多采用比较简单的步进电动机开环控制系统，低速走丝线切割机床的控制系统大多采用直流或交流伺服电动机加码盘的半闭环控制系统，也有一些超精密线切割机床采用了光栅位置反馈的全闭环数控系统。

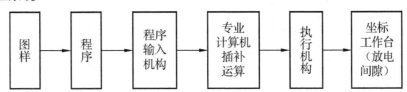

图 4-49　数字程序控制过程框图

1）轨迹控制原理

数字程序控制系统能够控制加工同一平面上由直线或圆弧组成的任何图形的工件。控制方法主要有逐点比较法、数字积分法、矢量判别法、最小偏差法等，每种控制方法各有特点。高速走丝线切割机床的控制系统普遍采用逐点比较法，机床在 X、Y轴两个方向不能同时进给，只能按直线的斜度和圆弧的曲率分步插补进给。采用逐点比较法时，在 X 轴或 Y 轴方向上每次插补过程都包括 4 个节拍，如图 4-50 所示。下面，通过图 4-51 分析说明采用逐点比较法切割直线时的 4 个节拍。

第一节拍：偏差判别。其目的是判别目前的加工坐标点对规定几何轨迹的偏离位置，然后决定拖板的走向。一般用 F 代表偏差值，$F=0$，表示加工点恰好在线（轨迹）上；$F>0$，表示加工点在线的上方或左方；$F<0$，表示加工点在线的下方或右方，以此来决定第二节拍进给的轴向和正、负方向。逐点比较法直线插补原理示意如图 4-51 所示，其中，斜线OA 以 O 点为坐标原点。加工开始时，先从 O 点沿+X 方向前进一步到位置"1"，由于位置"1"在斜线 OA 的下方，偏离了预定的加工轨迹，产生了偏差。此时，偏差值 $F<0$。

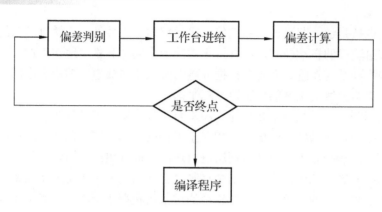

图 4-50　工作节拍框图

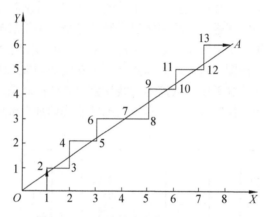

图 4-51　逐点比较法直线插补原理示意

第二节拍：进给。根据 F 偏差值命令坐标工作台沿+X 方向或-X 方向；或+Y 方向或-Y 方向进给一步，向规定的轨迹靠拢，缩小偏差。在图 4-51 中的位置"1"时，$F<0$，为了靠近斜线 OA，缩小偏差，第二步应沿着+Y 方向前进到位置"2"。

第三节拍：偏差计算。按照偏差计算公式，计算和比较进给一步后新的坐标点对规定轨迹新的偏差 F 值，作为下一步判别走向的依据。前进到图 4-51 中的位置"2"后，处在斜线 OA 的上方，同样偏离了预定加工轨迹，产生了新的偏差 $F>0$。

第四节拍：终点判断（是否终点）。根据计数长度判断是否到达程序规定的加工终点。若到达终点，则停止插补和进给，否则再回到第一节拍。如此连续不断地重复上述循环过程，就能一步一步地加工出所要求的轨迹和轮廓形状。在图 4-51 中，为了缩小偏差，使位置"2"向斜线 OA 靠近，应沿+X 方向前进到位置"3"。如此连续不断地进行下去，直到终点 A。只要每步的距离足够小，所走的折线就近似于一条光滑的斜线。

在用单板机、单片机或系统计算机构成的线切割数控系统中，进给的快慢是根据放电间隙的大小，采样后由压-频转换、变频电路得来的进给脉冲信号，用它向 CPU 申请中断。CPU 每接受一次中断申请，就按照上述 4 个节拍运行一个循环，决定 X 或 Y 轴方向进给一步，然后通过并行 I/O 接口芯片，进行放大，驱动步进电动机带动工作台进给 1μm。

2）线切割加工控制功能

线切割加工控制和自动化操作方面的功能很多，并呈不断增强的趋势。这对节省加工前的准备工作量、提高加工质量很有好处。线切割加工控制功能主要有下列几种。

（1）进给速度控制。能根据放电间隙的平均电压或放电间隙状态的变化，通过取样、变频电路，不定期地向计算机发出中断请求，暂停插补运算，自动调整伺服进给速度；保持某一平均放电间隙，使加工稳定，提高切割速度和加工精度。

（2）短路回退。线切割加工控制系统会不时保存电极丝经过的路线。发生短路时，改变加工条件并沿原来的轨迹快速后退，消除短路，防止断丝。

（3）间隙补偿。线切割加工数控系统所控制的是电极丝中心移动的轨迹。因此，当加工有配合间隙冲模的凸模时，电极丝中心轨迹应该向外偏移，进行"间隙补偿"，以补偿放电间隙和电极丝的半径。加工凹模时，电极丝中心轨迹应向内进行"间隙补偿"。

（4）自动找中心。使孔中的电极丝自动找正后停止在孔中心处。

（5）信息显示。可动态显示程序号、计数长度等轨迹参数，能较好地采用计算机的阴极射线（CRT）显示，还可以显示电规准参数、切割轨迹、切割速度和切割时间等。

此外，线切割加工控制还具有故障安全（断电记忆等）和自诊断等功能。

2. 线切割编程

线切割加工机床的控制系统是根据人的"命令"控制机床进行加工的。因此，必须先把要加工工件的图形用机器所能接受的"语言"编好"命令"，以便输入控制系统。这种"命令"就是线切割加工程序，这项工作称为线切割编程，简称编程。

线切割编程方法分为人工编程和微机自动编程。人工编程是线切割操作者的一项基本功，它能使操作者比较清楚地了解编程所需要进行的各种计算和编程过程，但人工编程的计算工作比较繁杂且费时间。近年来，由于微机的快速发展，线切割加工的编程越来越多地采用微机自动编程。

为了便于机器接受"命令"，必须按照一定的格式来编制线切割加工机床的数控程序。目前，我国生产的高速走丝线切割机床一般采用 3B（个别扩充为 4B 或 5B）代码程序格式，而低速走丝线切割机床普遍采用 ISO（国际标准化组织）或 EIA（美国电子工业协会）数控程序格式。早期的高速走丝线切割机床通过特殊的键盘输入 3B 代码程序指令，目前，我国生产的高速走丝机床大部分采用绘图式的自动编程功能。操作员只需根据待加工的零件图形，在计算机上绘制，即可自动转换成 3B 或 4B 代码的线切割程序。

1）3B 代码程序指令格式

3B 代码程序指令格式格式见表 4-5，程序段固定，由 3 个 B 组成，故称为 3B 代码。B 为分隔符，它在程序单上起着把 x、y 和 J 数值分隔开的作用。当程序输入控制器时，读入第一个 B 后，它使控制器做好接受 x 坐标值的准备；读入第二个 B 后做好接受 y 坐标值的准备，读入第三个 B 后做好接受 J 值的准备。B 后面的数字若为 0（零），则可以不写。

表 4-5　3B 代码程序指令格式

B	x	B	y	B	J	G	Z
分隔符	x 坐标值	分隔符	y 坐标值	分隔符	计数长度	计数方向	加工指令

常见的图形都是由直线和圆弧组成的，编程时需用的参数有 5 个：x、y 为直线的终点或圆弧的起点坐标值，以 μm 为单位，均取绝对值；J 为切割时的计数长度（切割长度在 X 轴或 Y 轴上的投影长度）；G 为切割时的计数方向，分 G_X 或 G_Y 两个方向，即可按 X 轴方向或 Y 轴方向计数，工作台在该方向每进给 1μm，计数累减 1，当减到计数长度 $J=0$ 时，这段程序完成加工任务。切割轨迹的类型，Z 为加工指令，分为直线 L 与圆弧 R 两大类。

2）3B 代码参数的选取原则

（1）参数 x、y 为坐标值。加工直线时，把直线起点设为原点（0，0），（x，y）表示终点相对于起点的坐标值。加工圆弧时，把圆心设为原点（0，0），（x，y）表示圆弧起点相对于圆心的坐标值。

（2）计数方向 G 和计数长度 J。为了保证所要加工的圆弧或直线段能按要求的长度被加工，一般情况下，线切割加工机床是用从起点到终点某个滑板进给的总长度作为计数长度的。即在 X 和 Y 两个坐标轴中选取哪个坐标轴作为计数长度，要根据所选计数方向而定。对于直线，选取进给距离比较长的一个方向进行进给长度控制。若线段的终点 A（X_e，Y_e），当 $|Y_e|>|X_e|$ 时，计数方向取 G_Y；当 $|Y_e|<|X_e|$ 时，计数方向取 G_X，当 $|Y_e|=|X_e|$ 时，取此程序最后一步的轴向为计数方向。对于圆弧，根据终点的状况决定。当圆弧到达终点时，最后一步是哪个坐标，该坐标方向即计数方向。若圆弧的终点 B（X_e，Y_e），当 $|Y_e|>|X_e|$ 时，计数方向取 G_X；当 $|Y_e|<|X_e|$ 时，计数方向取 G_Y，当 $|Y_e|=|X_e|$ 时，按习惯选取。

当计数方向确定后，计数长度 J 取计数方向上从起点到终点滑板移动的总距离，即直线或圆弧段在计数方向坐标轴上投影长度的总和。

（3）加工指令 Z 的选取。直线又按走向和终点所在象限而分为 L_1、L_2、L_3、L_4，其中，与 X 轴正方向重合的直线计为 L_1，Y 轴正方向为 L_2，其余类推；圆弧又按第一步进入的象限及走向的顺圆、逆圆而分为顺圆 SR_1、SR_2、SR_3、SR_4 及逆圆 NR_1、NR_2、NR_3、NR_4，共 8 种，如图 4-52 所示。

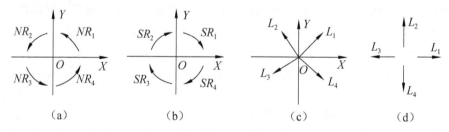

图 4-52　8 种加工指令

3）线切割编程举例

在线切割程序中，X、Y 和 J 的值以微米为单位，手工编程时，要先将工件图形分解为若干直线、圆弧，然后逐条编写程序。下面，以图 4-53 所示的编程图形进行具体分析。经分析，该图形由三段直线与一段圆弧组成，应按照逆时针顺序加工。

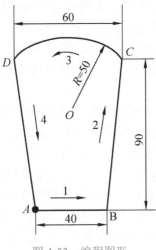

图 4-53 编程图形

（1）AB 段直线。以 A 点为原点，AB 与 X 轴正方向重合，X 值为 40000，Y 值为 0，$|Y_e| < |X_e|$，计数方向为 G_X，计数长度 J 为 40000，因此程序为

    B40000 B0 B40000 GX L1

（2）BC 段直线。以 B 点为原点，直线终点 C 相对于直线起点 B 点的坐标为（10000，90000），$|Y_e| > |X_e|$，计数方向为 G_Y，计数长度 J 为 90000，该直线在第一象限，指令为 L_1，因此程序为

    B10000 B90000 B90000 GY L1

（3）CD 段圆弧。以 O 点为圆心，圆弧起点 C 相对于圆弧圆心 O 点的坐标为（30000，40000），$|Y_e| > |X_e|$，计数方向为 GX，计数长度 J 为 60000，加工指令为 NR_1，因此程序为

    B30000 B40000 B60000 GX NR1

（4）DA 段直线。以 D 为原点，直线终点 A 相对于直线起点 D 点的坐标为（10000，90000），$|Y_e| > |X_e|$，计数方向为 G_Y，计数长度 J 为 90000，直线在第四象限，指令为 L_4，因此程序为

    B10000 B90000 B90000 GY L4

以上编程的轨迹表示电极丝中心点的路径，在实际线切割加工和编程时，应考虑电极

丝的半径与单边放电间隙的影响，对于孔类尺寸，应减小偏移量；对轴类尺寸，应增大偏移量。偏移量通常为电极丝半径与单边放电间隙之和，并通过加工实验进行校准。

4）自动编程

随着计算机技术的发展，现在很多线切割加工机床都配有微机编程系统。微机编程系统的类型比较多，按输入方式的不同，大致可以分为采用语言输入、菜单及语言输入、AutoCAD方式输入、用鼠标器按图形标注尺寸输入、数字化仪输入、扫描仪输入等。从输出方式看，大部分微机编程系统都能输出3B或4B程序，显示图形，打印程序、打印图形等。有的还能输出ISO代码，同时把编出的程序直接传输到线切割控制器中。此外，还有编程兼控制的系统。

自动编程中的应用软件（编译程序）是针对数控编程语言开发的。我国研制了多种自动编程软件（包括数控语言和相应的编译程序），如 XY、SKX-1、SXZ-1、SB-2、SKG、XCY-1、SKY、CDL、TPT 等。通常，经过后置处理可按需要显示或打印出 3B（或 4B、5B 扩展型）格式的程序清单。国际上主要采用 APT 数控编程语言，但一般根据线切割加工机床控制的具体要求做了适当简化，输出的程序格式为 ISO 或 EIA。北航海尔软件有限公司的"CAXA 线切割 V2"编程软件就是典型的 CAD 方式输入的编程软件。"CAXA 线切割 V2"可以完成绘图设计、加工代码的生成、连机通信等功能，集图样设计和代码编程于一体。"CAXA 线切割 V2"还可直接读取 EXB、DWG、DXF、IGES 等格式文件，完成加工编程。

微机自动编程系统的主要功能包括以下几项：

（1）处理由直线、圆弧、非圆曲线和列表曲线所组成的图形。

（2）能以相对坐标和绝对坐标编程。

（3）能进行图形旋转、平移、对称（镜像）、比例缩放、偏移、加线径补偿量、加过渡圆弧和倒角等。

（4）具有 CRT 显示、打印图表、绘图机作图、存入磁盘、直接输入线切割加工机床等多种输出方式。

此外，低速走丝线切割加工机床和近年来我国生产的一些高速走丝线切割加工机床已具有多种自动编程机的功能，控制与编程合二为一，在控制加工的同时，可以"脱机"进行自动编程。

4.2.4 电火花线切割加工工艺指标及影响因素

影响电火花线切割加工的主要因素很多，主要包括线切割工艺参数、电极丝的材料和走丝速度、穿丝孔的精度、工作液的性能及工件装夹形式等。这些影响因素已在 4.1 节中介绍了，这里仅就电火花线切割工艺的一些特殊问题做一些补充，如电参数和非电参数的影响。在阐述电火花线切割加工的影响因素之前，首先了解一下电火花线切割的主要工艺指标。

1. 主要工艺指标

评价电火花线切割加工工艺效果的好坏，一般用切割速度、加工精度和表面粗糙度等衡量。影响线切割加工工艺效果的因素很多，并且相互制约，其中，主要的工艺指标有切割速度、表面粗糙度、放电间隙、加工精度、电极丝损耗等。

1）切割速度

切割速度（有时称材料去除率或加工速度），是指在一定的切割条件下，单位时间内电极丝中心线在工件上扫过的面积总和，单位为 mm²/min。

$$V_S = S / t \qquad\qquad (4\text{-}15)$$

式中，S——电极丝中心线在工件上扫过面积的总和，单位为 mm²；

t——切割时间，单位为 min。

最高切割速度是指在不计切割方向和表面粗糙度等条件下，所能达到的最大切割速度。通常高速走丝线切割速度为 60～80mm²/min，在使用复合工作液后可达到 100～150mm²/min，它与加工电流有关，但是对线切割加工，电流不能过大，否则会引起断丝现象。低速走丝机采用多次切割加工工艺，一般加工 3～7 次，加工修整量由中精加工的几十微米逐渐加工到精加工的几微米，通常使用的第一遍最大切割速度为 120～200mm²/min。除主切割外的切割成为修整切割，其速度成为单次切割速度。为了在不同脉冲电源、不同加工电流下比较切割效果，将每安培电流的切割速度称为切割效率，一般切割效率为 20mm²/（min·A）。

2）表面粗糙度

我国和欧洲国家通常采用轮廓算术平均偏差 Ra（单位为μm）来表示表面粗糙度，日本则采用 R_{max}（单位为μm）表示。高速走丝线切割加工的表面粗糙度 Ra 一般为 6.3～2.5μm，最佳表面粗糙度也只有 1μm 左右。中速走丝线切割加工的最佳表面粗糙度 Ra 可达到 0.6～0.8μm，低速走丝线切割加工的表面粗糙度 Ra 一般为 1.25μm，最佳表面粗糙度可达 0.1μm。

3）放电间隙

通常认为电极丝与工件之间的单边放电间隙 δ_0 在 0.01mm 左右，若脉冲电源的电压高些，放电间隙会大一些。

电火花线切割加工过程比较复杂，影响工艺指标的因素很多，这里把这些因素分为两大类，即电参数和非电参数。

4）加工精度

加工精度是指加工后工件的尺寸精度、几何形状精度（如直线度、平面度、圆度、圆柱度、线轮廓度等）和位置精度（如平行度、垂直度、倾斜度、位置度等）的总称。高速走丝线切割加工的可控加工精度为 0.01～0.02mm，低速走丝线切割加工的精度可达 0.005～0.002mm。

5）电极丝损耗

对于高速走丝机床，电极丝损耗用切割 10 000 mm² 后电极丝直径的减小量表示，一般钼丝直径的减小量不应大于 0.01mm。对于低速走丝机床，由于电极丝是一次性使用的，故电极丝损耗可忽略不计。

2. 电参数的影响

1）脉冲宽度 t_i

通常情况下，当脉冲宽度 t_i 增大时，切割速度提高，加工表面质量变差。一般取脉冲宽度 $t_i=2\sim60\mu s$。在分组脉冲及光整加工时，t_i 可小至 0.5μs 以下。

2）脉冲间隔 t_0

脉冲间隔 t_0 减小时，切割速度加快，但脉冲间隔 t_0 过小会引起电弧放电和断丝。一般情况下，选取脉冲间隔 $t_0=（4\sim8）t_i$。在切割大厚度工件时，应选取较大值，以保持加工过程的稳定性。

3）开路电压 u_{oc}

改变开路电压，会引起峰值电流和放电间隙的改变。u_{oc} 提高，放电间隙增大，排屑变易，可以提高切割速度和加工过程的稳定性，但易造成电极丝振动，通常 u_{oc} 的提高会增加电源中限流电阻的发热损耗，还会使电极丝损耗增加。

4）峰值电流 i_p

这是决定单个脉冲能量的主要因素之一。峰值电流增大，切割速度提高，表面质量变差，电极丝的损耗比增大甚至造成断丝。一般取峰值电流小于 40A，平均电流小于 5A。低速走丝线切割加工时，因脉冲宽度很小（小于 1μs），电极丝又较粗，故有时 i_p 大于 100A，甚至大于 500A。

5）电流波形

在相同的工艺条件下，高频分组脉冲常常能获得较好的加工效果。电流波形的前沿上升比较缓慢时，电极丝损耗较少。当脉冲宽度很小时，电流波形的前沿必须较陡直才能进行有效的加工。

3. 非电参数的影响

1）电极丝及其移动速度对工艺指标的影响

目前电火花线切割加工使用的电极丝材料有钼丝、钨丝、钨钼合金丝、黄铜丝、铜钨丝等。高速走丝线切割加工中广泛使用钼丝（$\phi0.06\sim\phi0.20mm$）作为电极丝，因它耐损耗、抗拉强度高、丝质不易变脆且较少断丝。

提高电极丝的张力可减轻丝振的影响，从而提高精度和切割速度。丝张力的波动对加工稳定性影响很大，产生波动的原因如下：导轮及其轴承因磨损而偏摆或跳动；电极丝在卷丝筒上缠绕松紧不均；正反运动时张力不一样；工作一段时间后电极丝伸长、张力下降。采用恒张力装置可以在一定程度上改善丝张力的波动。但如果过分将张力增大，那么切割速度不仅不继续上升，反而容易断丝。

电极丝的直径是根据加工要求和工艺条件选取的。在加工要求允许的情况下，可选用直径大些的电极丝。电极丝的直径决定了切缝宽度和允许的峰值电流。直径大，抗拉强度大，承受电流大，可采用较强的电规准进行加工，能够提高输出的脉冲能量，提高加工速度。若电极丝过粗，则难加工出内尖角工件，降低了加工精度；若电极丝直径过小，则抗拉强度低，易断丝，而且切缝较窄，电蚀产物的排除条件差，加工经常出现不稳定现象，导致加工速度降低。细电极丝的优点是可以得到较小半径的内尖角，加工精度能相应提高。例如，在切割小模数齿轮等复杂零件时，采用细丝才能获得精细的形状和很小的圆角半径。

对于高速走丝线切割机床，随着走丝速度的提高，在一定的范围内，加工速度也提高。提高走丝速度有利于电极丝把工作液带入较大厚度的工件放电间隙中，有利于电蚀产物的排除和放电加工的稳定。但走丝速度过高，将加大机械振动、降低精度和切割速度，表面粗糙度也恶化，并易造成断丝，一般以小于 10m/s 为宜。

高速走丝线切割加工时，电极丝通过往复运动进行加工，工件表面往往会出现黑白交错相间的条纹（见图 4-54），电极丝在进口处呈黑色，在出口处呈白色。条纹的出现与电极丝的运动有关，这是因排屑和冷却条件不同而造成的。电极丝从上向下运动时，工作液由电极丝的上部进入工件内，电蚀产物由电极丝从下部带出。这时，上部工作液少，冷却条件差，但排屑条件比上部好。工作液在放电间隙里受高温而裂解，形成高压气体，急剧向外扩散，对电极丝上部的电蚀产物的排除造成困难。这时，放电产生的炭黑等物质将凝聚附着在上部加工表面上，使之呈黑色；在下部，排屑条件好，工作液少，电蚀产物中炭黑较少，而且放电常常是在气体中发生的，因此加工表面呈白色。同理，当电极丝从下向上运动时，下部呈黑色，上部呈白色。这样，经过电火花线切割加工的表面，就形成黑白交错相间的条纹。高速走丝切割加工独有的黑白条纹，对工件的加工精度和表面质量都造成不良的影响。

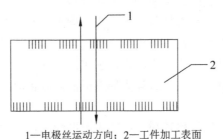

1—电极丝运动方向；2—工件加工表面

图 4-54　与电极丝运动方向有关的条纹

电极丝的往复运动还会造成斜度。电极丝上下运动时，电极丝进口处与出口处的切缝宽窄不同（见图 4-55）。图中，宽口是电极丝的入口处，窄口是电极丝的出口处。因此，当电极丝往复运动时，在同一切割表面中电极丝进口与出口的高低不同，这对加工精度和表面粗糙度是有影响的。由图 4-56 所示切缝剖面示意可知，电极丝的切缝不是直壁缝，而是两端小、中间大的鼓形缝，这也是往复走丝工艺的特性之一。

对于低速走丝线切割机床，电极丝的材料和直径有较大的选择范围。为提高生产率，可用直径小于 0.3mm 以下的镀锌黄铜丝，这种电极丝允许较大的峰值电流和有较大的气化爆炸力。精微加工时可用直径大于 0.03mm 以上的钼丝。由于电极丝作单方向运动，便于维持放电间隙中的工作液和电蚀产物的大致均匀，因此可以避免黑白相间条纹的产生。同时，由于低速走丝线切割机床中的电极丝运动速度低且一次性使用、张力均匀、振动较小，所以加工稳定性、表面粗糙度、精度指标等均好于高速走丝线切割机床。

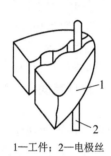

1—工件；2—电极丝

图 4-55 电极丝运动引起的斜度

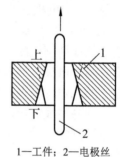

1—工件；2—电极丝

图 4-56 切缝剖面示意

2）工件厚度及其材料对工艺指标的影响

工件厚度的大小对加工稳定性和加工速度有较大影响。工件材料薄，工作液容易进入和充满放电间隙，对排屑和工作介质的消电离有利，加工稳定性好。但是，若工件材料太薄，则电极丝易产生抖动，对加工精度和表面粗糙度带来不良影响，并且脉冲利用率低，切割速度下降；若工件材料太厚，则工作液难以进入和充满放电间隙，这样对排屑和工作介质的消电离不利，加工稳定性差，但电极丝不易抖动。因此，切割精度较高，表面粗糙度值较小。切割速度开始随厚度的增加而增加，达到某一最大值（一般为 50～100mm）后开始下降。这是因为厚度过大时，冲液和排屑条件变差。

工件材料不同，其化学、物理性能（如熔点、沸点、热导率）等都不一样，因而加工效果也将会有较大差异。例如，在采用乳化液时，会出现以下情况：

（1）加工铜件、铝件时，加工过程稳定，加工速度快。

（2）加工不锈钢、磁钢、未淬火或淬火硬度低的高碳钢时，加工稳定性差些，加工速度也低，表面质量也差。

（3）加工硬质合金时，加工比较稳定，加工速度较低，表面粗糙度小。

3）预置进给速度对工艺指标的影响

预置进给速度（进给速度的调节）对切割速度、加工精度和表面质量的影响很大。调节预置进给速度，使其紧密跟踪工件的加工速度，保持放电间隙恒定在最佳值左右，可以使火花放电率高，而开路和短路的比例小，从而使切割速度达到给定加工条件下的最大值，相应的加工精度和表面质量也好。如果预置进给速度调得太快，超过工件可能的加工速度，就会出现频繁的短路现象，反而使切割速度变低，表面质量也变差，工件上下端面切缝呈焦黄色，甚至可能断丝；若进给速度调得太慢，明显落后于工件可能的加工速度，极间将偏于开路状态，有时会时而开路时而短路，工件上下端面切缝呈焦黄色。这两种情况都会极大地影响工艺指标，因此，应调节电压表、电流表进给旋钮，使表针稳定不动。此时，进给速度均匀、平稳，是线切割速度和表面质量均好的最佳状态。

此外，在相同的工作条件下，采用不同的工作液可以得到不同的加工速度、表面粗糙度，工作液的注入方式和注入方向对线切割加工精度也有较大影响。机床机械部分精度（如导轨、导轮及其轴承的磨损及传动误差）和工作液（种类、浓度及其脏污程度）都会对工艺指标产生一定的影响。当导轮及其轴承偏摆，以及工作液上下冲水不均匀时，会使加工表面产生上下凹凸相间的条纹，恶化工艺指标。

4.2.5　电火花线切割加工的扩展应用

电火花线切割加工是直线电极的展成加工，工件形状是通过控制电极丝和滑板之间的相对坐标运动来保证的。不同的数控机床所能控制的坐标轴数和坐标轴的设置方式不同，从而加工工件的范围也不同。

电火花线切割加工一般只用于切割二维曲面的加工，即用于切割型孔的加工，不能用于加工立体曲面（三维曲面）。但是，一些由直线组成的三维直纹曲面，如螺纹面、双曲面及一些特殊表面等，用电火花线切割加工仍是可以实现的，只需增加一个数控回转工作台附件，采取数控移动和数控转动相结合的方式编程即可获得。

1）直壁型二维曲面的线切割加工

国产高速走丝线切割加工机床一般都采用 X、Y 两个轴，可以加工出各种复杂轮廓的二维零件。在这类机床上只有工作台有 X、Y 两个轴，钼丝在切割时始终处于垂直状态，因此只能切割直上直下的直壁型二维曲面，常用于切割直壁没有落料角（无锥度）的冲模和工具电极。它结构简单、价格便宜，由于调整环节少，故可控精度较高，早期绝大多数的线切割机床都属于这类产品。

2）等锥角三维曲面的线切割加工

在这类机床上除了工作台有 X、Y 两个轴，在上丝架上的小型工作台还有 U、V 两个轴，使电极丝（钼丝）上端可作倾斜移动，从而切割出倾斜有锥度的表面。由于 X、Y、U、V 四个轴是同步且成比例的，因此切割出的斜度（锥度）是相等的。可以用来切割有落料角的冲模。现在生产的大多数高速走丝线切割机床都属于此类机床。可调节的锥度在早期只有 $3°\sim10°$，现在已经达到 $30°$，甚至达到 $60°$ 以上。

3）三维直纹曲面的线切割加工

如果在普通的二维线切割加工机床上增加一个数控回转工作台附件，工件装在用步进电动机驱动的回转工作台上，采取数控移动和数控转动相结合的方式编程，用 θ 角方向的单步转动代替 Y 轴方向的单步移动，即可完成像螺旋表面、双曲线表面和正弦曲面等这样的复杂曲面加工工艺。如图 4-57 所示为工件数控转动 θ 角和 X、Y 二轴联动或三轴联动加工各种三维直纹曲面实例的示意图。图 4-57（a）、图 4-57（b）、图 4-57（d）为 X 与 θ 转动两轴插补联动；图 4-57（c）为切入后仅 θ 单轴伺服转动；图 4-57（e）为每次 X、Y 轴按宝塔的投影插补联动切割后，经 7 次分度，可切割出八角宝塔；图 4-57（f）为 Y、θ 联动切入后，X、θ 联动切割带窄螺旋槽的绕性联轴套；图 4-57（g）为 X、Y、θ 联动，再经定期多次分度，可以切割出四边形或多边锥台。

采用 CNC（计算机数控）控制的四轴联动线切割加工机床，更容易实现三维直纹曲面的加工。目前，一般采用上下表面独立编程法，即首先分别编制出工件上表面和下表面二维图形的 APT 程序，经后置处理得到上下表面的 ISO 程序；然后，将两个 ISO 程序经轨迹合成后得到四轴联动线切割加工的 ISO 程序。

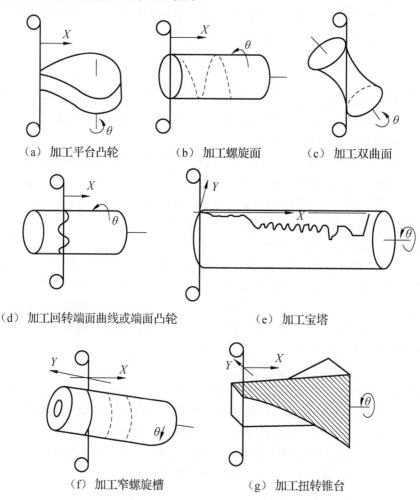

（a）加工平台凸轮　　　（b）加工螺旋面　　　（c）加工双曲面

（d）加工回转端面曲线或端面凸轮　　　（e）加工宝塔

（f）加工窄螺旋槽　　　（g）加工扭转锥台

图 4-57　切割各种三维直纹曲面示意

4.3　激光加工

激光加工（Laser Beam Machining，LBM）技术是一种高度柔性和智能化的特种加工技术，主要包括激光切割、激光打孔、激光焊接、激光表面强化与热处理、激光打标、激光微加工等技术，被誉为"21 世纪的万能加工工具"。激光技术是 20 世纪 60 年代发展起来的一项新兴的科学技术，在材料加工方面，已经逐步形成了一种崭新的加工方法。激光加工技术是一项综合性的高新技术，它综合了光学、材料科学与工程、机械制造学、数控技术及电子等学科，属于当前国内外科技界和产业界共同关注的高科技热点。激光加工作为先进制造技术已广泛应用于汽车、电子、电器、航空航天、冶金、机械制造业等重要领域，对提高产品质量、生产率、减小材料消耗等起到越来越重要的作用。有人预测，在 21 世纪激光加工技术将引起一次新的技术革命。

4.3.1　激光加工原理及典型激光器

1. 激光的产生及加工过程

普通光源的发光以自发辐射为主，基本上是无秩序地、相互独立地产生光发射的，发出的光波无论方向、位相或者偏振状态都是不同的。而激光则不同，它的光发射是一种经受激辐射而产生的加强光，因而发光物质基本上是有组织地、相互关联地产生光的发射，发出的光具有相同的频率、方向、偏振性和严格的位相关系。正是这个质的区别才导致激光具有高亮度、高方向性、高单色性和高相干性四大综合性能。

激光加工是把具有足够能量的激光束聚焦后照射到所加工材料的适当位置，在极短的时间内，光能转变为热能，使被照射部位迅速升温。根据不同的能量输入，材料可以发生气化、熔化或金相组织的变化，从而达到工件材料的去除、连接或表面改性等目的。采用激光加工时，为满足不同的加工要求，激光束的焦点要与工件表面作相对运动，主要工艺参数如光斑直径、焦点位置、加工功率等都要进行调节。

激光加工以激光为热源，对材料进行热加工，其过程大致分为以下几个阶段：激光束聚焦照射在工件材料上；材料吸收光能，光能转变为热能使材料受热发生气化、熔化等；通过气化或熔化溅出使材料去除、连接或改性。

根据激光与物质相互作用的机理，激光加工的物理过程大致可分为材料对激光的吸收和能量转换、材料的熔化/气化、电蚀产物的抛出等几个连续阶段。

1）材料对激光的吸收和能量转换

激光入射到材料表面上的能量，一部分被材料吸收用于加工，另一部分能量因被反射、透射而损失。材料对激光的吸收与波长、材料性质、温度、表面状况、偏振特性等因素有关。

材料吸收激光后首先产生的不是热能而是某些质点的过量能量，即自由电子的动能、束缚电子的激发能，或者还产生过量的声子。这些有序的原始激发能需经历两个步骤才转化为热能。第一步是受激粒子运动的空间和时间随机化。这个过程在粒子的碰撞时间（弛豫时间）内完成，这个时间比最短的激光脉冲宽度还短，甚至可短于光波周期。第二步是能量在各质点间的均匀分布。这个过程包含大量的碰撞和中间状态，而以非金属材料尤甚。其中，可能存在若干能量转换机制，每种转换又具有特定的时间常数。例如，金属中受激运动的自由电子通过与晶体点阵的碰撞将多余能量转化为晶体点阵的振动。对于一般激光加工，均可认为材料吸收的光能向热能的转换是瞬间发生的。在这个瞬间，热能仅作用于材料的激光辐射区域，随后通过热传导使热量由高温区域流向低温区域。

2）材料的加热熔化和气化

材料吸收激光能并转化为热能后，其受辐射区域的温度迅速升高，首先引起材料的气化蚀除，然后才产生熔化蚀除。开始时，蒸气发生在大的立体角范围内，以后逐渐形成深的圆坑。一旦圆坑形成，蒸气便以一条较细的气流喷出。这时，熔融后的材料也伴随着蒸气流溅出。在开始阶段，圆坑在深度和直径上不断增大，经过一定阶段后，圆坑直径变化很小。这是因为圆坑侧壁的加热和破坏是受很多因素影响的，其中主要是激光束的散射随着圆坑深度的增加而增加，而圆坑侧壁的温度随着深度的增加而逐渐降低。经过一段时间之后，整个加工区域的加热速度有所降低。这是由于激光束被蒸气和飞溅物所遮蔽，同时蒸气和飞溅物本身也在不断地吸收热量，但加工区域的温度仍在增加，蒸气和熔融物也在不断地产生。若激光功率密度不再继续增加时（取决于激光脉冲波形），则这时熔融液相对增加，熔化层的熔化速度并不减弱，同时也会加剧小气泡的增长速度，最后导致液相从激光作用区域抛出。

3）熔融产物的抛出

由于激光束所照射的加工区域材料的瞬时急剧熔化、气化作用，加工区域的压力迅速增加，产生爆炸冲击波，使金属蒸气和熔融产物高速地从加工区域喷射出来。熔融产物高速喷射时所产生的反冲力，又在加工区域形成强烈的冲击波，进一步加强了熔融产物的抛出效果。

激光加工的主要参数为激光的功率密度、激光的波长、输出的脉宽、激光照射在工件上的时间及工件对能量的吸收率等。要根据加工材料的特性，考虑不同激光器的输出激光波长、功率和模式，合理选用激光器的种类。同时，对主要参数进行合理配置，应用激光便可以进行多种类型的加工。

不同的加工工艺有不同的要求，材料焊接与连接工艺不要求材料去除，将材料加热到熔点以上即可。材料表面改性及热处理需要加热到一定温度使材料相变；材料去除加工则需要尽量降低热影响，以去除材料为主。

2. 典型激光器

激光加工系统一般包括激光器、电源、光学系统及机械系统四大部分。目前，常用的激光器分为固体激光器和气体激光器。

1）固体激光器

固体激光器常用的工作物质有掺钕钇铝石榴石（YAG）、红宝石和钕玻璃等，图 4-58 是固体激光器工作原理示意。掺钕钇铝石榴石是在钇铝石榴石（$Y_3Al_5O_{12}$）晶体中掺杂 1.5% 的钕而成，属于四能级系统，发射 1.06μm 波长的红外激光。当工作物质钇铝石榴石受到光泵（激励脉冲氙灯）的激发后，吸收具有特定波长的光，在一定条件下可导致工作物质中的亚稳态粒子数大于低能级粒子数，这种现象称为粒子数反转。此时一旦有少量激发粒子产生受激辐射跃迁，就会造成光放大，再通过谐振腔内的全反射镜和部分反射镜的反馈作用产生振荡，最后由谐振腔的一端输出激光。

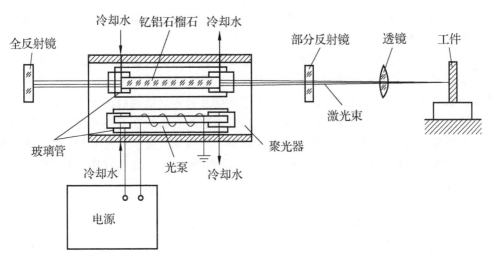

图 4-58 固体激光器工作原理示意

钇铝石榴石（$Y_3Al_5O_{12}$）晶体物理性能好，导热性好，热膨胀系数小，机械强度高，可工作在脉冲方式和连续方式，工作频率可达 10～100 次/秒，连续输出功率达几百瓦，广泛用于激光打孔、焊接等领域。

2）气体激光器

气体激光器一般采用电激励，效率高、寿命长、连续输出功率大，广泛应用于激光切缝、激光焊接、激光表面改性等领域。气体激光器中以 CO_2 激光器应用最广，其连续输出功率可达上万瓦，是目前连续输出功率最高的激光器，能发出 10.6μm 波长的激光。CO_2 激光器的基本结构如图 4-59 所示。

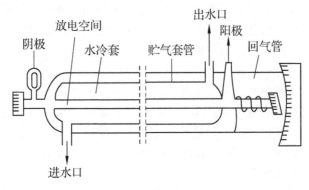

图 4-59 CO_2 激光器的基本结构

CO_2 激光器的主要的工作物质由 CO_2、氮气、氦气三种气体组成，其中 CO_2 是产生激光的气体，氮气及氦气为辅助性气体。氮气主要在 CO_2 激光器中起能量传递作用，为激光能级粒子数的积累及大功率的激光输出起到强有力的作用。氦气的作用是抽空激光较低能级的粒子，氦分子与 CO_2 分子相碰撞，使 CO_2 分子从较低能级尽快回到基级。氦气的导热性好，能把 CO_2 激光器工作时气体中的热量传给管壁或热交换器，使 CO_2 激光器的输出功率和效率大大提高。

在放电管中，通常输入几十毫安或几百毫安的直流电流，放电时，放电管中的混合气体内的氮分子由于受到电子的撞击而被激发起来，这时受到激发的氮分子便和 CO_2 分子发生碰撞，氮分子把自己的能量传递给 CO_2 分子，CO_2 分子从低能级跃迁到高能级上形成粒子数反转从而产生激光，激光通过透镜聚焦形成高能光束照射在工件表面上，即可进行加工。该聚焦光斑的直径大小可根据加工需要调整，一般从几微米到几十微米，其能量密度可达 $10^8 \sim 10^{10} W/cm^2$，温度可达 10000℃以上，因此能在千分之几秒甚至更短的时间内熔化、气化任何材料。

4.3.2 激光加工主要应用领域

1. 激光打孔

激光打孔是激光加工的主要领域之一，主要应用于在特殊零件或特殊材料上加工孔，如火箭发动机和柴油机的喷油嘴、化学纤维的喷丝板、钟表上的宝石轴承和聚晶金刚石拉丝模等零件上的微细孔加工。激光打孔的功率密度一般为 $10^7 \sim 10^8 W/cm^2$，加工微孔的直径可以达到几微米，激光打孔可以连续打孔，效率很高，例如加工钟表行业红宝石轴承上直径为 0.12～0.18mm，深度为 0.6～1.2mm 的小孔，若工件自动传送，每分钟可加工几十件；在直径 100mm 的不锈钢喷丝板上打一万多个直径为 0.06mm 的小孔，采用数控激光加工，不到半天即可完成；在聚晶金刚石拉丝模坯料的中央加工直径为 0.04mm 的小孔，用机械超声钻孔机需要几小时，而用激光仅需几十秒，不仅能节省许多昂贵的钻石粉，而且与常规的机械超声加工方法相比，大大提高了加工效率。

激光打孔的成型过程是材料在激光热源照射下产生的一系列热物理现象综合的结果，它与激光束的特性和材料的热物理性质有关，在加工过程中，影响激光打孔的主要因素有激光输出功率与照射时间、焦距与发散角、焦点位置、光斑内能量分布、照射次数及工件材料等。

激光输出功率大，照射时间长，工件所获得的激光能量就大。实践表明，当激光焦点固定在工件表面时，输出的激光能量越大，所打的孔就越大越深，并且锥度较小。

发散角小的激光束经短焦距的物镜聚焦以后，在聚焦面上可以获得更小的光斑及更高的功率密度。由于功率密度大，激光束对工件的穿透力大，打出的孔不仅深，而且锥度小，因此要尽量减小激光束的发散角。

焦点位置对于孔的形状和深度有很大影响，当焦点位置很低时，透过工件表面的光斑面积很大，不仅会产生很大的喇叭口，而且因能量密度降低而影响加工深度（见图 4-60）。图 4-60（a）～图 4-60（d）中的焦点位置逐步提高，孔深也随之增加。如果焦点位置太高，在工件表面的光斑很大而蚀除面积大，但深度浅。图 4-61 表示孔型与离焦量的关系，从图中可见，只要适当控制离焦量和控制激光功率密度，就能很好地控制孔的形状，并且可以找到锥度小的孔的最佳工艺参数范围。

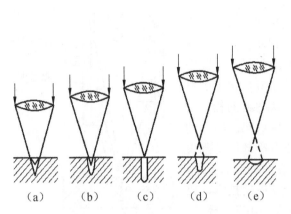

图 4-60　焦点位置与孔的剖面形状

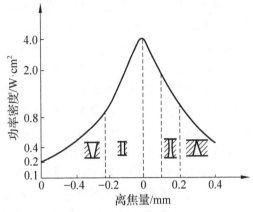

图 4-61　孔型与离焦量的关系

用脉冲激光照射一次，加工的深度大约是孔径的 5 倍左右，并且锥度较大。如果用激光多次照射，不仅深度可以大大增加，锥度可以减小，而且孔径几乎不变。但是孔的深度并不与照射次数成比例。而是加工到一定深度后，由于孔壁的反射、透射，激光的散射或吸收，以及抛出力降低、排屑困难等原因，使孔前端的能量密度不断减小，加工量也逐渐减小，以致不能继续打下去。用红宝石激光器加工蓝宝石时获得的照射次数与孔深的关系曲线如图 4-62 所示。从该曲线可知，照射 20～30 次以后，孔的深度达到饱和值，若单个脉冲能量不变，则不能继续加工。

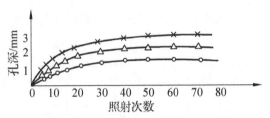

单脉冲能量：×—2.0J；△—1.5J；○—1.0J

图 4-62　照射次数与孔深的关系曲线

由于各种工件材料对能量的吸收光谱不同，经透镜聚焦到工件上的激光能量不可能全部被吸收。其中，有相当一部分能量被反射或透射而散失掉。吸收效率与工件材料的吸收光谱及激光波长有关，在生产实践中，必须根据工件材料性能（吸收光谱）选择合适的激光器。

2. 激光切割

激光切割以切割范围广、切割速度高、切缝窄、热影响区域面积小、加工柔性大等优点在现代工业中得到极为广泛的应用，激光切割技术也成为激光加工技术中最为成熟的技术之一。

激光切割的工业应用始于 20 世纪 70 年代初，最初用在硬木板上切割不穿透的槽、嵌刀片及制造冲剪纸箱板的模具。随着激光器件和加工技术的进步，其应用领域逐步扩大到各种金属和非金属板材的切割，还可以透过玻璃切割位于真空管内的灯丝，这是其他加工方法难以实现的。

激光切割的原理和激光打孔的原理基本相同，所不同的是切割时，工件与激光束要有相对移动。激光切割原理示意如图 4-63 所示，聚焦透镜将激光聚焦成一个很小的光斑。光斑位于待加工表面附近，用于熔化或气化被切材料。与此同时，与光束同轴的气流由切割头喷出，将熔化或气化了的材料由切口的底部吹出。随着激光切割头与被切材料的相对运动，生成切口。若吹出的气体和被切材料产生放热反应，则此反应将提供切割所需的附加能源，气流还有冷却已切割表面、减小热影响区域面积和保证聚焦透镜不受污染物的作用。

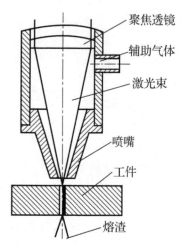

图 4-63　激光切割原理示意

激光切割是激光加工行业中最重要的一项应用技术，已广泛地应用于汽车、机车车辆制造、航空航天、化工、轻工、电子、石油和冶金等领域，并且应用范围越来越广。表 4-6 和表 4-7 分别列出了用 CO_2 激光器切割不同金属材料与非金属材料时的工艺参数。

激光切割加工广阔的应用市场，加上现代科学技术的迅猛发展，使得国内外科技工作者对激光切割加工技术进行不断深入的研究，推动着激光切割技术不断地向前发展。

表 4-6　用 CO_2 激光器切割不同金属材料时的工艺参数

材　　料	厚度/mm	切割速度/m · min^{-1}	激光输出/W	喷吹气体
铝	12.7	0.5	6000	空气
	13	2.3	15000	—
碳素钢	3	0.6	250	O_2
	6.5	2.3	15000	空气
	7	0.35	500	O_2
淬火钢	25	1.1	10000	N_2
	45	0.4	10000	N_2
不锈钢	2	0.6	250	O_2
	13	1.3	10000	N_2
	44.5	0.38	12000	—
锰合金钢	4	0.49	250	O_2
	5	0.85	500	O_2
	8	0.53	350	O_2
钛合金	1.46	1.2	400	空气
	5	3.3	850	O_2
锆合金	1.2	2.2	400	空气
钴基合金	2.5	0.35	500	O_2

表 4-7　用 CO_2 激光器切割不同非金属材料时的工艺参数

材　　料	厚度/mm	切割速度/m·min⁻¹	激光输出/W	喷吹气体
石英	3	0.43	500	N_2
陶瓷	1	0.392	250	N_2
	4.6	0.075	250	N_2
玻璃钢	1.5	0.491	250	N_2
	2.7	0.392	250	N_2
有机玻璃	20	0.171	250	N_2
	25	15	8000	空气
木材（软）	25	2	2000	N_2
木材（硬）	25	1	2000	空气
聚四氟乙烯	10	0.171	250	N_2
	16	0.075	250	N_2
压制石棉	6.4	0.76	180	空气
涤卡	130	0.214	250	N_2
聚氯乙烯	3.2	3.6	300	空气
混凝土	30	0.4	4000	—
皮革	3	3.05	225	空气
胶合板	19	0.28	225	空气

（1）伴随着激光器向大功率发展及采用高性能的 CNC 及伺服系统，激光切割将向高度自动化、智能化方向发展，将 CAD/CAPP/CAM 及人工智能运用于激光切割，研制出高度自动化的多功能激光加工系统。使用高功率的激光切割可获得高的加工速度，同时减小热影响区域面积和热畸变温度，所能够切割的材料板厚也将进一步提高。

（2）根据激光切割工艺参数的影响情况，改进加工工艺；根据加工速度自适应地控制激光功率和激光模式。以数据库为系统核心，面向通用化的 CAPP 开发工具，对激光切割工艺设计所涉及的各类数据进行分析，建立相适应的数据库和专家自适应控制系统，使得激光切割整机性能普遍提高。

（3）为了满足汽车和航空等工业的立体工件切割的需要，三维激光切割机正向高效率、高精度、多功能和高适应性的激光加工中心发展，将激光切割、激光焊接及热处理等各道工序后的质量反馈集成在一起，充分发挥激光加工的整体优势。

（4）随着互联网技术的发展，建立网络数据库，采用模糊推理机制和人工神经网络自动确定激光切割工艺参数，并且能够远程异地访问和控制激光切割过程也是未来发展的趋势。

3. 激光焊接

激光焊接技术经历由脉冲波向连续波的发展，从有效功率薄板焊接向大功率厚件焊接发展，由单工作台单工件加工向多工作台多工件同时焊接发展，以及由简单焊缝形状向可控的复杂焊缝形状发展。激光焊接的应用也随着激光焊接技术的发展而发展，激光焊接技术已应用于航空航天、武器制造、船舶工业、汽车制造、压力容器制造、民用及医用等多个领域。

目前，激光焊接主要使用 CO_2 激光器和 Nd：YAG 激光器。根据激光焊接时焊缝的形成特点，可以把激光焊接分为热导焊接和深熔焊接。前者使用激光功率低，熔池形成时间长且熔深浅，多用于小型零件的焊接；后者使用的激光功率密度高，激光辐射区域的金属熔化速度快，在金属熔化的同时伴随着强烈的气化，能获得熔深较大的焊缝，焊缝的深宽比较大，其值可达 12：1。图 4-64 所示为在不同辐射功率密度下熔化的过程。

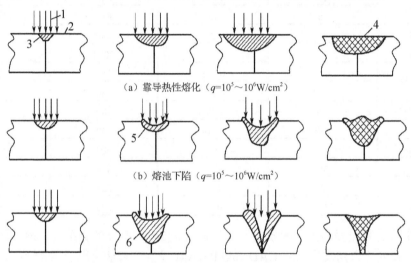

（a）靠导热性熔化（$q=10^5\sim10^6\text{W/cm}^2$）

（b）熔池下陷（$q=10^5\sim10^6\text{W/cm}^2$）

（c）形成熔池（$q=10^5\sim10^7\text{W/cm}^2$）

1—激光；2—被焊接零件；3—熔化金属；4—已冷却的熔池；5—加深的体积；6—依靠蒸发暂时形成的孔

图 4-64　在不同辐射功率密度下熔化的过程

在激光焊接过程中，当激光束到达金属材料表面时，激光通过光斑向材料"注入"热量，其能量通过热传导传递到工件表面以下更深处。在激光热源的作用下，材料熔化、蒸发，并且在穿透工件的厚度方向形成狭长的空洞。随着激光焊接的持续进行，小孔在两工件之间的接缝区域移动，进而形成焊缝。与一般焊接方法相比，激光焊接具有以下特点：

（1）能量密度高，聚焦后的激光具有很高的功率密度（$10^6\sim10^8\text{W/cm}^2$ 或更高），焊接以深熔方式进行，可以实现一般焊接方法难以焊接的材料，如高熔点金属等，甚至可用于非金属材料的焊接，如陶瓷、有机玻璃；焊接后无须热处理，适用于某些对热输入量敏感的材料的焊接。由于激光加热范围小（<1mm），在同等功率和焊接厚度条件下，焊接速度高，热输入量小，热影响区域面积小，焊接应力和变形量都小。

（2）焊接位置灵活，激光能发射、透射，能在空间传播相当距离而衰减很小，可以进行远距离或一些难以接近的部位的焊接，激光还可通过光导纤维、棱镜等光学方法弯曲传输、偏转、聚焦，特别适合于微型零件及可达性很差部位的焊接。

（3）焊接材料广，激光在大气中损耗不大，可以穿过玻璃等透明物体，适用于在玻璃制成的密封容器里焊接铍合金等剧毒材料；属于非接触焊接，接近焊区的距离比电弧焊的要求低，与电子束焊相比，无须真空设备，而且不产生 X 射线，也不受磁场干扰。

（4）激光焊接机体积较大，价格昂贵，一次性投资较大。激光的能量可能灼伤操作人员的身体。因此，对激光焊接机特别是激光束经常移动的焊接机，应该配备保护装置。

4. 激光表面强化与热处理

激光表面强化与热处理技术是利用激光在材料表面形成一定厚度的处理层，借以改善材料表面的力学性能、冶金性能、物理性能，从而提高零件的耐磨、耐蚀、耐疲劳等一系列性能，以满足各种不同的使用要求。实践证明，激光表面强化与热处理已因其本身固有的优点而成为发展迅速、有前途的表面处理方法。激光表面处理技术包括激光淬火、激光合金化、激光表面熔覆等。

1）激光淬火

激光淬火主要用来处理铁基材料，其基本原理如下：基于激光淬火的骤冷骤热过程，当采用功率密度为 $10^4 \sim 10^6 W/cm^2$ 的激光束扫描工件表面时，首先使工件表层材料吸收激光辐射能并转化为热能，然后通过热传导使周围材料温度以极快的速度升高到奥氏体相变温度以上、熔点以下，最后通过基材的自冷却作用使被加热的表层材料以超过马氏体相变临界冷却速度而快速冷却，使得马氏体本身硬度增高、马氏体细化且具有很高的位错密度，从而完成相变硬化。

由于激光淬火过程中很大的过热度和过冷度使得淬硬层的晶粒极细、位错密度极高且在表层形成压应力，因此可以大大提高工件的耐磨性、抗疲劳、耐腐蚀、抗氧化等性能，延长工件的使用寿命。淬火层深度一般为 0.7～1.1mm，淬火层硬度比常规淬火层硬度约高20%。图 4-65 所示为激光表面淬火处理应用示例。

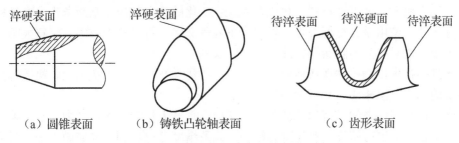

（a）圆锥表面　　　　（b）铸铁凸轮轴表面　　　　（c）齿形表面

图 4-65　激光表面淬火处理应用示例

激光合金化是金属材料表面局部改性处理的一种新方法。它是指在工件基材的表面采用沉积法预先涂一层合金，然后在高能量激光束的照射下，使工件基材表面的薄层与根据需要加入的合金元素同时快速熔化并混合，形成厚度为 10～1000μm 的表面熔化层。表面熔化层在凝固时的冷却速度可达 105～108℃/s，相当于急冷淬火技术所能达到的冷却速度。表面熔化层的液体内存在扩散作用和表面张力效应等物理现象，这些物理现象会使基材表面在极短时间内（50μs～2ms）形成具有所要求深度和化学成分的表面合金化层，快速熔

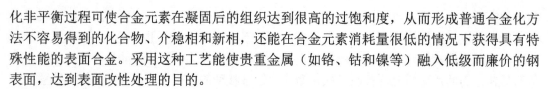

化非平衡过程可使合金元素在凝固后的组织达到很高的过饱和度，从而形成普通合金化方法不容易得到的化合物、介稳相和新相，还能在合金元素消耗量很低的情况下获得具有特殊性能的表面合金。采用这种工艺能使贵重金属（如铬、钴和镍等）融入低级而廉价的钢表面，达到表面改性处理的目的。

激光表面合金化工艺的最大特点是只在熔化区域和很小的热影响区域发生成分、组织和性能的变化，激光对基材的热效应可减少到最低限度，引起的变形量也极小。它既可满足表面的使用需要，同时又不牺牲结构的整体特性。激光表面合金化与整体合金化相比，能节约大量贵重金属。

2）激光表面熔覆

激光表面熔覆是材料表面改性技术的一种重要方法，就是利用高能激光束（$10^4 \sim 10^6$ W/cm^2）在金属表面照射，使金属表面迅速熔化，用气动喷注法把粉末注入熔池中，连同工件表层一起熔化形成表面熔覆层，在基材表面熔覆一层具有特殊物理、化学或力学性能的材料，从而构成一种新的复合材料，以弥补机体所缺少的高性能。这种复合材料能充分发挥两者的优势，弥补各自的不足。对于某些共晶合金，用这种加工方法甚至能得到非晶态表层具有极好的抗腐蚀性能。除了用气动喷注法把粉末注入熔池，还可以在工件表面预先放置松散的粉末涂层，然后用激光熔化。不过，前一种方法被认为能效较高，因为激光束与材料的相互作用区域被熔化的粉末层所覆盖，这样可提高对激光能量的吸收能力。激光表面熔覆可在低熔点工件上熔覆一层高熔点的合金，并且能局部熔覆，具有良好的接触性，微观结构细致，热影响区域面积小，熔覆层均匀无缺陷。

5. 激光打标

激光打标技术是激光加工最大的应用领域之一。激光打标是利用高能量密度的激光对工件进行局部照射，使表层材料气化或发生颜色变化的化学反应，从而留下永久性标记的一种打标方法。使用激光打标技术可以制作出各种文字、符号和图形等，字符大小达到毫米或微米级，这对产品的防伪有特殊的意义。

激光打标技术作为一种现代精密加工方法，与化学腐蚀、电火花加工、机械刻划、印刷等传统的加工方法相比，具有无与伦比的优势。

激光打标与工件之间没有相关加工力的作用，具有无接触、无切削力、热影响小的优点，保证了工件的原有精度；激光刻划精细，线条精度可以达到毫米或微米级，对采用激光打标技术制作的标记进行仿造和更改都非常困难，对产品的防伪极为重要；同时，激光打标对材料的适应性较广，可以在多种材料的表面制作出非常精细的标记且耐久性非常好。

（1）激光的空间控制性和时间控制性很好，激光加工系统与计算机数控技术相结合可构成高效自动化加工设备；对加工对象的材质、形状、尺寸和加工环境的自由度都很大，特别适用于自动化加工和特殊曲面加工，并且加工方式灵活，既可以适应实验室式的单项设计的需要，也可以满足工业化大批量生产的要求。方便通过软件设计图形，更改标记内容，适应现代化高生产率、快节奏的要求。

（2）激光加工和传统的丝网印刷相比，没有污染源，是一种清洁的高环保加工技术。激光打标技术广泛应用于各行各业，为优质、高效、无污染和低成本的现代加工生产开辟了广阔的前景。

6. 激光清洗

激光清洗是一种新的清洗技术，激光清洗的原理是利用高强度、短脉冲激光与污染层之间的相互作用所导致的光物理反应。其物理原理可概括如下：

（1）表面附着物与基材对某一激光波长的吸收系数差异较大，激光器发射的光束被待处理表面上的污染层所吸收。

（2）大能量的吸收形成急剧膨胀的等离子体（高度电离的不稳定气体），产生冲击波。冲击波使污染层变成碎片并被剔除。

（3）光脉冲宽度必须足够短，以免被处理表面因热量的积累而破坏。

激光清洗具有无研磨、非接触、无热效应和适用于各种材质的清洗特点，被认为是最可靠、最有效的解决办法。同时，激光清洗可以解决采用传统清洗方式无法解决的问题。例如，对工件表面所黏附牢固的亚微米级的污染性颗粒，用常规的清洗办法不能够将它去除，而用纳米激光辐射工件表面进行清洗，效果非常明显。此外，由于激光对工件是无接触式清洗，对精密工件或其精细部位的清洗十分安全，可以确保其精度，因此激光清洗在清洗行业中独具优势。

7. 激光微细加工

近年来，由于激光光源性能的提高，激光微细加工技术得到了迅速发展，用于加工由各种金属、陶瓷、玻璃、半导体等材料制成的具有微米级尺寸的微型零件或装置，在激光技术应用方面具有举足轻重的作用，是一种极有前途的微细加工方法。常用的激光微细加工技术如下：

1）激光化学微细加工技术

由于激光对气相或液相物质具有良好的透光性，因此，强聚焦的紫外线或可见光的激光束能穿透稠密的、化学性质活泼的基材表面的气体或液体，并且有选择地对气体或液体进行激发。受激发的气体或液体与衬底进行微观的化学反应，从而进行刻蚀、沉积、掺杂等微细加工。激光化学微细加工是近年来发展起来的新技术，它通过对光刻掩模版的修复，以及对各种薄膜或基材进行局部沉积、刻蚀和掺杂，以实现对微结构的添加或去除等。激光化学微细加工适用于特殊形状微型机械的加工，如与微电路集成的印刷头、记录器等。

2）准分子激光直写微细加工

准分子激光器（Excimer Laser）的输出波长极短，聚焦光斑直径能达到微米级，与利用热效应的 CO_2 或 Nd：YAG 等激光束相比，准分子激光束基本属于冷光源，从而在微加工方面极具发展潜力。准分子激光直写（Laser Direct Writing）为微加工提供了一个新的发展方向。它将激光技术、CAD/CAM 技术、材料科学及微加工技术有机地结合起来，利用高分辨率的准分子激光束结合数控技术直接在硅片等基材上刻出微细图形，或直接加工出微结构。这种技术方法柔性程度高，生产周期短，生产成本有望大幅度降低，从而引起人们的广泛关注。与常用的化学刻蚀工艺相比，工序减少到原来的 1/7，生产成本降低到原来的 1/10 左右。

根据加工的具体方式不同，激光直写微加工可以分为激光直接刻蚀、气体辅助刻蚀、激光诱导化学气相沉积（LCVD）和表面处理（包括氧化、退火、掺杂）等。准分子激光直接刻蚀和气体辅助刻蚀是通过去除材料得到微结构的主要加工手段，在直写加工中占据非常重要的地位。

3）飞秒激光微细加工

飞秒激光脉冲具有极窄的脉冲宽度和极高的峰值功率及宽光谱的特性，广泛应用于物理学、化学、生物学、医学以及光通信等领域，并在这些领域产生了深远的影响，特别是与物质相互作用时呈现出强烈的非线性效应和多光子吸收机制，可以加工一些长脉冲激光无法作用的透明材料，飞秒脉冲作用时间极短，热效应非常小，因而可以大大提高加工精度。美国 Michigan 大学超快光学科技中心 Mourou 教授领导的研究小组，利用飞秒激光束聚焦后尺寸为 3μm 的光斑在金属薄膜上打出直径为 300nm、深度为 52nm 的微孔；德国汉诺威大学 Ostendorf 等在铜、铁等金属上烧蚀出宽度为 20～50μm 宽、深度为数十微米的凹槽；飞秒激光能够在透明材料内部进行微细加工，而且不损伤材料表面。

利用飞秒激光可以实现对光刻掩模版缺陷的修复，掩模版的制作是非常昂贵且很难做到无缺陷的。光刻掩模版典型的缺陷是在应该去除的地方残留多余的吸收材料，修复缺陷时必须保证基材及其邻近区域不被破坏。飞秒激光微细加工时，被加工材料的烧蚀阈值低于掩模版基材（玻璃）的烧蚀阈值，保证了掩模版被修复的同时基材不被破坏，并且空间分辨率非常高。通过飞秒激光微细加工技术可实现对光刻掩模版有效、快速的新型制造，还可实现微型过孔，提高电路互连封装水平。

飞秒激光微细加工用于精密制作新型特种医疗器械。当今医疗水平不断提高，医用材料种类越来越多，尤其是一些生物相容性和生物降解性的材料非常脆弱，用机械工具很难完成对该材料的结构精细加工，采用飞秒激光微细加工则可解决此问题。

飞秒激光微细加工用于无痛和无损伤医疗。飞秒激光的热影响很小，用它做手术刀不会损伤病灶周围的其他正常组织，对于各种医疗手术将是理想的选择。利用激光的吸收性还可以治疗龋齿，让患者几乎感觉不到疼痛；在细胞、分子生物学研究领域，在不损伤细胞的条件下，利用飞秒激光将 DNA（脱氧核糖核酸）导入细胞内的技术，对于疾病治疗具有重大意义。

近几年，飞秒激光微细加工作为一种高新技术产业发展尤为迅速，微型机械的出现进一步推动了激光微细加工的迅猛发展。例如，飞秒激光微细加工技术以其独特的低温处理和直接写入等优点广泛应用于半导体器件的制作中。欧盟、日本、美国等地区和国家都专门拨款竞相开展提高激光光束的功率和质量的研究工作，用于研究和开发与飞秒激光微细加工有关的技术。英国的 Exitech 公司、德国哥丁根的 Lambdaphysik 公司和法国的电子中继公司共同研究"用准分子激光的三维微细加工"项目。该三年期项目将采用准分子技术来演示由 SFIMODS 设计的复杂微加工技术，用于光学研究和生产，目的是达到全三维计算机辅助设计/计算机辅助制造的激光微细加工。美国国防部发展研究计划管理局制订了电子业用的准分子激光器进行微细加工的计划。欧洲的大量公司在几年前就开始制造工业应用激光器，包括微细加工的高功率激光器。

激光加工与传统技术相互渗透，相互结合，迅速促进一系列新技术、新工业部门的兴起，并广泛应用于国民经济各个领域，日益深入和广泛地影响人们的工作和生活。在人类通往更高层次文明时代的进程中，飞秒激光微细加工技术的作用和影响将与日俱增。

4.4　电子束加工

电子束加工（Electron Beam Machining，EBM）是近年来得到较快发展的特种加工技术，在精密微细加工方面，尤其是在微电子学领域中得到较多的应用。电子束加工主要用于打孔、焊接等热加工和电子束光刻化学加工。电子束加工也是近期发展起来的亚米加工和微米加工等主要微细加工技术之一。

4.4.1　电子束加工设备与加工原理

1. 加工设备

电子束加工设备的基本结构如图 4-66 所示，主要由电子枪系统、真空系统、控制系统和电源系统等组成。各种电子束加工设备视其用途不同而稍有差异，例如，在电子束精密微细加工中，电子枪还必须具备消像散器等。

1）电子枪系统

电子枪是获得电子束的装置，包括电子发射阴极、控制栅极和加速阳极等。阴极经过电流加热后发射电子，带负电荷的电子在高速飞向高电位阳极的过程中，经过加速阳极加速，又通过电磁透镜把电子聚焦成很小的束斑。电子枪系统结构示意如图 4-67 所示。

电子发射阴极一般用钨、钽、钨银合金或硼化物等材料制成，在加热状态下发射大量电子。小功率条件下，用钨或钽做成丝状阴极，如图 4-67（a）所示；大功率条件下，用钽做成块状阴极，如图 4-67（b）所示。控制栅极为中间有孔的圆筒形，其上施加较阴极为负的偏压，既能控制电子束的强弱，又有初步的聚焦作用。加速阳极通常接地，而阴极带有很高的负电压，因此能驱使电子加速。

2）真空系统

真空系统是为保证在电子束加工时空气压力达到 $1.33\times10^{-2}\sim1.33\times10^{-4}$ Pa 的真空度。因为在真空中电子才能高速运动，电子发射阴极不会在高温下被氧化，同时也防止加工表面和金属蒸气被氧化。为了消除电子束加工时金属蒸气对电子发射不稳定的影响，多采用开式真空系统，不断地抽出加工中产生的金属蒸气。真空系统一般由机械旋转泵和油扩散泵或涡轮分子泵两级组成，先用机械旋转泵粗抽到空气压力为 1.4～0.14Pa，然后由二级泵精抽至更高的真空度。

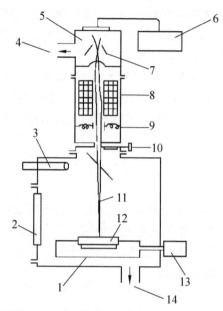

1—工作台系统；2—工件更换盖及观察窗；3—观察筒；4—抽气孔；

5—电子枪；6—加速电压；7—束流强度控制；8—束流聚焦控制；

9—束流位置控制；10—更换工件用截止阀；11—电子束；

12—工件；13—驱动电动机；14—抽气孔

图 4-66　电子束加工设备的基本结构示意

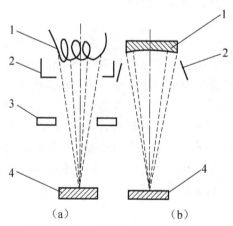

（a）　　　　　　　　（b）

1—电子发射阴极；2—控制栅极；3—加速阳极；4—工件

图 4-67　电子枪系统结构示意

3）控制系统与电源系统

电子束加工设备的控制系统包括束流聚焦控制系统、束流位置控制系统、束流强度控制系统及工作台位移控制等。

束流聚焦控制是为了提高电子束的能量密度，使电子束聚焦成很小的束流它决定加工点的孔径和线宽。聚焦方法有两种：一种是利用高压静电场使电子流聚焦成细束，另一种是利用"电磁透镜"依靠磁场聚焦，后一种比较安全可靠。所谓"电磁透镜"实际上是一个电磁线圈，通电后它产生的轴向磁场与电子束中心线平行，径向磁场则与中心线垂直。根据左手定则，电子束在前进中切割径向磁场时将产生圆周运动，而在圆周运动时在轴向磁场中又将产生径向运动，因此实际上每个电子的合成运动是一个半径越来越小的空间螺旋线而后聚焦交于一点。根据电子光学的原理，为了消除像差和获得更细的焦点，常需要进行第二次聚焦。

束流位置控制是为了改变电子束的方向，常用磁偏转来控制电子束交点的位置。束流强度控制是为了使电子流得到更大的运动速度，常在阴极上施加 50～150kV 的负高压。采用电子束加工时，为了避免热量扩散至工件上不须加工的部位，常使电子束作间歇性运动（脉冲延时为 1 微秒至数十微秒）。因此，加速电压也常是脉冲性的。

工作台位移控制是为了在加工过程中控制工作台的位置。因为电子束的偏转距离只能在数毫米之内，过大将增加像差和影响线性。因此，在大面积加工时需要用伺服电动机控制工作台的移动，并与电子束的偏转相配合。

电子束加工设备使用的电源系统提供稳压电源、各种控制电压及加速电压。

2. 加工原理

电子束加工是在真空条件下，利用聚焦后能量密度极高的电子束，以极高的速度（当加速电压为 50～150kV 时，电子速度可达 1.6×10^5 km/s）冲击工件表面的极小面积，在极短的时间（几分之一微秒）内，电子束能量的大部分转变为热能，使受冲击的工件部位的温度达到几千摄氏度以上，引起材料的局部熔化和气化，从而实现加工的目的。这种利用电子束热效应的加工称为电子束热加工。

此外，还可以利用电子束流的非热效应进行加工。其加工原理如下：功率密度较小的电子束流和电子胶（又称为电子抗蚀剂）相互作用，电能转化为化学能，产生辐射化学或物理效应，使电子胶的分子链被切断或重新组合而形成分子量变化的新物质，用于实现电子束曝光。这种方法与其他方法结合，可以实现材料表面微细槽及其他几何形状的刻蚀加工。

4.4.2　电子束加工主要应用领域

控制电子束能量密度的高低和能量注入时间，就可以达到不同的加工目的。例如，只使工件材料局部加热就可进行电子束热处理；使工件材料局部熔化就可进行电子束焊接；提高电子束能量密度，使材料熔化和气化，就可进行打孔、切割等加工。利用较低能量密度的电子束轰击高分子材料时所产生的变化原理（非热效应），可进行电子束光刻加工。图 4-68 所示为电子束加工的应用范围，下面就其主要加工应用加以说明。

1. 电子束高速打孔

电子束高速打孔已在航空航天、电子、纺织等工业中得到应用，目前最小加工直径约为 0.001mm。例如，喷气发动机套上的冷却孔、机翼吸附屏的孔，这些孔的密度不仅可连续变化，孔的数量达数百万个，而且有时还要改变孔径，最宜用电子束高速打孔。电子束高速打孔可在工件运动中进行，例如，在 0.01mm 厚的不锈钢上加工直径为 0.2mm 的孔，打孔速度为每秒 3000 个孔。要在玻璃纤维喷丝头上打 6000 个直径为 0.8mm、深度为 3mm 的孔，打孔速度必须为每秒 20 个孔。

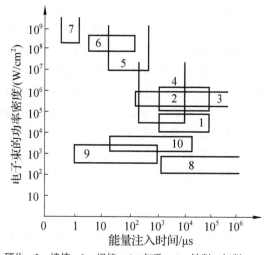

1—淬火硬化；2—熔炼；3—焊接；4—打孔；5—钻削、切削；6—刻蚀；
7—升华；8—塑料聚合；9—电子抗蚀剂；10—塑料打孔

图 4-68　电子束加工的应用范围

在人造革和塑料上用电子束打出大量微孔，可以使人造革和塑料具有如真皮革那样的透气性。现在已出现专用塑料打孔机，将电子枪发射的片状电子束分成数百条小电子束同时打孔，打孔速度可达每秒 50000 个孔，孔径可在 120～40μm 之间调节。

电子束高速打孔还能加工深孔，孔的深径比大于 10∶1。例如，在叶片上打深度为 5mm、直径为 0.4mm 的孔。

用电子束加工玻璃、陶瓷、宝石等脆性材料时，由于在加工部位的周围存在很大的温差，容易引起材料变形以致破裂，所以在加工前和加工中，需用电阻炉或电子束对工件材料进行预热。

2. 电子束切割加工

用电子束切割加工得到的复杂型面，其切口宽度为 6～3μm，边缘表面粗糙度 R_{max} 可控制在 0.5μm 左右。

图 4-69 所示为采用电子束切削加工的喷丝头异型孔截面。出丝口宽度为 0.03～0.07mm，长度为 0.80mm，喷丝板厚度为 0.6mm。为了使人造纤维具有光泽、松软有弹性、透气性好，喷丝头的异型孔都是特殊形状的。

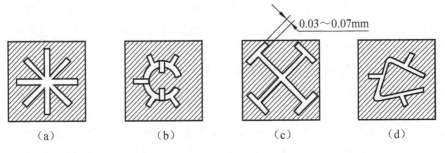

（a）　　　　　　（b）　　　　　　（c）　　　　　　（d）

图 4-69　采用电子束切割加工的喷丝头异型孔截面

造纸化工过滤设备中的钢板上的小孔为锥孔（上小下大），这样可防止堵塞，并便于反冲清洗。用电子束在 1mm 厚的不锈钢板上打直径为 0.13mm 的锥孔，每秒可打 400 个孔；在 3mm 厚的不锈钢板上打直径为 1mm 锥形孔，每秒可打 20 个孔。

燃烧室混气板及某些透平叶片需要大量的不同方向的斜孔，使叶片容易散热，从而提高发动机的输出功率。例如，要在某种叶片上打斜孔 30000 个，使用电子束加工就很容易实现，而且成本低。目前，对燃气轮机上的叶片、混气板和蜂房消音器 3 个重要部件，用电子束高速打孔代替电火花打孔。

3. 电子束焊接

电子束焊接是利用电子束作为热源的一种焊接工艺，它的原理是利用高能量密度的电子束轰击焊件表面，使焊件接头处的金属熔融；在电子束连续不断的轰击下，形成一个被熔融金属环绕着的毛细管状的蒸气管；如果焊件按一定速度沿着焊件接缝与电子束作相对移动，那么接缝上的蒸气管由于电子束的离开而重新凝固，使焊件形成一条焊缝。

由于电子束的能量密度高，焊接速度快，因此电子束焊接的焊缝深而窄，焊件的热影响区域面积小，变形量小。电子束焊接一般不用焊条，焊接过程在真空中进行；焊缝化学成分纯净，焊接接头的强度往往高于母材。

电子束焊接可以用来焊接难熔金属，如钽、铌、钼等，也可焊接钛、锆、铀等化学性能活泼的金属。对于普通碳钢、不锈钢、合金钢、铜、铝等各种金属，也能用电子束焊接。它可焊接很薄的工件，也可焊接几百毫米厚的工件。

电子束焊接还能焊接一般焊接方法难以完成的异种金属焊接，如铜和不锈钢的焊接，钢和硬质合金的焊接，铬、镍和钼的焊接等。

电子束焊接对焊件的热影响小、变形量小，因此可以在工件精加工后进行焊接。又由于它能够实现异种金属焊接，因此就有可能将复杂的工件分成几个零件，这些零件可以单独地使用最合适的材料，采用合适的方法来加工制造，最后利用电子束焊接成一个完整的工件，从而可以获得理想的技术性能和显著的经济效益。一台多工位的齿轮专用电子束焊接机，每小时可以连续焊接300～600套齿轮。

4. 电子束热处理

电子束热处理利用电子束作为热源，通过控制电子束的功率密度大小，使金属表面加热到相变温度，从而达到热处理的目的。电子束热处理的加热速度和冷却速度都很高，在相变过程中，奥氏体化时间很短，只有几分之一甚至千分之一秒。因奥氏体晶粒没有充足的时间长大而获得超细晶粒组织，硬度显著提高。

与激光表面强化相比，电子束的电热转换效率达到90%，而激光的电热转换效率低于30%。电子束热处理在真空下进行，能防止氧化，效果好。利用电子束加热金属表面使之熔化后，在熔化区域内添加有益元素，也可实现表面合金化过程，获得具有更好的物理化学性能的新合金层。研究表明，铝、钛等合金均可以进行合金化过程，使其耐磨性能大大提高。

5. 电子束光刻

电子束光刻是指先利用低功率密度的电子束照射电子抗蚀剂（一种高分子材料），入射电子与高分子碰撞，使高分子的链被切断或重新聚合而引起相对分子质量的变化，这一步骤称为电子束曝光，如图4-70（a）所示。如果按规定图形进行电子束曝光，就会在电子抗蚀剂中留下潜像。然后，将它浸入适当的溶剂中。由于相对分子质量不同而溶解度不一样，因此会使潜像显出来，如图4-70（b）所示。将电子束光刻与蒸镀或离子束刻蚀工艺结合，如图4-70（c）和图4-70（d）所示，就能在金属上的电子抗蚀剂层或材料表面上制作出图形，如图4-70（e）和图4-70（f）所示。

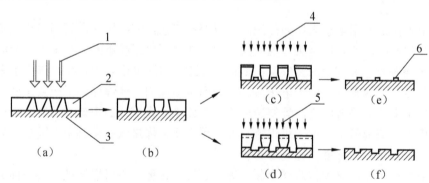

（a）电子束曝光；（b）显影；（c）蒸镀；（d）离子束刻蚀；（e）和（f）为去除电子抗蚀剂后留下的图形
1—电子束；2—电子抗蚀剂；3—基板；4—金属蒸气；5—离子束；6—金属

图4-70　电子束光刻加工过程

由于可见光的波长大于0.4μm，因此曝光的分辨率较难小于1μm，用电子束光刻曝光最佳可达到0.25μm的线条宽度的图形分辨率。

电子束曝光可以用电子束扫描，即将聚焦到小于1um的电子束斑在0.55mm的范围内按程序扫描，可制作出任意图形。还可使电子束先通过原版（这种原版是用别的方法制成的比加工目标的图形大几倍的基板作为电子束面曝光时的掩模版），再以 1/5～1/10 的比例缩小投影到电子抗蚀剂上进行大规模集成电路图形的曝光。它可以在几平方毫米的硅片上安插 10 万个晶体管或类似的元件。电子束光刻法对生产光刻掩模版的意义重大，可以制作出纳米级尺寸的任意图形。

4.4.3　电子束加工的特点

和其他热作用特种加工方法相比，电子束加工有以下优点：

（1）加工面积可以很小。电子束加工可以将高能电子束聚焦在极其细微的范围内，电子束最小直径可达到 0.1μm，是一种精密微细的加工方法。

（2）功率密度高，生产率高。由于电子束作用在极其微小的面积上，因此热影响区域面积非常小，再加上作用过程中不会产生机械力，对工件形状的影响可以降到最低，可以得到很好的表面质量。同时，电子束加工是非接触式加工，不会像刀具切削那样损耗工具。比如，每秒可以在 2.5mm 厚的钢板上钻出 50 个直径为 0.4mm 的孔。

（3）材料适应性广。原则上各种材料均可加工，特别适用于加工特硬、难熔金属和非金属材料。

（4）可以通过电场或磁场对电子束的强度、位置、聚焦等直接进行控制，易于实现自动化。电子束加工也有一定的局限性，其应用受到一定限制。

① 真空环境加工。整个加工系统在真空中加工，无氧化，特别适合于加工高纯度半导体材料和易氧化的金属及合金。

② 设备昂贵。电子束加工需要一套价格非常昂贵的专用设备，加工中心成本极高，真空环境也给实际操作带来诸多不便。

习　题

4-1　电火花加工时的自动进给系统与车削、钻削、磨削时的自动进给系统相比，在原理和本质上有何不同？为什么会引起这种不同？

4-2　电火花加工时，什么是间隙-蚀除特性曲线？粗加工、中精（也称为半精）加工和精加工时，间隙-蚀除特性曲线有何不同？脉冲电源的空载电压不一样时（如 80V、100V、300V 三种不同的空载电压），间隙-蚀除特性曲线有何不同？试定性、半定量地作图分析。

4-3　什么是电火花加工的极性效应？试分析脉冲宽度的大小变化对极性效应的影响规律。为减小电极损耗，采用什么电规准较好？

4-4　电火花放电间隙状态检测的原理是什么？为什么不能采用直接测量放电间隙的办法获得放电间隙数据？放电间隙检测状态如何反馈给执行元件？

4-5　今拟用电火花线切割加工有 8 个直齿的爪牙离合器，试画出其工艺示意图并编制出相应的线切割 3B 程序。

4-6 电火花线切割加工中的加工极性如何确定？依据是什么？

4-7 请分别编制如图 4-71 所示的电火花线切割加工 3B 代码，已知电火花线切割加工用的电极丝直径为 0.18mm，单边放电间隙为 0.01mm，O 点为穿丝孔，加工方向为 O—A—B—O。

4-8 图 4-72 所示为某零件图（其中尺寸单位为 mm），AB 和 AD 为设计基准，圆孔 E 已经加工好，现用电火花线切割加工圆孔瓦，假设穿丝孔已经钻好，请说明将电极丝定位于待加工圆孔中心的方法。

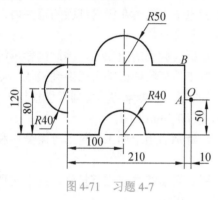

图 4-71 习题 4-7

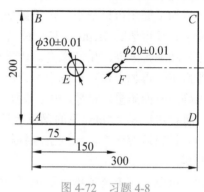

图 4-72 习题 4-8

4-9 如何在电火花线切割机床上切割加工出螺旋面零件？

4-10 试简述激光加工的能量转换过程，即如何从电能转换为光能再转换为热能蚀除材料的。

4-11 从激光产生的原理来思考、分析，激光是如何被逐步应用于精密测量、加工、表面热处理的？包括应用于激光信息存储、激光通信、激光电视、激光计算机等技术领域。这些应用的共同技术基础是什么？可以从中获得哪些启迪？

4-12 电子束加工和激光加工相比，各自的适用范围如何？两者各有什么优缺点？

4-13 电子束和激光束相比，哪种束流和对应的加工工艺能聚焦到更细？最细的焦点直径大约是多少？

思政素材

■ **主题：** 举一反三、精益求精、工匠精神、逆向思维、环保意识

电火花加工方法的发明者——拉扎连柯夫妇

拉扎连柯生于 1910 年。从 1929 年起他在顿巴斯冶金工厂当锻工，1931—1936 年，他成为莫斯科国立罗蒙诺索夫大学的学生，1935 年，在一家电工技术研究所开始研究工作，

毕业论文的题目是《电器触头材料损坏的原因及其防止》。经过认真研究，他打破了传统的观念，创新性地提出，电火花加工对被加工材料造成的瞬时局部的熔化和气化腐蚀这一有害现象是客观存在的，可减轻而无法消除，但可以创造条件，把电能用于蚀除金属，把电火花加工的不利变为有利，这就是现在的电火花加工方法。1943年，拉扎连柯同妻子一起获得了"导电材料电火花加工方法"的发明证书。在这一新的加工方法中，切削过程已不再是机械式的，而是利用电能的过程。

拉扎连柯在1958年写道："我们的实践表明，在这种情况下，如果研究者能够（即使是暂时的）摆脱多年积累起来的对这一现象的'责难'，并对这一现象表现出的所有形式加以仔细的研究，那么，他必将能够发现其有益的方面。这些有益的方面在以前之所以没有被发现，是因为一些研究者在研究这一现象时采取了形式主义、先入为主的态度所致。实践表明，通常这种'恢复了名誉'的现象不仅可以百倍地减轻研究者的工作量，而且能使科学技术呈跃进式发展，以前使这一现象被认为有害的方面在该范围内得以全部消失。"毫无疑问，这种辩证的观点和善于"向大自然发问和听取大自然的回答"的技巧是许多发明得以成功的诀窍。

——摘自以下资料：

刘晋春，梁春宜. 让电火花的光芒在中国大地上更加灿烂辉煌[J]. 电加工与模具, 2010, 5: 76.

拓展知识

[1] 电火花加工发展史，见https://www.peakedm.com/WhatIsEDM.html

[2] 激光加工发展史，见https://www.photonics.com/Articles/A_History_of_the_Laser_1960_-_2019/a42279

[3] 程亚. 超快激光微纳加工：原理、技术与应用[M]. 北京: 科学出版社, 2022.

[4] 邱建荣. 飞秒激光加工技术——基础与应用[M]. 北京: 科学出版社, 2019.

典型案例

本章的典型案例为使用飞秒激光加工方法获得的血管支架，如图4-73所示。

■ **应用背景：** 相关数据显示，平均30s就有1个患者要用到血管支架。血管支架的作用原理：在血管管腔球囊扩张成形的基础上，在狭窄闭塞段血管内植入支架，以支撑狭窄闭塞段血管，避免血管弹性回缩及再塑形，从而保持管腔中的血流通畅。目前，血管支架已被广泛应用冠状动脉、颅内动脉、颈动脉、肾动脉和股动脉等血管疾病的治疗中。

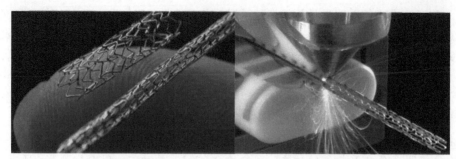

（a）血管支架实物　　　　　　（b）飞秒激光加工过程中的血管支架

图 4-73　使用飞秒激光加工方法获得的血管支架

- **加工要求：** 血管支架通常由直径为 2～6 mm、壁厚为 0.1～0.2 mm 的细小管状弹簧网组成，质量不足万分之一克。加工时要求内径加工精度达到 0.005 mm，表面粗糙度在 0.04mm 以下，断面无毛刺，表面光洁平滑，无热损，不会产生烧蚀，切割精度高且筋宽均匀。

- **加工方法选择分析：** 由于血管支架要被植入人体，在使用特性和安全性上有极为苛刻的条件，如灵活性、抗血栓、生物相容性、支撑力等方面的要求。采用精密电铸加工方法时，适用材料种类受限，因为该方法不能用于加工高熔点的金属和生物可降解聚合物[如聚左旋乳酸（PLLA）、聚乳酸（PLA）]。心脏支架体型小，壁管极薄，若采用普通激光加工方法，则会导致心脏支架毛刺多、切槽宽度不统一等问题，这样制作出来的心脏支架不符合使用条件。特别是生物可吸收支架采用可降解高分子材料，由于该材料在熔融加工时容易热降解，还存在光吸收率低、易炭化等问题，因此普通激光的"热"加工难以承担此任务。飞秒激光的脉宽很窄，用较低的脉冲能量就可以获得极高的峰值功率（脉冲能量/脉宽），优势显著，通过调试工艺参量，能够对可降解材料的切边实现光滑无炭化的"冷"加工效果，完美地解决以上问题。飞秒激光加工是目前最理想的血管支架加工方法。

- **加工效果：** 飞秒激光的短脉冲产生强电场，可消除材料切点附近的自由电子，使带正电荷的材料同性相斥，失去分子间的作用力，从而通过这种"分子消除"的方式完成材料的去除。采用飞秒激光加工方法加工的心脏支架断面无毛刺，表面光洁平滑，无热损，无炭化，切割精度高且筋宽均匀。

第 5 章　电化学作用特种加工技术

本章重点

（1）电化学加工基本原理和特点。
（2）电解加工的基本规律、特点和应用场合。
（3）电沉积加工的原理、特点与应用场合。

电化学加工（Electrochemical Machining，ECM）是利用电化学理论与方法对工件进行加工的。它包括从工件上去除金属材料的电解蚀除加工（如电解加工、电解-抛光等）和向工件上沉积金属的电沉积加工（如电铸、电镀、涂敷等）两大类。虽然电化学加工的基本理论在 19 世纪末已经建立，但直到 20 世纪 50 年代以后，它才真正在工业上得到大规模应用。目前，电化学加工已经成为包括国防工业在内的工业生产中不可缺少的加工手段。

5.1　概　　述

5.1.1　基本原理

用两个铜片（Cu）作为电极，连接上大约 12V 的直流电源，同时将电极浸入含铜离子的电解质溶液中，例如，浸入氯化铜（$CuCl_2$）的水溶液，形成如图 5-1 所示的电解回路，此时水（H_2O）离解为氢氧根离子（OH^-）和氢离子（H^+），$CuCl_2$ 离解为氯离子（Cl^-）和二价铜离子（Cu^{2+}）。当两个铜片分别连接直流电源的阴阳两极时，即形成导电通路，导线和溶液中均有电流通过，在金属片（电极）和溶液的界面上，就会出现电子的得失现象，即发生电化学反应。溶液中的离子就按照规定的方向进行移动，Cu^{2+} 向阴极移动，在阴极上得到电子而进行还原反应，析出铜，沉积在阴极 Cu 金属上，使阴极不断增厚增重。在阳极表面 Cu 原子失去电子而成为 Cu^{2+} 进入溶液中，阳极发生溶解，使阳极不断减薄减轻。溶液中正、负离子的定向移动称为电荷的定向移动。在阴、阳电极表面发生电

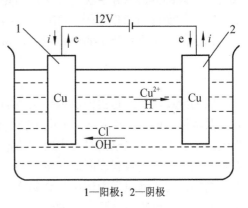

1—阳极；2—阴极

图 5-1　电解回路

子得失的化学反应称之为电化学反应。利用电化学反应原理对金属进行加工的方法即电化学加工（图 5-1 中阳极一侧为电解蚀除，阴极一侧为电化学沉积）。其实任何两种不同的金属放入导电的水溶液中，在合适电场的作用下都会有类似情况发生。把阳极金属原子失去电子（广义上称为氧化作用）变成离子进入溶液而使阳极溶解、蚀除的过程，称为电解加工；而把阴极附近的金属离子得到电子（广义上称为还原作用）还原成为原子沉积到阴极表面的过程，称为电沉积加工。与电化学加工过程密切相关的基本概念有电解质溶液、电极电位、电极极化、钝化、活化等。

5.1.2 基本概念

1. 电解质溶液

凡溶于水后能导电的物质称为电解质，如盐酸（HCl）、硫酸（H_2SO_4）、氢氧化钠（NaOH）氢氧化铵（NH_4OH）、氯化钠（NaCl）、硝酸钠（$NaNO_3$）、氯酸钠（$NaClO_3$）等酸碱盐都是电解质。电解质与水形成的溶液为电解质溶液（简称电解液），电解液中所含电解质的质量（单位：g）与溶液质量（单位：g）的百分比即电解液的质量百分浓度，目前较常用的质量摩尔浓度指每千克溶液所含的电解质的量（单位：mol）。

由于水分子是极性分子，可以和其他带电粒子发生微观静电作用。例如，NaCl 是一种电解质、结晶体。组成 NaCl 晶体的粒子不是分子而是相间排列的 Na^+ 离子和 Cl^- 离子，称为离子型晶体。把它放在水里，就会发生电离。这种现象使 Na^+ 和 Cl^- 离子之间的静电作用减弱，大约只有原来静电作用的 1/80。因此，Na^+、Cl^- 离子一个个、一层层地被水分子拉入溶液中。在这种电解质水溶液中，每个钠离子和每个氯离子周围均吸引着一些水分子，称为水化离子，这个过程称为电解质的电离，其电离方程式简写为

$$NaCl \rightarrow Na^+ + Cl^-$$

NaCl 在水中能 100%电离，称为强电解质。强酸、强碱和大多数盐类都是强电解质，它们在水中都完全电离。弱电解质如（NH_3）、醋酸（CH_3COOH）等在水中仅小部分电离成离子，大部分仍以分子状态存在，虽是弱电解质，但它本身也能微弱地离解为正的氢离子（H^+）和负的氢氧根离子（OH^-），导电能力都很弱。

由于溶液中正负离子的电荷相等，所以整个溶液仍保持电的中性。

2. 电极电位

因为金属离子都是由内层为带正电的金属阳离子组成，即使没有外接电源，当金属和它的盐溶液接触时，经常发生把电子交给溶液中的离子，或从后者得到电子的现象。这样，当金属上有多余的电子而带负电时，溶液中靠近金属表面很薄的一层则有多余的金属离子而带正电。随着由金属表面进入溶液的金属离子数目增加，金属上负电荷增加，溶液中正电荷增加，由于静电引力作用，金属离子的溶解速度逐渐减慢，与此同时，溶液中的金属离子亦有沉积到金属表面上去的趋向，随着金属表面负电荷增多，溶液中金属离子返回金属表面的速度逐渐增大。最后这两种相反的过程达到动态平衡。对化学性能比较活泼的金

属（如铁），其表面带负电，溶液带正电，形成一层极薄的双电层，如图 5-2（a）所示，金属越活泼，这种倾向越大。

若金属离子在金属上的能级比在溶液中的低，即金属离子存在于金属晶体中比在溶液中更稳定，则金属表面带正电，靠近金属表面的溶液薄层带负电，也形成了双电层，如图 5-2（b）所示。金属越不活泼，则此种倾向越大。

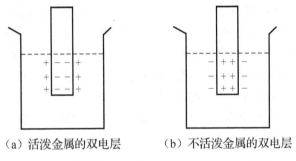

（a）活泼金属的双电层　　　（b）不活泼金属的双电层

图 5-2　活泼金属的双电层和不活泼金属的双电层

在给定溶液中建立起来的双电层，除了受静电作用，由于离子的热运动，使双电层的离子层获得了分散的构造，如图 5-3 所示。只有在界面上极薄的一层具有较大的电位差 U_a。

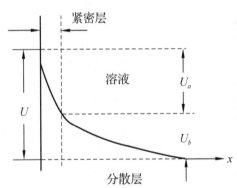

U—金属与溶液间双电层的电位差；U_a—双电层中紧密层的电位差；U_b—双电层中分散层的电位差

图 5-3　双电层的电位分布

由于双电层的存在，在正、负电层之间，也就是金属和电解液之间形成电位差。产生在金属和它的盐溶液之间的电位差称为金属的电极电位，因为它是金属在本身盐溶液中的溶解和沉积相平衡时的电位差，所以又称为平衡电极电位。

到目前为止，金属和其盐溶液之间双电层的电位差还不能直接测定，但是可用"盐桥"的办法测出两种不同电极间的电位差，生产实践中规定采用一种电极做标准和其他电极比较得出相对值，称为标准电极电位。通常采用标准氢电极为基准，人为地规定它的电极电位为零。表 5-1 为一些元素的标准电极电位，即在 25℃时把金属放在此金属离子的有效质量分数为 1g/L 的溶液中，此金属的电极电位与标准氢电极的电极电位之差，用 U^0 表示。

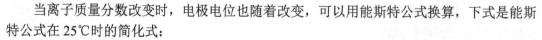

当离子质量分数改变时，电极电位也随着改变，可以用能斯特公式换算，下式是能斯特公式在25℃时的简化式：

$$U' = U^0 \pm (0.059 / n) \ \lg a \qquad (5-1)$$

式中，U' 为平衡电极电位差（V）；U^0 为标准电极电位差（V）；n 为电极反应得失电子数，即离子价数；a 为离子的有效质量分数。

式 5-1 中 "+" 用于计算金属；"−" 用于计算非金属的电极电位。

双电层不仅在金属本身离子溶液中产生，当金属进入其他任何电解液中也会产生双电层和电位差。用任何两种金属（如 Fe 和 Cu）插入相同的电解液（如 NaCl）中时，该两种金属表面分别与电解液形成双电层，两个金属电极之间存在一定的电位差，其中较活泼的金属 Fe 的电位比不活泼的金属 Cu 更负。若两个金属电极之间没有导线接通，两个电极上的双电层均处于可逆的平衡状态。当两个金属电极之间有导线接通时，即有电流流过，这时导线上的电子由铁电极流向铜电极，使铁原子成为铁离子而继续溶于电解液。

表 5-1　一些元素的标准电极电位（25℃）

元素氧化态/还原态	电极反应	电极电位/V
Li^+/Li	$Li^+ + e \rightleftharpoons Li$	−3.01
Rb^+/Rb	$Rb^+ + e \rightleftharpoons Rb$	−2.98
K^+/K	$K^+ + e \rightleftharpoons K$	−2.925
Ca^{2+}/Ca	$Ca^{2+} + 2e \rightleftharpoons Ca$	−2.84
Na^+/Na	$Na^+ + e \rightleftharpoons Na$	−2.713
Mg^{2+}/Mg	$Mg^{2+} + 2e \rightleftharpoons Mg$	−2.38
Ti^{2+}/Ti	$Ti^{2+} + 2e \rightleftharpoons Ti$	−1.75
Al^{3+}/Al	$Al^{3+} + 3e \rightleftharpoons Al$	−1.66
Mn^{2+}/Mn	$Mn^{2+} + 2e \rightleftharpoons Mn$	−1.05
Zn^{2+}/Zn	$Zn^{2+} + 2e \rightleftharpoons Zn$	−0.763
Cr^{3+}/Cr	$Cr^{3+} + 3e \rightleftharpoons Cr$	−0.71
Fe^{2+}/Fe	$Fe^{2+} + 2e \rightleftharpoons Fe$	−0.44
Co^{2+}/Co	$Co^{2+} + 2e \rightleftharpoons Co$	−0.27
Ni^{2+}/Ni	$Ni^{2+} + 2e \rightleftharpoons Ni$	−0.23
Sn^{2+}/Sn	$Sn^{2+} + 2e \rightleftharpoons Sn$	−0.140
Fe^{3+}/Fe	$Fe^{3+} + 3e \rightleftharpoons Fe$	−0.036
H^+/H	$2H^+ + 2e \rightleftharpoons H_2$	0
S/S^{2-}	$S + 2H^+ + 2e \rightleftharpoons H_2S$	+0.141
Cu^{2+}/Cu	$Cu^{2+} + 2e \rightleftharpoons Cu$	+0.34
O_2/OH^-	$H_2O + 1/2O_2 + 2e \rightleftharpoons 2OH^-$	+0.401
Cu^+/Cu	$Cu^+ + e \rightleftharpoons Cu$	+0.522
Fe^{3+}/Fe^{2+}	$Fe^{3+} + e \rightleftharpoons Fe^{2+}$	+0.771
Ag^+/Ag	$Ag^+ + e \rightleftharpoons Ag$	+0.7996
Cl_2/Cl^-	$Cl_2 + 2e \rightleftharpoons 2Cl^-$	+1.3583

根据这个原理，电化学加工时，利用外加电场促进上述电子移动过程的加剧，同时也促使铁离子溶解速度的加快。在未接通电源前，电解液内的阴、阳离子基本上是均匀分布的；通电以后，在外加电场的作用下，电解液中带正电荷的阳离子向阴极方向移动，带负电荷的阴离子向阳极方向移动，外电源不断从阳极上带走电子，加速了阳极金属的正离子迅速溶于电解液而被腐蚀；外电源同时向阴极迅速供应电子，加速阴极反应。

3. 电极的极化

平衡电极电位是没有电流通过电极时的情况，当有电流通过时，电极的平衡状态遭到破坏，阳极的电极电位向代数值增大的方向移动、阴极的电极电位向代数值减小的方向移动，这种现象称为电极的极化，电极的极化曲线如图 5-4 所示。极化后的电极电位与平衡电位的差值称为超电位，随着电流密度的增加，超电位也增加。

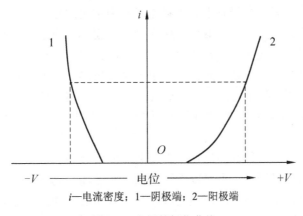

i—电流密度；1—阴极端；2—阳极端

图 5-4　电极的极化曲线

电解加工时在阳极和阴极都存在着离子的扩散、迁移和电化学反应两种过程。在电极过程中由离子的扩散、迁移步骤缓慢而引起的电极极化称为浓差极化，由于电化学反应缓慢而引起的电极极化称为电化学极化。

1）浓差极化

在阳极上，金属不断溶解的条件之一是生成的金属离子需要越过双电层，再向外迁移并扩散。然而，扩散与迁移的速度是有一定限度的。在外电场的作用下，如果阳极表面液层中金属离子的扩散与迁移速度较慢，来不及扩散到溶液中去，使阳极表面造成金属离子堆积，引起了电位值增大，这就是浓差极化。

在阴极，由于水化氢离子的移动速度很快，一般情况下，氢的浓差极化是很小的。

凡能加速电极表面离子的扩散与迁移速度的措施，都能使浓差极化减小，例如提高电解液流速以增强其搅拌作用，升高电解液温度等。

2）电化学极化

电化学极化主要发生在阴极上，从电源流入的电子来不及转移给电解液中的 H^+ 离子，因而在阴极上积累过多的电子，使阴极电位向代数值减小方向移动，从而形成了电化学极化。

在阳极上，金属溶解过程的电化学极化一般是很小的，但当阳极上发生析氧反应时，就会产生相当严重的电化学极化。

电解液的流速对电化学极化几乎没有影响，而仅仅取决于反应本身，即取决于电极材料和电解液成分。此外，还与温度、电流密度有关。温度升高，反应速度加快，电化学极化减小。电流密度越高，电化学极化也越严重。

4. 金属的钝化与活化

在电解加工过程中还有一种叫钝化的现象，它使金属阳极溶解过程的超电位升高，使电解速度减慢。例如，铁基合金在硝酸钠（$NaNO_3$）电解液中电解时，电流密度增加到一定值后，铁的溶解速度在大电流密度下维持一段时间后反而急剧下降，使铁成为稳定状态不再溶解。电解过程中的这种现象称阳极钝化（简称钝化）。

关于钝化产生的原因至今仍有不同的看法，其中主要的理论是成相膜理论和吸附理论两种。成相膜理论认为，金属与溶液作用后在金属表面上形成了一层紧密的极薄的膜，通常是由氧化物、氢氧化物或盐组成，从而使金属表面失去了原来具有的活泼性质，使溶解过程减慢。吸附理论则认为，金属的钝化是由于金属表层形成了氧的吸附层引起的。事实上两者兼有，但在不同条件下可能以某一原因为主。对不锈钢钝化膜的研究表明，合金表面的大部分覆盖着薄而紧密的膜，在膜的下面及其空隙中，则牢固地吸附着氧原子或氧离子。

使金属钝化膜破坏的过程称为活化，引起活化的因素很多，如加热电解液、通以还原性气体或加入某些活性离子等，也可以采用机械办法破坏钝化膜。

把电解液加热可以引起活化，但温度过高会带来新的问题，如电解液的过快蒸发，绝缘材料的膨胀、软化和损坏等，因此只能在一定温度范围内使用。使金属活化的多种手段中，以氯离子（Cl^-）的作用最明显。Cl^-具有很强的活化能力，这是由于Cl^-对大多数金属亲和力比氧大，Cl^-吸附在电极上使钝化膜中的氧排出，从而使金属表面活化。因此，电解加工中常采用$NaCl$电解液，以提高生产率。

5.1.3 分类与特点

电化学加工分为三大类——阳极溶解加工、阴极电沉积加工和复合加工。阳极溶解加工又因方法的不同而可分为电解加工、电解扩孔、电解-抛光、电解去毛刺等。阴极电沉积加工又因工艺目的的不同而分为电镀、电铸、电刷镀、复合电镀等。复合加工主要是利用阳极溶解作用与其他作用（如机械作用、电弧热作用等）的复合作用进行加工。电化学加工的分类见表 5-2。

电化学加工也是非接触式加工，工具电极和工件之间存在着工作液（电解液），加工过程无宏观切削力，为无应力加工，正常加工时的温度一般比较低，属于低温加工范畴。

电解加工原理虽与切削加工类似，但也是"减材"加工，即从工件表面去除多余的材料，但与之不同的是，电解加工可用软的工具材料加工硬韧的工件，达到"以柔克刚"的目的。由于电化学作用是按原子、分子一层层进行的，因此可以控制极薄的去除层，进行微薄层加工或堆叠，同时可以获得较小的表面粗糙度。理论上，电化学加工具有纳米级尺度加工的潜能。

表 5-2　电化学加工的分类

类型与原理	加工方法	主要用途
阳极溶解加工	电解加工	零件成型加工，去毛刺
	电解-抛光	表面光整化
阴极电沉积加工	电铸	结构与零件成型，型材制备
	电镀	表面装饰与表面功能化
	电刷镀	表面加工与尺寸修复
	复合电镀	表面加工与复合材料制备
复合加工	电解-磨削、电解-珩磨	零件成型加工，表面光整加工
	电化学-机械复合研磨	表面光整与镜面加工
	电解-电火花复合加工	零件成型加工

电镀、电铸、复合镀加工为"增材"加工，向工件表面增加、堆积一层层的金属材料，也是按原子、分子逐层进行的，因此，可以精密复制复杂精细的花纹表面，而且通过改变工艺条件与参数，能比较容易地对电沉积层或电沉积件的形貌特征、组织结构、物理和化学性能进行合理调控。

5.2　电解加工

电解加工（Electrochemical Machining，ECM）是继电火花加工之后发展较快、应用较广泛的一种特种加工方法之一。目前在国内外成功地应用于枪炮、航空发动机、火箭等的制造业，在汽车、拖拉机、采矿机械的模具制造中也得到了应用。因此，在机械制造业中，电解加工已成为一种不可缺少的工艺，并且在某些零件的加工中，它有无可替代的地位。

5.2.1　加工过程及工艺特点

1. 加工过程

电解加工是利用金属在电解液中的电化学阳极溶解作用而将工件加工成型的。在工业生产中，最早应用这一电化学腐蚀作用抛光工件表面。不过，在抛光时，由于工件和工具电极之间的距离较大（100mm 以上）以及电解液一般静止不动等一系列原因，只能对工件表面进行普遍的腐蚀和抛光，不能有选择地腐蚀成所需的零件形状与大小。

图 5-5 为电解加工成型表面过程的示意。加工时，工件接直流电源的正极，工具接电源的负极。工具向工件缓慢进给，使两个电极保持较小间隙（0.1～1mm），具有一定压力

（0.5～2MPa）的电解液从间隙中流过，这时，阳极工件的金属被逐渐电解腐蚀，电解产物被高速（5～50m/s）流动的电解液带走。

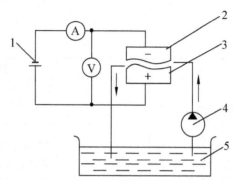

1—直流电源；2—工具阴极；3—工件阳极；4—电解液泵；5—电解液

图 5-5　电解加工成型表面过程示意

电解加工成型原理示意如图 5-6 所示，图中的细竖线表示通过阴极（工具）与阳极（工件）间的电流线，竖线的疏密程度表示电流密度的大小。在加工刚开始时，阴极与阳极距离较近的地方通过的电流密度较大，电解液的流速也较高，阳极溶解速度也就较快，如图 5-6（a）所示。由于工具相对工件不断进给，工件表面就不断被电解，电解产物不断被电解液带走，直至工件表面形成与阴极工作面基本相似的形状为止，如图 5-6（b）所示。

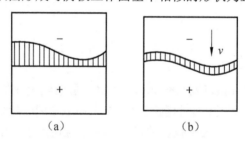

（a）　　　　　　　　（b）

图 5-6　电解加工成型原理示意

2. 电极反应

电解加工时电极间的反应是非常复杂的，这主要是一般工件材料不是纯金属，而是多种金属元素的合金，其金相组织也不完全一致。所用的电解液往往也不是该金属盐的溶液，而且还可能含有多种成分。电解液的浓度、温度、压力及流速等对电极过程也有影响。下面以在 NaCl 溶液中电解加工铁基合金为例分析电极反应。

电解加工钢时，常用的电解液为质量分数为 14%～18%的 NaCl 水溶液，由于 NaCl 和水（H_2O）的离解，在电解液中存在着 H^+、OH^-、Na^+、Cl^- 四种离子，现在分别讨论其阳极、阴极反应。

1）阳极反应

阳极反应体现在阳极金属原子和在阳极一侧的带负电的离子会发生氧化反应，就可能性而言，分别列出阳极反应方程，按表 5-1 查出 U^0，并按照式（5-1）所示的能斯特公式计算出电极电位 U'，然后再分析阳极优先发生的反应。

（1）阳极表面每个铁原子在外加电源作用下失去两个或三个电子（分别称为正二价或正三价的铁离子）而溶解进入电解液中。可能进行的电极反应及相应标准电极电位为

$$Fe-2e \rightarrow Fe^{2+} \qquad U'=-0.59V$$

$$Fe-3e \rightarrow Fe^{3+} \qquad U'=-0.323V$$

（2）负的氢氧根离子失去电子而析出氧气。可能进行的电极反应及相应标准电极电位为

$$4OH^- - 4e \rightarrow O_2\uparrow + H_2O \qquad U'=0.867V$$

（3）负的氯离子失去电子析出氯气。可能进行的电极反应及相应标准电极电位为

$$2Cl^- - 2e \rightarrow Cl_2\uparrow \qquad U'=1.334V$$

根据电极反应过程的基本原理，电极电位最负的物质首先在阳极反应。因此，在阳极，首先是铁失去电子（称为二价铁离子 Fe^{2+}）而溶解，不大可能以三价铁离子 Fe^{3+} 的形式溶解，更不可能析出氧气和氯气。溶入电解液中的 Fe^{2+} 又与 OH^- 化合，生成 $Fe(OH)_2$，由于它在水溶液中的溶解度很小，故生成沉淀而离开反应系统，可能进行的电极反应为

$$Fe^{2+} + 2OH^- \rightarrow Fe(OH)_2\downarrow$$

$Fe(OH)_2$ 沉淀为墨绿色的絮状物，随着电解液的流动而被带走，$Fe(OH)_2$ 又逐渐被电解液中及空气中的氧气氧化为 $Fe(OH)_3$，可能进行的电极反应为

$$4Fe(OH)_2 + 2H_2O + O_2 \rightarrow 4Fe(OH)_3\downarrow$$

$Fe(OH)_3$ 为黄褐色沉淀（铁锈）。

2）阴极反应

阴极反应体现在阴极一侧的带正电的离子会发生还原反应，就可能性而言，分别列出阴极反应方程，按表 5-1 查出 U^0，并按照式（5-1）计算出电极电位 U'，然后再分析阴极优先发生的反应。

（1）正的氢离子被吸引到阴极表面从电源得到电子而析出氢气。可能进行的电极反应及相应标准电极电位为

$$2H^+ + 2e \rightarrow H_2\uparrow \qquad U'=-0.42V$$

（2）正的钠离子被吸引到阴极表面，得到电子而析出 Na。可能进行的电极反应及相应标准电极电位为

$$Na^+ + e \rightarrow Na\downarrow \qquad U'=-2.69V$$

按照电极反应的基本原理，电极电位最正的离子将首先在阴极反应。因此，在阴极上只能析出氢气，而不可能沉淀出钠原子。

由此可见，在电解加工过程中，在理想情况下，阳极铁不断以 Fe^{2+} 形式被溶解，水被分解消耗，因而电解液的浓度会逐渐变大。电解液中的氯离子和钠离子起导电作用，本身并不消耗，所以 NaCl 电解液的使用寿命长，只要过滤干净，适当添加水分就可长期使用。

用电解加工法加工合金钢时，若钢中各金属元素的平衡电极电位相差很大，则电解加工后的金属表面粗糙度值会变大。就碳钢而言，随着钢中含碳量的增加，电解加工表面粗

糙度值将变大。这是由于钢中存在 Fe_3C 相，其电极电位接近石墨的平衡电位（U=+0.37V）而很难电解，所以高碳钢、铸铁或经表面渗碳后的零件均不适合电解加工。

3. 工艺特点

与其他加工方法相比，电解加工具有如下特点：

（1）加工范围广。电解加工几乎可以加工所有的金属材料，并且不受材料的强度、硬度、韧性等机械、物理性能的限制，加工后材料的金相组织基本上不发生变化。它常用于加工硬质合金、高温合金、淬火钢、不锈钢等难加工材料。

（2）生产率高，且加工生产率不直接受加工精度和表面粗糙度的限制。电解加工能以简单的直线进给运动一次加工出复杂的型腔、型面和型孔，而且加工速度可以和电流密度成比例地增加。据统计，电解加工生产率约为电火花加工生产率的 5～10 倍，在某些情况下，甚至可以超过机械切削加工。

（3）加工质量好。可获得较好的表面粗糙度，对于一般中、高碳钢和合金钢，表面粗糙度 Ra 可稳定地达到 0.4～1.6μm，有些合金钢的表面粗糙度 Ra 可达到 0.1 μm。

（4）可用于加工薄壁和易变形零件。电解加工过程中工具和工件不接触，不存在机械切削力，不产生残余应力，也不发生变形，没有飞边或毛刺。

（5）工具阴极无损耗。在电解加工过程中工具阴极上仅仅析出氢气，而不发生溶解反应，所以没有损耗。只有在产生火花、短路等异常现象时才会导致阴极损伤。

电解加工也具有一定的局限性，主要表现为以下几方面：

（1）不易达到较高的加工精度和加工稳定性。电解加工的加工精度和稳定性取决于阴极的精度和电极间隙的控制。而阴极的设计、制造和修正都比较困难，阴极的精度难以保证。此外，影响电解加工中的电极间隙的因素很多，并且规律难以掌握，电极间隙的控制比较困难。目前，用它加工小孔和窄缝还比较困难。

（2）单件小批量生产的成本较高。由于阴极和夹具的设计、制造及修正困难，周期较长，因而单件小批量生产的成本较高。同时，电解加工所需的附属设备较多，占地面积较大，且机床需要足够的刚性和防腐蚀性能，造价较高。因此，批量越小，单件附加成本越高。

（3）有时需特别注意加工产物对环境的影响问题。电解加工时，有可能会产生某些可污染环境的物质，如 Cr^{6+} 离子，因此必须对废弃工作液进行无害化处理。此外，电解液及其蒸气还会对机床、电源等造成腐蚀，也需要防护。

由于电解加工的优点与缺点都比较明显，因此，如何正确选择与使用电解加工工艺一直是业界需慎重考虑的问题。对此，我国专家提出选用电解加工工艺的三原则，即适用于难加工材料的加工；适用于形状相对复杂的零件的加工；适用于批量大的零件的加工。一般认为，当上述三原则同时满足时，相对而言，选择电解加工工艺比较合理。

5.2.2 加工设备

电解加工设备主要包括由机床、电源、电解液系统等三大部分。

1．机床

在电解加工机床上要安装夹具、工件与阴极工具并使它们实现设定的相对运动，另外，电解加工机床还需传送电流和电解液。与一般金属切削机床相比，有一定的特殊性。这些特殊要求如下：

（1）机床的刚性。电解加工虽然没有机械切削力，但电解液有很高的压力。若加工面积较大，则对机床主轴、工作台就有很大的作用力。因此，要求电解加工机床的工具与工件系统必须有足够的刚性，以防由于机床零部件的变形过大，改变工具与工件的相互位置，甚至造成短路烧伤。

（2）进给速度的稳定性。如果进给速度不稳定，就难以控制电极间隙的均匀和稳定，无法使加工区域的电场、流场分布均匀、稳定。

（3）机床精度高。良好的机床精度，尤其是机械传动精度是提高电解加工精度的基础，同时利用人工控制或自动控制，可满足各种加工要求。

（4）防腐绝缘性能好。电解加工机床经常与有腐蚀性的电解液接触，所有外露的金属表面长期被电解液及其雾气所锈蚀，因此，必须采用耐腐蚀性的材料或采用隔离保护的方法，直流电源的正负两极除与工件和工具有良好的导电连接外，与机床其他部位应有可靠的绝缘。若有部分电流通过，再与电解液相接触，则会发生严重腐蚀。

（5）安全保护。电解加工过程中将产生大量氢气，如果不能迅速排除，就可能因火花短路等原因而引起氢气爆炸，必须采取相应的排氢防爆措施。此外，电解加工中也可能析出其他气体，如果采用混气电解加工，对从加工区域逸出的大量氢气，要及时排除并防止其扩散。对于一般电解加工机床应有密封的工作箱，以及必要的排气装置，这些劳动保护和安全生产措施都是必不可少的。

电解加工由于可以利用立体成型的阴极进行加工，从而大大简化了机床的成型运动机构。对于阴极固定式的专用加工机床，只需装夹固定好工件和工具的相互位置，引入直流电源和电解液即可，它实际上是一套夹具。移动式阴极电解加工机床用得比较多。这时一般工件固定不动，阴极作直线进给移动，只有少数零件如膛线加工，以及要求较高的筒形零件等，才需要旋转进给运动。

机床的形式主要有卧式和立式两类。卧式机床主要用于加工叶片、深孔及其他长筒形零件。立式机床主要用于加工模具、齿轮、型孔、短的花键及其他扁平零件。

电解加工机床目前大多采用机电传动方式，有的采用交流电动机经机械变速机构实现机械进给，它不能进行无级调速，在加工过程中也不能变速，一般用于产品比较固定的专用电解加工机床。目前大多数伺服电动机或直流电动机用无级调速进给系统，而且还容易实现自动控制。电解加工中所采用的进给速度都是比较低的，因此都需要有降速用的变速机构。由于降速比较大，故行星减速器、谐波减速器在电解加工机床中被更多地采用。为了保证进给系统的灵敏性，使低速进给时不发生爬行现象，广泛采用滚珠丝杠传动，用滚动导轨代替滑动导轨。

2. 电源

电解加工中常用的直流电源为硅整流电源及可控硅整流电源。硅整流电源中先用变压器把 380V 的交流电变为低电压的交流电，电压为 8～16V，电流为 10～1000A，而后用大功率硅二极管将交流电整流成直流。

为了能调节电压，最早依靠变压器次级绕组抽头，但这样只能分级跳跃地调节电压，而且不能在加工中调节，仅可用于功率较小，要求不高的场合。电解加工用直流电源，示意如图 5-7 所示。为了能无极调压，目前生产中采用的电源有以下 3 种功能：

（1）扼流式饱和电抗器调压。

（2）自饱和式电抗器调压。

（3）可控硅调压。

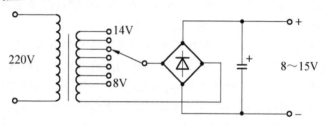

图 5-7　电解加工用直流电源示意

在硅整流电源中，饱和电抗器调压与可控硅调压相比，前者的电控器都是由电磁铁材料制成的，因此，坚固、抗振、耐潮、寿命长、运行可靠，这就使维护的工作量大大减少，此外，由于在负载电路和控制电路之间没有电联系，抗干扰性能好，这些都是其优点。但铜、铁用量多，质量和体积大，制造工艺复杂，这是其不可避免的缺点。

可控硅调压则比电抗器节省大量铜、铁材料，减小了电源的体积和质量，同时减小了电源的功率损耗。同时，可控硅是无惯性元件，控制速度快，灵敏度高，有利于进行自动控制以及火花和短路保护。其缺点是抗过载能力差，比较容易损坏。

为了进一步提高电解加工精度，生产中采用了脉冲电流电解加工，这时需采用脉冲电源。由于电解加工需要大电流，因而都采用可控硅脉冲电源。

3. 电解液及其循环系统

在电解加工过程中，电解液的主要作用如下：

（1）作为导电介质传递电流。

（2）在电场作用下进行电化学反应，使阳极溶解能顺利而可控制地进行。

（3）将电极间隙中产生的电解产物及热量及时带走，起到更新和冷却作用。

因此，正确选用电解液对保证电解加工的正常进行具有重要作用。

1）对电解液的基本要求

（1）具有足够的蚀除速度，即生产率要高。这就要求电解质在溶液中有较高的溶解度和离解度，具有很高的电导率。

（2）能获得较高的加工精度和表面质量。电解液中的金属阳离子不应在阴极上产生放电反应而沉积到阴极工具上，以免改变工具的形状和尺寸。因此，电解液中所含金属阳离子必须具有负的标准电极电位（$U_0 < -2V$），如 Na^+、K^+ 等。当加工精度和表面质量要求较高时，应选择杂散腐蚀小的钝性电解液。

（3）阳极反应的最终产物应是不溶性化合物。这主要是便于处理，且不会使阳极溶解下来的金属阳离子在阴极上沉积。但在特殊情况下，例如，在电解加工小孔、窄缝等情况下，为避免不溶性的阳极产物堵塞电极间隙，必须要求阳极产物溶于电解液。

（4）具有良好的综合性能。如加工范围广、性能稳定、安全性好及价格便宜等。

2）三种常用电解液

电解液可分为中性盐溶液、酸性溶液和碱性溶液三大类。酸性电解除用在高精度、小间隙、细长孔，以及锗、钼、铌等难溶金属加工外，一般很少选用。碱性电解液对人身体也有损害，且会生成难溶性阳极薄膜，因此，仅用于加工钨、钼等金属材料。由于中性盐溶液腐蚀性小，使用时较安全，故应用最普遍。最常用的有 NaCl、$NaNO_3$、$NaClO_3$ 三种电解液。现分别介绍如下。

（1）NaCl 电解液。NaCl 电解液中含有活性 Cl⁻离子，阳极工件表面不易生成钝化膜。因此，具有较大的蚀除速度，而且没有或很少有析氧等副反应，电流效率高，加工表面的表面粗糙度值也小。NaCl 是强电解质，在水溶液中几乎完全电离，导电能力强，而且适用范围广，价格便宜，货源充足，所以是应用最广泛的一种电解液。

NaCl 电解液的蚀除速度高，但其杂散腐蚀也严重，故复制精度较差。NaCl 电解液的质量分数常在 20% 以内，一般为 14%～18%。当要求较高的复制精度时，可采用较低的质量分数（5%～10%），以减少杂散腐蚀的机会。常用的电解液温度为 25～35℃，但加工钛合金时，温度必须控制在 40℃ 以上。

（2）$NaNO_3$ 电解液。$NaNO_3$ 电解液是一种钝化型电解液，钢在 $NaNO_3$ 电解液中的极化曲线如图 5-8 所示，横坐标是阳极相对于阴极的电位，纵坐标是电流密度的对数值。在曲线 AB 段，阳极电位升高，电流密度增大，符合正常的阳极溶解规律。当阳极电位超过 B 点后，由于钝化膜的形成，电流密度 i 急剧减小，至 C 点时的金属表面处于钝化状态。当阳极电位超过 D 点后，钝化膜开始破坏，电流密度又随电位的升高而迅速增大，金属表面处于超钝化状态，阳极溶解速度又急剧增大。如果在电解加工时，工件的加工区域处于超钝化状态，那么非加工区域因阳极电位较低而处于钝化状态，受到钝化膜的保护，可以减小杂散腐蚀，提高加工精度。图 5-9 所示为用不同电解液进行电解加工时的杂散腐蚀性对比情况。图 5-9（a）所示为用 NaCl 电解液加工的情况，由于阴极侧面不处于绝缘状态，侧壁被杂散腐蚀成抛物线形，内芯也被腐蚀，剩下一个小锥体。图 5-9（b）所示为用 $NaNO_3$ 或 $NaClO_3$ 电解液加工的情况，虽然阴极侧表面不处于绝缘状态，但当电极间隙达到一定值后，工件侧壁钝化不再扩大，因此孔壁锥度很小，内芯成为圆柱体而被保留。

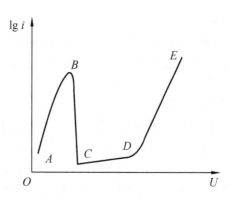

图 5-8　钢在 NaNO₃ 电解液中的极化曲线

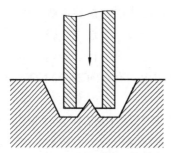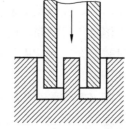

（a）用NaCl电解液加工的情况　　（b）用NaNO₃或NaClO₃电解液加工的情况

图 5-9　用不同电解液进行电解加工时的杂散腐蚀性对比情况

图 5-10 所示为 NaNO₃ 电解液的成型精度，即质量分数为 5% 的 NaNO₃ 电解液加工内孔所用阴极及加工效果。阴极下端工作圈的高度为 1.2mm，其凸起高度为 0.58mm，加工出的孔没有锥度。当侧面间隙达到 0.78mm 时，工件侧面被钝化保护起来。此临界间隙称为切断间隙，以 Δ_a 表示，此时的电流密度 i_a 称为临界切断电流密度。

　　NaNO₃ 或 NaClO₃ 电解液之所以具有切断间隙的特性，是由于它们是钝化型电解液，在阳极工件表面形成钝化膜，虽有电流通过，但阳极不溶解，此时的电流效率 $\eta=0$。只有当电极间隙小于切断间隙时，即电流密度大于切断电流密度时，钝化膜才被破坏而使工件被蚀除。图 5-11 所示为三种常用电解液的 $\eta\text{-}i$ 曲线。从该图可以看出，NaCl 电解液的电流效率接近于 100%，基本上是直线，而 NaNO₃ 与 NaClO₃ 电解液的 $\eta\text{-}i$ 关系呈曲线。图 5-11 中的 i_a' 是工件在次氯酸钠（NaClO₃）电解液中溶解时的临界/切断电流密度，i_a'' 是工件在硝酸钠（NaNO₃）电解液中开始溶解时的临界/切断电流密度。当电流密度小于电解液对应的临界/切断电流密度时，工件表面钝化膜不能被击穿，工件不会溶解。因此，有时将这两种电解液称为非线性（电流密度不与溶解蚀除速度呈线性关系）电解液。

　　NaNO₃ 电解液在质量分数为 30% 以下时，有较好的非线性性能，成型精度高，而且对机床设备的腐蚀性小，使用安全，价格也不高（为 NaCl 的一倍）。它的主要缺点是电流效率低，生产率也低，另外加工时在阴极有氨气析出，因此，NaNO₃ 会被消耗。

（3）$NaClO_3$ 电解液。如上所述，$NaClO_3$ 电解液也具有图 5-9（b）及图 5-11 所示的特点，杂散腐蚀作用小，加工精度高。据某些资料介绍，当电极间隙达到 1.25mm 以上时，阳极溶解几乎完全停止，而且有较小的加工表面粗糙度值。$NaClO_3$ 的另一个特点是具有很高的溶解度，在 20℃时可达 49%（此时 NaCl 为 26.5%），因而其导电能力强，可达到与 NaCl 相近的生产率。另外，它对机床、管道、水泵等的腐蚀作用很小。$NaClO_3$ 的缺点是价格较贵（为 NaCl 的 5 倍），而且由于它是一种强氧化剂，使用时要注意防火。

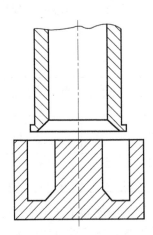

图 5-10　$NaNO_3$ 电解液的成型精度　　　图 5-11　三种常用电解液的 η-i 曲线

由于在使用过程中，$NaClO_3$ 电解液中的 Cl^- 离子不断增加，电解液有消耗且 Cl^- 离子增加后杂散腐蚀作用增大，故在加工过程中要注意 Cl^- 离子质量分数的变化。

（4）电解液中的添加剂。几种常用的电解液都有一定的缺点，为此，在电解液中使用添加剂是改善其性能的重要途径。例如，为了减小 NaCl 电解液的杂散腐蚀作用，可加入少量磷酸盐等，使阳极表面产生钝化性抑制膜，以提高成型精度。$NaNO_3$ 电解液虽有成型精度高的优点，但其生产率低，可添加少量 NaCl，使其加工精度及生产率均较高。为改善加工表面质量，可添加络合剂、光亮剂等。例如，添加少量的 NaF，可改善表面粗糙度。为减轻电解液的腐蚀性，可使用缓蚀添加剂等。

3）电解液参数对加工过程的影响

电解液参数除成分外，还有质量分数、温度、酸度值（pH 值）及黏度等，它们对加工过程都有显著的影响。在一定范围内，电解液的质量分数越大，温度越高，则其电导率也越大，腐蚀性越强。

电解液温度受到机床夹具、绝缘材料及电极间隙中的电解液沸腾等条件的限制，不宜超过 60℃，一般在 30～40℃ 的范围内较为有利。电解液质量分数大，生产率高，但杂散腐蚀严重。一般 NaCl 电解液质量分数为 10%～15%，不超过 20%，当加工精度要求较高时，电解液质量分数常小于 10%。$NaNO_3$、$NaClO_3$ 在常温下的溶解度较大，分别为 46.7% 和 49%，故可采用较高值，但 $NaNO_3$ 电解液质量分数超过 30% 后，其非线性性能就很差了，故常用 20% 左右的质量分数，而 $NaClO_3$ 常用 15%～35%。

在实际生产中，NaCl 电解液具有较广的通用性，基本上适用于钢、铁及其合金。表 5-3 为常见金属材料所用电解液配方及参数。

加工过程中电解液的质量分数和温度的变化将直接影响加工精度的稳定性。引起质量分数变化的主要原因是水的分解、蒸发及电解质的分解。水的分解与蒸发对质量分数的影响较小，因此，NaCl 电解液在加工过程中质量分数的变化较小（因 NaCl 不消耗）。$NaNO_3$ 和 $NaClO_3$ 在加工过程中是会分解消耗的，因此，在加工过程中应注意检查和控制其质量分数变化。在要求达到较高的加工精度时，应注意控制电解液的质量分数与温度，保持其稳定性。

表 5-3　常见金属材料所用电解液配方及参数

加工材料	电解液配方（质量分数）	电压/V	电流密度/（A/dm²）
各种碳素钢、合金钢、耐热钢等不锈钢	（1）NaCl　10%～15%	5～5	10～200
	（2）NaCl　10%+$NaNO_3$　20%	10～15	10～150
	（3）NaCl　10%+$NaNO_3$　30%		
硬质合金钢	NaCl　15%+NaOH　15%+酒石酸　20%	15～25	50～100
铜、黄铜、铜合金、铝合金等	NH_4Cl　18%或 $NaNO_3$　12%	15～25	10～100

在电解加工过程中，水被电离并使氢离子在阴极放电，溶液中的 OH^- 离子增加而引起 pH 值增大（碱化），溶液的碱化使许多金属元素的溶解条件变坏，故应注意控制电解液的 pH 值。

电解液的黏度会直接影响间隙中电解液的流动特性。温度升高，电解液的黏度下降。加工过程中溶液内金属氢氧化物含量得增多，会使黏度增加，故应对氢氧化物的含量加以适当控制。

电解液系统是电解加工设备中不可缺少的组成部分，该系统的主要由液压泵、电解液槽、过滤装置（如过滤网和过滤器）、管道和安全阀等组成。电解液系统示意如图 5-12 所示。

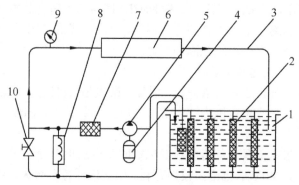

1—电解液槽；2—过滤网；3—管道；4—泵用电动机；5—液压泵（离心泵）；
6—加工区域；7—过滤器；8—安全阀；9—压力表；10—阀门

图 5-12　电解液系统示意

目前生产中的电解液泵大多采用多级离心泵代替齿轮泵，因为离心泵的轴承室与泵腔是分开的，所以密封和防腐比较容易实现，但使用周期较长，压力为 0.5～2MPa。

随着电解加工的进行，电解液中的电解产物（主要是氢氧化物）含量增加，严重时将堵塞电极间隙，引起局部短路，故电解液的净化是非常必要的。

电解液的净化方法很多，目前用得比较广泛的是自然沉淀法。由于金属氢氧化物是呈絮状存在于电解液中的，而且质量较小，有些金属的氢氧化物的密度几乎与电解液差不多，因此自然沉淀速度很慢，必须有较大的沉淀面积，才能获得好的效果。在实际生产中往往采用一些加速沉淀的措施。

介质过滤法也是常用的方法之一，过去采用钢丝网或不锈钢丝网过滤。由于塑料工业的发展，目前都采用 100～200 目的尼龙丝网过滤，成本低，效果好，制造和更换容易。实践证明，电解加工中最有害的不是氢氧化物沉淀，而是一些固体杂质碎屑或腐蚀冲刷下来的金属晶粒，必须将它们滤除。通常可用沉淀的方法，定期将池底或槽底的沉淀抽掉。

电解液的循环与上类似，但压力与流量可较低，压力可小于 0.1MPa。

5.2.3　电解加工主要工艺指标及其影响因素

1. 加工速度及其影响因素

电化学加工的生产率，是以单位时间内去除或沉积的金属量的多少来衡量的，单位一般用 mm³/min 或 g/min 来表示。它首先决定于工件材料的电化学当量，其次与电流密度有关，此外，电解（电镀）液及其参数也有很大影响。

1）金属的电化学当量和生产率的关系

由实践得知，电化学加工时电极上溶解或析出物质的量（质量 m 或体积 V）与电解（电镀）电流大小 I 和电解时间 t 成正比，即与电量（$Q=It$）成正比，其比例系数称为电化学当量。这一规律即所谓法拉第电解定律，用公式表示如下：

用质量计 $\qquad m = KIt \qquad$ (5-2)

用体积计 $\qquad V = \omega It \qquad$ (5-3)

式中，m——电极上溶解或析出物质的质量，单位为 g；

$\qquad V$——电极上溶解或析出物质的体积，单位为 mm³；

$\qquad K$——被加工材料的质量电化学当量，单位为 g/（A·h）；

$\qquad \omega$——被加工材料的体积电化学当量，单位为 mm³/（A·h）；

$\qquad I$——电解（电镀）电流，单位为 A；

$\qquad t$——电解（电镀）时间，单位为 h。

由于质量和体积换算时差一密度 ρ，同样质量电化学当量 K 换算成体积电化学当量 ω 也差一密度 ρ，即

$$m = V\rho \qquad (5-4)$$

$$K = \omega\rho \qquad (5-5)$$

铁在氯化钠电解液中的电化学当量为 K=1.042g/（A·h），ω=133mm³/（A·h），即每安培电流每小时可电解 1.042g 或 133mm³ 的铁（铁的密度 ρ=7.8g/cm³）。部分常用金属的体积电化学当量可查表 5-4 或由实验求得。

表 5-4　部分常用金属的体积电化学当量

金属	密度 ρ/（g/cm³）	相对原子质量 A	原子价 n	体积电化学当量 ω/[cm³/（A·min）]
铝	2.71	26.98	3	0.0021
铁	7.86	55.85	2	0.0022
			3	0.0015
钴	8.86	58.94	2	0.0021
			3	0.0014
铜	8.93	63.57	1	0.0044
			2	0.0022
镍	8.96	58.69	2	0.0021
			3	0.0014
钛	4.5	47.9	4	0.0017
1Cr18Ni9Ti	7.9	—	—	0.0022
2Cr13	8.8	—	—	0.0018

法拉第电解定律可用来根据电量（电流乘时间）计算任何被电解金属或电沉积金属的数量，并在理论上不受电解液浓度、温度、压力、电极材料及形状等因素的影响。这从原理上不难理解，因为电极上物质之所以产生溶解或析出等电化学反应是因为电极和电解液间有电子得失交换。例如，要使阳极上的一个铁原子成为二价铁离子溶入电解液，必须从阳极获取二个电子；若要成为三价铁离子溶入，则必须获取三个电子。因此，电化学反应的量必然和电子得失交换的数量（电量）成正比，而与其他条件如温度、压力、浓度等在理论上没有直接关系。

2）电流密度和生产率的关系

因为电流为电流密度 I 与加工面积 A 的乘积，所以把它代入式（5-3），可得

$$V=\eta\omega iAt \qquad\qquad (5\text{-}6)$$

用总的金属蚀除量来衡量生产率，在实用上有很多不方便之处，生产中常用蚀除速度来衡量生产率。蚀除速度 $v_a=h/t$，把它代入式（5-6），可得

$$v_a=\eta\omega i \qquad\qquad (5\text{-}7)$$

式中，v_a——金属阳极（工件）的蚀除速度，单位为 mm/min；

I——电流密度，单位为 A/mm²。

由上式可知，蚀除速度与该处的电流密度成正比，电流密度越高，蚀除速度和生产率也越高。实际的电流密度取决于电源电压、电极间隙的大小以及电解液的电导率。因此，要定量计算蚀除速度，必须推导出蚀除速度与电极间隙大小、电压的关系。

3）电极间隙大小与蚀除速度的关系

在实际加工中，电极间隙越小，电解液的电阻也越小，电流密度就越大，因此，蚀除速度

就越高。电解加工中的工件材料蚀除过程示意如图 5-13 所示，设电极间隙为 Δ，电极面积为 A，电解液的电阻率 ρ 为电导率 σ 的倒数，即 $\rho = \dfrac{1}{\sigma}$，则电流密度计算公式为

$$I = \frac{U_R}{R} = \frac{U_R \sigma A}{\Delta} \tag{5-8}$$

$$i = \frac{I}{A} = \frac{U_R \sigma}{\Delta} \tag{5-9}$$

将式（5-9）代入式（5-6），可得

$$v_a = \omega \sigma \frac{U_R}{\Delta} \tag{5-10}$$

式中，σ——电导率，单位为 $(\Omega \cdot mm)^{-1}$；

　　　　U_R——电解液的欧姆电压降，单位为 V；

　　　　Δ——电极间隙，单位为 mm。

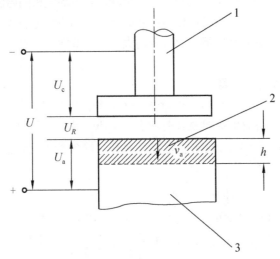

1—阴极工具；2—蚀除速度；3—工件

图 5-13　电解加工中的工件材料蚀除过程示意

外接电源电压 U 为电解液的欧姆压降（加工电压）U_R、阳极压降 U_a 与阴极压降 U_c 之和，即

$$U = U_a + U_c + U_R \tag{5-11}$$

因此　　　　　　　　　　　$$U_R = U - (U_a + U_c) \tag{5-12}$$

阳极压降（阳极的电极电位及超电压之和）及阴极压降（阴极的电极电位及超电压之和）的数值一般为 2～3V（加工钛合金时还要大些）。为简化计算，可按下式计算：

$$U_R = U - 2 \text{ 或 } U_R \approx U$$

式（5-10）说明蚀除速度 v_a 与体积电化学当量 ω、电导率 σ、欧姆压降 U_R 成正比，而与电极间隙 Δ 成反比，即电极间隙越小，工件被蚀除的速度将越大。但间隙过小将引起火花放电或电解产物特别是氢气排放不畅，反而降低蚀除速度或易被污物堵死而引起电路短

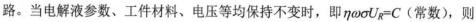

路。当电解液参数、工件材料、电压等均保持不变时，即 $\eta\omega\sigma U_R = C$（常数），则

$$v_a = \frac{C}{\Delta} \qquad (5\text{-}13)$$

即蚀除速度与电极间隙成反比，或者写成 $C = v_a \Delta$，即蚀除速度与电极间隙之积为常数，此常数称为双曲线常数。v_a 与 Δ 的双曲线关系是分析成型规律的基础。在具体加工条件下，可以求得常数 C。例如，当工件材料为碳钢时，$\omega = 2.22\text{mm}^3/(\text{A·min})$，NaCl 电解液浓度为 15%、温度为 30℃ 时，其电导率为 0.2 $(\Omega\text{·cm})^{-1}$，U_R 为 10V，电流效率接近 100%，则 $C = 2.22 \times 0.2 \times 10 = 0.444\text{mm}^2/\text{min}$，即 $v_a\Delta = 0.444$，根据不同电极间隙，即可求出不同的蚀除速度。

2. 加工精度及其影响因素

电解加工精度包括两个方面：一是复制精度，指加工所得的工件形状和尺寸与工具阴极的形状和尺寸之间的一致性；二是重复精度，指被加工的一批零件之间的形状和尺寸的一致性。保证复制精度及重复精度的关键是电极间隙，平衡状态正下的电极间隙随时间、空间而变化，这个变化因电极间隙内电场、流场及电化学参数的不均匀和不稳定导致。

影响电极间隙的参数首要是电极间隙自身的大小和一致性，其次是加工电压、电导率、进给速度、电流效率等。

对式（5-13）进行微分，可得

$$\mathrm{d}v_a / \mathrm{d}\Delta = -C / \Delta^2 \qquad (5\text{-}14)$$

由式（5-14）可知，随着电极间隙 Δ 的减小，$|\mathrm{d}v_a / \mathrm{d}\Delta|$ 以近似二次方的变化率剧增，反映了在小电极间隙下加工时的蚀除能力显著增强，导致整平比增加。电解加工整平过程示意如图 5-14 所示。

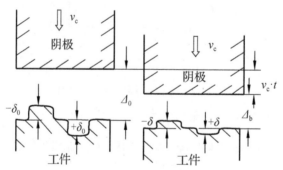

图 5-14　电解加工整平过程示意

提高电解加工精度的根本途径就是提高阳极溶解的集中蚀除能力，改善电解电极间隙内电场、流场、电化学参数的均匀性和稳定性，缩小电极间隙。目前主要技术途径有采用钝化性电解液，特别是低浓度复合电解液；采用混气电解加工、脉冲电流电解加工等。

3. 表面质量及其影响因素

无论是电解加工或电镀、电铸、刷镀加工，都有较好的表面质量，没有切削加工、电火花加工后的表面破坏层、变质层，也没有"刀花"。电化学加工是以原子、分子逐层进行的。一般工件材料多为多元金属合金，不同晶粒的电化当量有差别，则对应晶体产生不同的阳极溶解速度，从而形成微观几何不平度，电解加工后一般表面粗糙度 Ra 可在 $0.8 \sim 0.9 \mu m$ 以下。电解加工时原金属的金相组织、晶粒大小对加工后的表面粗糙度有一定的影响。除此之外，电解液组分、电流密度、电解液流场的均匀性和脉冲电流的性能等都会对电解加工工件表面粗糙度有影响。

电解加工过程中可能在工件表面产生表面缺陷，如晶界腐蚀、点蚀或剥落以及流痕等。

5.2.4 主要应用

1. 孔加工

孔类电解加工，特别是深孔、深小孔及型孔加工，是电解加工的重要应用领域之一。

1）深孔加工

深径比大于 5 的深孔，用传统加工方法加工，刀具磨损严重，表面质量差，加工效率低。用电解加工则明显优于传统加工。例如，电解加工 $\phi 4 \times 2000mm$ 和 $\phi 100 \times 8000mm$ 的深孔时，加工精度高，表面粗糙度低、生产率高。

按工具阴极的运动方式，深孔的电解加工方式可分为固定式和移动式。

（1）固定式电解加工。固定式电解加工的主要特点是：工件与工具间无相对运动，设备简单、生产率高、操作方便、便于实现自动化。但工具阴极长度必须大于工件，否则，容易在电解液进口至出口处由于流速、温度及电解液中难溶性产物的含量不同而造成工件同一表面粗糙度的不同和尺寸精度的不均匀。固定电解加工所需电源功率比大，加工中要根据电极间隙的变化，调节加工参数。因此，固定式电解加工适于孔径较小、深度不大的工件，如花键孔、花键槽等。

（2）移动式电解加工。移动式电解加工的特点：工件固定在机床上，加工时工具阴极在工件内孔作轴向移动。阴极短，精度要求较低，制造简单，不受电源功率的限制，主要用于深孔加工，特别是细长孔。在工具电极移动的同时，再旋转，可加工内孔镗线，图 5-15 所示为深孔加工用移动式阴极。

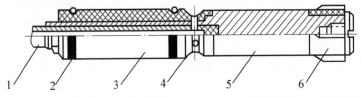

1—接头；2—密封圈；3—前引导部；4—出水口；5—阴极主体；6—后引导部

图 5-15　深孔加工用移动式阴极

2）小孔加工

在高温耐热、高强度镍基合金、钴基合金制成的空心冷却涡轮叶片和导向器叶片上，有许多深小孔，特别是呈多向不同角度分布的浅小孔、深小孔、弯孔、变截面的竹节孔等，用普通机械钻削方法特别困难，甚至不能加工；而用电火花、激光加工有表面再铸层问题，且所能加工的孔深不大采用电解加工孔，加工效率高、表面质量好，特别是采用多孔同时加工方式，效果更加显著。

小孔电解加工通常采用图 5-16 所示的小孔电解加工（正流式），工具阴极常采用不锈钢管，外周有绝缘层防止加工完的孔壁二次电解，工具阴极恒速向工件送进而不断使工件阳极溶解，形成直径略大于工具阴极外径的小孔。当加工孔径很小或深小孔的深径比很大时，为避免电解液中电解产物或杂质堵塞，有时还采用酸类电解液，这时工具阴极要选用耐酸蚀的钛合金管。

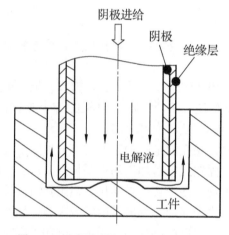

图 5-16　小孔电解加工（正流式）示意

3）型孔加工

图 5-17 为端面进给式型孔电解加工示意。在生产中往往遇到一些形状复杂、尺寸较小的四方、六方、椭圆、半圆等形状的通孔和不通孔，机械加工很困难，若采用电解加工，则可以大大提高生产率及加工质量。型孔加工一般采用端面进给方式。为了避免孔壁产生锥度，可将电极侧面绝缘。常用的绝缘办法是利用环氧树脂黏结，绝缘层的厚度：工作部分取 0.15～0.2mm，非工作部分取 0.3～0.5mm。如图 5-18 所示为喷油嘴内圆弧槽电解加工示意，采用机械加工是比较困难的，而用固定阴极电解扩孔则很容易实现，而且可以同时加工多个零件，大大提高生产率，降低成本。

随着电解加工技术的发展，脉冲电流电解加工在型孔加工中发挥重要作用，其原因主要如下：

（1）脉冲电流电解加工的集中蚀除能力高、切断间隙小，有利于提高成型精度，特别有利于清棱清角的加工。

（2）脉冲电流压力波的扰动作用，有利于深孔加工时排除电解产物。

特别是随着高性能高频、窄脉冲电流电解加工的出现，对于深度不大的型孔、圆孔加工，能获得较高的成型精度。

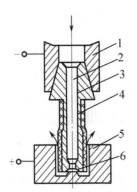

1—机床主轴套；2—进水孔；3—阴极主体；
4—绝缘层；5—工件；6—工作端面

图 5-17　端面进给式型孔电解加工示意

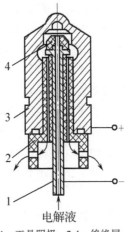

电解液

1—工具阴极；2,4—绝缘层；
3—工件阳极

图 5-18　喷油嘴内圆弧槽电解加工示意

2. 型腔加工

随着模具制造业中难加工材料、复杂结构零件需求的增多，电解加工在模具制造业中的加工优势日益突出。目前多数锻模生产批量大、形状复杂、硬度及表面质量要求较高、加工精度等级多为中等，尤其棱边、尖角精度要求不高，正适宜采用电解加工完成。

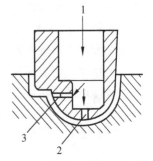

复杂型腔表面电解加工时，工具阴极单向进给、一次成型型腔；加工速度快，比铣削、电火花加工时间大为减少；工具阴极不损耗，无须经常修复和更换，锻模型腔批量越大经济效益越明显。但复杂型腔电解加工时电解液流畅不易均匀，在流速、流量不足的局部区域电蚀量将偏小，在该处容易形成短路。此时，应在阴极的对应处加开增液孔或增液缝，增补电解液，使之流畅均匀，避免短路而烧伤阴极。增液孔的设置如图 5-19 所示。

1—电解液；2—喷液槽；3—增液孔

图 5-19　增液孔的设置

3. 叶片加工

叶片是发动机、汽轮机的重要零件，叶片形状复杂、精度要求高，加工批量大，在发动机和汽轮机制造中占有相当大的工作量。叶片采用切削加工方法因材料难切削、形状复杂、薄壁易变形等困难，生产率较低、加工周期长。随着高性能航空发动机的发展，为提高推重比和增压比，越来越多的发动机叶片采用了高精度的中小尺寸复杂结构，材料上较多采用钛合金、高温合金等难切削材料。电解加工已成为叶片叶身型面加工的主要工艺，已取得了较显著的经济效益。

（1）加工效率高。电解加工单个叶片工时，加工效率显著低于传统的切削加工。例如，英国 Rolls-Royce 公司（简称 R.R 公司）加工镍基涡轮机叶片和钛合金压气机叶片的机动时间为每片 4min，型面加工精度达到 0.07mm；我国航空发动机涡轮叶片加工由传统的机械加工改为电解加工后，单件工时降到原来的 1/10。

（2）生产周期短。由于机械加工叶片工序分散，电解加工叶片的工序高度集中，加之电解加工阴极工具不损耗，因此电解加工的生产准备周期和生产周期大为缩短。例如，英国 R.R 公司在工业化、规模化电解加工叶片之后，生产周期缩短为原有工艺的 1/10。

（3）工作量较少。传统的叶片型面加工工艺中手工打磨、抛光的工作量约占叶片加工总劳动量的 1/3 以上，而电解加工叶片型面表面质量好、型面不发生变形，后续的工作量大为减少。

目前，叶片电解加工机床有立式和卧式两种，立式大多用于叶片单面加工，卧式大多用于双面加工，叶片大多采用侧向流动或轴向流动供液，叶片加工在工作箱中进行，阴极采用计算机辅助设计或反拷贝法制造。

4. 整体叶轮加工

作为发动机的关键部件，整体叶轮广泛应用于航空航天领域，在采用电解加工前，叶轮叶片经精密锻造、机械加工、抛光后镶嵌到轮缘的榫槽中，再焊接而成，加工量大、周期长、质量不易保证。电解加工整体叶轮，是把叶轮坯加工好后，直接在轮坯上加工叶片，加工周期大大缩短，叶轮强度高、质量好。

用套料加工方法，可以加工等截面的大面积异型孔或加工等截面薄形零件的下料。套料法电解加工整体叶轮示例如图 5-20 所示，对叶轮上的叶片，采用套料法逐个加工。加工完一个叶片，退出阴极，分度后再加工下一个叶片。电解加工整体叶轮，只要把叶轮坯加工好后，直接在轮坯上加工叶片，加工周期大大缩短，叶轮强度高，质量好。在采用电解加工以前，加工叶片是经精密锻造、机械加工、抛光后镶到叶轮轮缘的榫槽中，再焊接而成，加工量大，周期长，而且质量不易保证。

5. 微细电解加工

随着现代科学技术的发展，产品功能集成化、结构小型化的要求越来越显重要，越来越多的微细结构出现在工业应用中，微细加工的研究得到了广泛的重视。微细电解加工是指在微细加工范围内（1 μm～1 mm），应用电解加工得到高精度、微小尺寸零件的加工方法。下面简要介绍几种典型微细电解加工技术。

1）脉冲微细电解加工技术

虽然电解加工利用电化学溶解蚀除的方式加工，理论上可达到离子级的加工精度，在加工质量上又具有很多优点，但加工时在阳极工件表面，不管是加工区域还是非加工区域，只要有电流通过都会发生电化学反应，造成杂散腐蚀。因此，将其应用于微细加工领域必须解决杂散腐蚀的问题，提高电化学反应的定域蚀除能力。研究发现：脉冲电解可提高溶解的定域性和过程稳定性，脉冲电解中采用脉宽为毫秒级和微秒级的脉冲，可使电流效率 η-电流密度 i 特性曲线的斜率增大，加工过程的非线性效应增强，工件溶解的定域性得到提高，有利于提高加工精度。

随着纳秒脉冲电源的应用，微细电解加工得以向更细微化的方向发展。德国 Fritz-Haber 研究所采用脉冲宽度为纳秒级的超短脉冲电流进行电化学微细加工新技术，成功地加工出了数微米尺寸的微细零件，加工精度可达几百纳米（见图 5-21），充分发挥了脉冲电流微细电解加工的潜力。

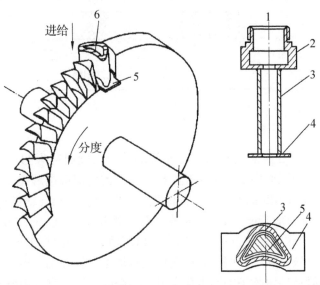

1—电解加工整体叶轮的阴极；2—阴极座；3—空心套管；4—阴极片；5—叶片；6—电解液

图 5-20 套料法电解加工整体叶轮示例

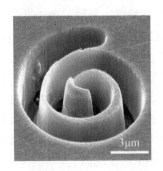

图 5-21 纳秒级超短脉冲电解加工的深螺旋

2）掩模微细电解加工

掩模微细电解加工是结合了掩模光刻技术的电解加工方法，其原理示意如图 5-22 所示，它是在工件的表面（单面或双面）涂敷一层光刻胶，经过光刻显影后，使工件上裸露出具有一定图形的表面，然后通过束流电解加工或浸液电解加工，选择性地溶解未被光刻胶保护的裸露部分，最终加工出所需形状工件。由于金属溶解是各向同性的，金属发生径向溶解的同时也发生横向溶解，因此研究如何控制溶解形状、尽量避免横向溶解等措施，对保证掩模微细电解的加工精度非常重要。为了提高加工速度和加工精度，可在工件的径向和横向两面覆盖一层图形完全相同的掩模，从两边相向同时进行溶解。

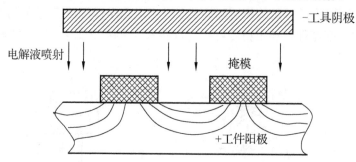

图 5-22　掩模微细电解加工原理示意

3）电液束电解加工

电液束电解加工是在金属管电极加工小孔的基础上发展起来的一种微细电解加工方法，主要用于加工航空工业中的各种小孔结构。典型的电液束电解加工方法有毛细管电液束电解加工（Capillary Drilling, CD）、电射流加工（Electro Stream Drilling，ESD）、电喷射加工（Jet Electrolytic Drilling，JED）和成型管电极加工（Shaped Tube Electrochemical Machining，STEM）。这些加工方法各有特点，以应用于不同的加工场合。

下面以毛细管电液束加工为例，对电液束电解加工进行介绍。电液束电解加工时，采用呈收敛形状的绝缘玻璃管喷嘴抑制电化学反应的杂散腐蚀，高压电解液由玻璃管中的高压金属丝极化后，高速射向工件待加工部位，利用高电压电场进行金属的电化学去除加工。玻璃管电极是电射流加工的主要工具，玻璃管的直径大小决定了电射流加工的尺度，通常加工孔径为 $0.13\sim1.30$mm。据国外报道，可加工最小孔径为 0.025mm，加工精度为孔径的 $\pm5\%$ 或 ±0.025mm。电液束电解加工技术非常适合加工航空发动机高温涡轮叶片的冷却通道及深小孔（见图 5-23）、孔轴线与表面夹角很小的斜孔和群孔等。电液束电解加工时不存在切削力，因此可对薄壁零件进行切割。由于玻璃管阴极的制造工艺限制了阴极直径尺寸不可能任意缩小，从而大大限制了电液束电解加工的能力。采用阴极不进给的方式，加工孔径不受电极直径尺寸的限制，故可加工出小于 $\phi0.1$mm 的微孔，但加工深度很有限。而采用阴极进给方式，加工孔径至少要大于阴极管的外径。电液束电解加工示意如图 5-24 所示。目前的研究水平表明，对于 $\phi0.2$mm 以上的微孔，采用阴极进给方式加工，可加工出深径比为 100∶1 的深小孔。

电解加工在微细领域的加工能力呈加速发展趋势，未来一段时间内，微细电解加工的研究重点和发展趋势主要会集中在以下几个方面：

（1）进一步完善硬件系统，如微进给系统和微控制工作台的性能和可靠性的提升，加工过程自动检测与适应控制研发的深化。

（2）加大微细电解加工原理的研究力度，尤其是在中、高频脉冲电流条件下，微细加工电化学反应系统动力学等方面的研究。

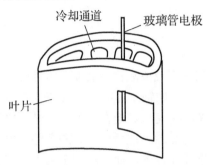

图 5-23　航空发动机高温涡轮叶片的冷却通道及深小孔

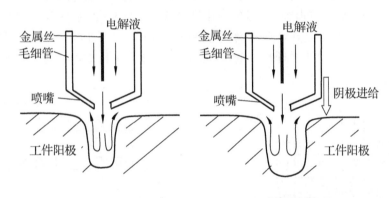

（a）在阴极不进给的情况下　　　（b）在阴极进给的情况下

图 5-24　电液束电解加工示意

（3）重点加强微细电解在加工三维形状能力上的研究，使其微细加工应用更加广泛和更有竞争力。

（4）脉冲电源的深化研发，微秒级脉冲电源的工程化完善以及推广应用，纳秒级脉冲电源、群脉冲电源的性能完善。

（5）微细电极的研发制备。加强对微小电极制备工艺的研究，特别是具有一定形状的微细电极制备研究。

（6）新型电解液的试验研究。针对绿色制造，加大对新型无污染电解液的研发力度。

（7）理论成果向实际应用的转化。

6. 电解去毛刺

毛刺是金属切削加工的产物，难以完全避免，不仅影响表面质量，而且影响装配、使用功能和寿命。机械加工中去毛刺的工作量很大，尤其是去除硬而韧的金属毛刺，需要占用很多人力。电解倒棱去毛刺可以大大提高工效和节省费用，图 5-25 所示为齿轮的电解去毛刺装置。工件齿轮套在绝缘柱上，环形工具电极也依靠绝缘柱定位安放在齿轮上面，保持约 3～5mm 的间隙（根据毛刺大小而定），电解液在阴极端部和齿轮的端面齿面之间流过，在阴极和工件之间施加 20V 以上的电压（若电压高些，则间隙可大些），约 1min 内就可清除毛刺。

7. 电解刻字

机械加工中，在工序之间检查或成品检查后要在零件表面做一合格标志，加工的非基准面一般也要打上标志以示区别（如轴承环的加工），产品的规格、材料、商标等也要标刻在产品表面。过去一般由机械打字完成。但在机械打字时，要用字头捶打工件表面，使工件表面产生内陷及隆起变形，这对热处理后已淬硬的零件，以及很薄或精度很高、表面不允许损伤的零件而言，都是不能允许的。而电解刻字则可以在那些常规的机械刻字不能进行的表面上刻字。电解刻字时，字头连接阴极（见图 5-26），工件连接阳极，两者保持大约 0.1mm 的电解间隙，中间滴注少量的钝化型电解液，在 1～2s 的时间内完成工件表面的刻字工作。目前可，以做到在金属表面刻出黑色的印记，也可在经过发蓝处理的表面上刻出白色的印记。利用同样的原理，改变电解液成分并适当延长放电时间，就可实现在工件表面刻印花纹。

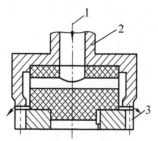

1—电解液；2—阴极（工具）；3—阳极（工件）

图 5-25 齿轮的电解去毛刺装置

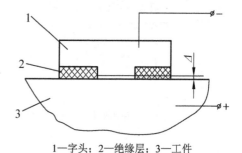

1—字头；2—绝缘层；3—工件

图 5-26 电解刻字示意

8. 电解-抛光

电解-抛光是利用金属在电解液中电化学阳极的溶解对工件表面进行腐蚀抛光，是一种表面光整加工方法。电解-抛光与电解加工的区别是工件电极与工具电极的间隙大，即电极间隙大，电流密度小，电解液一般不流动，必要时加以搅拌。因此，电解-抛光只需要直流电源、各种清洗槽和电解-抛光槽。因此，电解-抛光所需的设备比较简单，包括直流电源、各种清洗槽和电解-抛光槽，不像电解加工那样需要昂贵的机床和电解液循环和过滤系统；抛光用的阴极结构比较简单。

电解-抛光的效率要比机械抛光高，而且抛光后的表面除了常常生成致密牢固的氧化膜等膜层，不会产生加工表面变质层，也不会造成新的表面残余应力，而且不受被加工材料（如不锈钢、淬火钢、耐热钢等）硬度和强度的限制，因而在生产中经常采用。表 5-5 所列为常用的电解液及抛光参数。

表 5-5　常用的电解液及抛光参数

适用金属	电解液的质量分数/体积分数		阴极材料	阳极电流密度 /（A·dm^{-2}）	电解液温度 /℃	持续时间 /min
碳钢	H_3PO_4	70%	铜	40～50	80～90	5～8
	CrO_3	20%				
	H_2O	10%				
	H_3PO_4	65%	铅	30～50	15～20	5～10
	H_2SO_4	15%				
	H_2O	18%～19%				
	（COOH）$_2$（草酸）	1%～2%				
不锈钢	H_3PO_4	50%～10%	铅	60～120	50～70	3～7
	H_2SO_4	15%～40%				
	丙三醇（甘油）	12%～45%				
	H_2O	23%～5%				
	H_3PO_4	40%～45%	铜、铅	40～70	70～80	5～15
	H_2SO_4	40%～35%				
	CrO_3	3%				
	H_2O	17%				
CrWMn 1Cr18Ni9Ti	H_3PO_4	65%	铅	80～100	35～45	10～12
	H_2SO_4	15%				
	CrO_3	5%				
	丙三醇（甘油）	12%				
	H_2O	3%				
铬镍合金	H_3PO_4	64mL	不锈钢	60～75	70	5
	H_2SO_4	15mL				
	H_2O	21mL				
铜合金	H_3PO_4（1.87）	670mL	钢	12～20	10～20	5
	H_2SO_4（1.84）	100mL				
	H_2O	300mL				
铜	CrO_3	60%	铝、铜	5～10	18～25	5～15
	H_2O	40%				
铝及合金	H_2SO_4（1.84）	70%（体积分数）	铝 不锈钢	12～20	80～95	2～10
	H_3PO_4（1.7）	15%（体积分数）				
	HNO_3（1.4）	1%（体积分数）				
	H_2O	14%（体积分数）				
	H_3PO_4（1.62）	100g	不锈钢	5～8	50	0.5
	CrO_3	10g				

5.3 电沉积加工

阴极沉积加工与电解加工相反，它是在外电场的作用下将电解液的金属离子还原成金属原子并沉积到阴极表面上的加工过程。通常有电镀、电铸、涂镀及复合镀等加工方法，这些方法的加工原理基本相同，但加工形式各有不同。电镀、电铸、涂镀及复合镀的主要区别见表 5-6。

表 5-6 电镀、电铸、涂镀及复合镀的主要区别

项目	电 镀	电 铸	涂 镀	复 合 镀
工艺目的	表面装饰、防锈蚀	复制、成型加工	增大尺寸，改善表面性能	（1）电镀耐磨镀层 （2）制造超硬砂轮或磨具，电镀带有硬质磨料的特殊复合层表面
镀层厚度	0.001～0.05mm	0.05～5mm 或以上	0.001～0.5mm 或以上	0.05～1mm 以上
精度要求	要求表面光亮或光滑	有一定的尺寸及形状精度要求	有一定的尺寸及形状精度要求	有一定的尺寸及形状精度要求
镀层牢度	要求与工件黏结牢固	要求与原模能分离	要求与工件黏结牢固	要求与基材黏结牢固
阳极材料	一般用与镀层金属相同的材料	一般用与镀层金属相同的材料	用石墨、铂等钝性材料	一般用与镀层金属相同的材料
电解液	成分比较复杂	成分简单	与电镀基本相同	电镀液惰性颗粒的混合物
工作方式	需用镀槽，工件浸泡在镀液中，与阳极无相对运动	需用镀槽，工件与阳极可相对运动或静止不动	不需要镀槽，镀液刷涂在相对运动着的工件和阳极之间	需用镀槽，被复合镀的硬质材料放置在工件表面

5.3.1 电铸加工

1. 加工原理与工艺特点

1）加工原理

电铸加工原理示意如图 5-27 所示，图中，以可导电的原模作为阴极，以电铸材料（如纯铜）作为阳极，以电铸材料的金属盐（如硫酸铜）溶液作为电解液。在直流电源的作用下，电解液的金属离子得到电子成为金属原子并沉积在阴极原模表面，阳极金属源源不断溶解成为金属离子并进入电解液中，使电解液浓度基本不变，阴极原模上电铸层逐渐加厚，当达到预定厚度时即可取出，并与原模分离，即可获得与原模型面凹凸相反的电铸件。

2）主要特点

（1）能准确、精密复制复杂型面和细微纹路。

（2）能获得尺寸精度高、表面粗糙度 Ra 小于 0.1μm 的复制品，同一原模生成的电铸件的一致性好。

（3）借助石膏、石蜡等原模材料，可以把复杂零件的内表面转化为外表面，外表面转化为内表面，再电铸复制，适用性广泛。

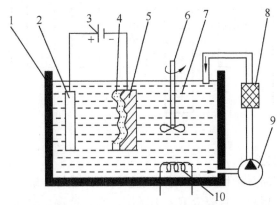

1—电镀槽；2—阳极；3—直流电源；4—电铸层；5—阴极；
6—搅拌器；7—电铸液；8—过滤器；9—泵；10—加热器

图 5-27　电铸加工原理示意

3）主要应用

（1）复杂精细的表面轮廓花纹，如工艺美术品模、纸币、证券、邮票的印刷版等。

（2）制造注塑用的模具、电火花型腔加工用的工具电极。

（3）制造复杂、高精度的空心零件和薄壁零件。

（4）制造表面粗糙度标准样块、反光镜、表盘、异型孔喷嘴等特殊零件。

2. 基本设备

电铸加工的主要设备有电铸槽、直流电源、搅拌器、循环和过滤系统、加热和冷却装置。

（1）电铸槽。电铸槽应选用不易被电铸液腐蚀的材料制作，通常采用钢板焊接，内衬铅板、聚乙烯薄板或其他塑料，小型电铸槽也可以采用陶瓷、玻璃或搪瓷容器。

（2）直流电源。直流电源与电解、电镀电源类似，通常采用低电压、大电流的直流电源。

（3）搅拌器、循环和过滤系统。为降低电铸液的浓差极化程度、增大电流密度、提高生产率，应在阴极运动的同时，搅拌电解液。通常采用循环泵吸收槽底的溶液和杂质，同时进行搅拌和过滤，也可以利用工件振动或转动实现搅拌。

（4）加热和冷却装置。电铸的时间较长，为了使电镀液保持温度不变，需要配备加热、冷却和恒温控制装置。

3. 工艺流程

电铸的主要工艺流程如图 5-28 所示。

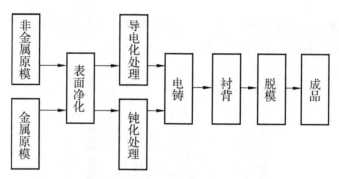

图 5-28　电铸的主要工艺流程

1）原模设计及材料选用

根据脱模条件、产品复杂程度、要求精度以及生产量等，确定设计一次性原模或耐久性原模。耐久性原模常用材料有碳素钢、不锈钢、镍、黄铜、玻璃、环氧树脂或热固性塑料等。消耗性或一次性原模通常采用铝、石蜡、石膏及低熔点合金等，主要利于加热后熔化、分解或化学溶解脱模。选用原模时应优先考虑热稳定性、比热容、热膨胀系数都大的材料，否则，在热电铸液中得到的产品精度较差。

原模设计时应注意内外棱角，应取尽可能大的过渡圆角，以免金属层内棱角处太薄而外棱角处过厚。原模应比电铸零件的长度长 8～12mm，以便脱模后切去交接面粗糙部分。

对耐久性原模，要求脱模斜度不应小于 1°～3°。若不允许产品有斜度，则可选用与电铸金属热膨胀系数相差较大的材料制作原模，以便电铸后用加热或冷却的方法脱模。零件精度要求不高时，可在原模上涂敷一层蜡或易熔合金，在电铸后，先将涂层熔后再脱模。

2）原模的表面处理

预处理的目的是使原模能够导电和便于脱模，而且使电镀后能够顺利脱模。因此，首先进行清洗，除去表面的油污，然后进行钝化或导电化处理。

3）电铸液

常用的电铸金属有铜、镍和铁。要求电铸液成分简单，易于控制，可获得较高的沉积速度。另外，对电铸液的净化处理要求高并且应易于获得均匀的电铸层。

4）衬背加固

有些电铸件成型之后需要用其他材料衬背加固，如塑料模具型腔和印刷版等，然后再进行精加工。衬背加固的方法有浇注铝或铅锡合金，以及使用热固性塑料加固等，对结构零件可以在外表面包覆树脂进行加固。

5）脱模

脱模方法视原材料不同而异，通常有敲击、加热或冷却、剥离等方法。

如果电铸件需要进行机械加工，应在脱模之前进行。这样做的原因如下：一方面原模可以加固电铸件以免加工变形，另一方面机械加工产生的作用力促使电铸件原模松动，以便后续脱模。

4. 应用举例

电铸加工是制造各种筛网、滤网的最有效方法。下面以电铸加工电动剃须刀网罩为例说明它的制造工艺流程，如图 5-29 所示。

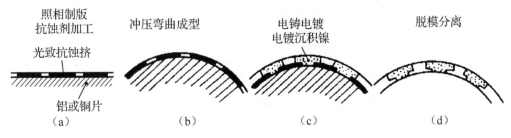

图 5-29　电铸加工电动剃须刀网罩的制造工艺流程

（1）制造原模。在铜线或铝板上涂布感光胶后与照相底片贴紧，进行曝光、显影、定影后，即可获得有规定图形绝缘层的原模。

（2）对原模进行化学处理，获得钝化层。

（3）将原模按照设计形状、尺寸进行弯曲成型。

电铸、脱模后，网孔外面倒圆保证网罩在脸上平滑移动，尽量使网孔内侧边缘锋利，使与旋转刀片构成剪切刃。

5.3.2　电刷镀加工

1. 加工原理、特点及应用

1）加工原理

刷镀又称为涂镀或无槽电镀，是一种在金属工件表面局部快速电化学沉积金属的镀覆技术，图 5-30 所示为刷镀加工原理示意。把转动的工件 1 连接直流电源 3 的负极，正极与镀笔相接，镀笔端部的不溶性石墨电极用外包尼龙布的脱脂棉套 5 包住，镀液 2 饱蘸在脱脂棉中或另浇注，多余的镀液流回容器 6，镀液中的金属正离子在电场作用下在阴极表面获得电子而沉积涂镀在阴极表面，可达到 0.001～0.5mm 的厚度。

2）刷镀加工的主要特点

（1）不需要槽镀，可以对局部表面刷镀，设备、操作简单，机动灵活性强，可在现场就地施工，不易受工件大小、形状的限制，甚至不必拆下零件，即可对其局部刷镀。

（2）刷镀液种类、可刷镀的金属比槽镀多，选用更改方便，易于实现复合镀层，一套设备可镀金、银、铜、铁、锡、镍、钨、铟等多种金属。

（3）镀层与金属基材的结合力比槽镀的牢固，刷镀速度比槽镀快（刷镀的镀液中离子浓度高），镀层厚薄可控性强。

（4）因工件与镀笔之间有相对运动，故一般都需人工操作，很难实现高效率的大批量、自动化生产。

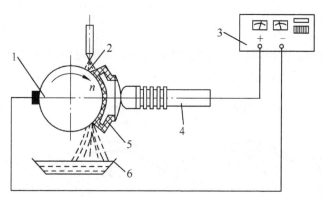

1—工件；2—镀液；3—直流电源；4—镀笔；5—棉套；6—容器

图 5-30　刷镀加工原理示意

3）刷镀加工的主要应用范围

（1）修复零件磨损表面，恢复尺寸和几何形状，实施超差品补救。例如，各种轴、轴瓦、套类零件磨损后，以及加工中尺寸超差报废时，可用表面涂镀以恢复尺寸。

（2）填补零件表面上的划伤、凹坑、斑蚀、孔洞等缺陷，如机床导轨、活塞液压缸、印制电路板的修补。

（3）大型、复杂、单个小批工件的表面局部镀镍、铜、锌、镉、钨、金、银等防腐层、耐腐层等，改善表面性能。如各类塑料模具表面涂镀镍层后，很易抛光至表面粗糙度为 $0.1\mu m$，甚至达到更佳的表面粗糙度。

2. 基本设备

刷镀设备主要包括电源、镀笔、镀液及泵、回转台等。

1）电源

刷镀所用直流电源基本上与电解、电镀、电解-磨削的相似，电压为 3～30V，无级可调，电流为 30～100 A，视所需功率而定。刷镀电源的特殊要求如下：

（1）应附有安培小时计，自动记录涂镀过程中消耗的电荷量，并用数码管显示出来，它与镀层厚度成正比，当达到预定尺寸时能自动报警，以控制镀层厚度。

（2）输出的直流应能很方便地改变极性，以便刷镀前在工件表面进行反接电解处理。

（3）电源中应有短路快速切断保护和过载保护功能，以防止涂镀过程中镀笔与工件偶尔短路，避免工件损伤。

2）镀笔

镀笔由手柄和阳极两部分组成。阳极采用不溶性的石墨块制成，在石墨块外面需包裹上一层脱脂棉和一层耐磨的涤棉套。棉花的作用是饱吸储存镀液，并防止阳极与工件直接接触短路和防止及滤除阳极上脱落的石墨微粒进入镀液。

3）镀液

刷镀用的镀液，根据所镀金属和用途不同有很多种，比槽镀用的镀液有较高的离子质量浓度，由金属络合物水溶液及少量添加剂组成。配方不公开，一般可向专业厂所订购，很少自行配制。为了对被镀表面进行预处理（电解净化、活化），镀液中还包括电净液和活化液等。

　　3．工艺流程

　　（1）表面预加工。去除表面上的毛刺、不平点、锥度及疲劳层，使之达到基本光整，并且表面粗糙度 Ra 达到 2.5μm，甚至更小。对深的划伤和腐蚀斑坑要用锉刀、磨条、油石等修形，使露出基本金属。

　　（2）清洗除油、除锈。锈蚀严重的可用喷砂、砂布打磨，油污用汽油、丙酮或水基清洗剂清洗。

　　（3）电净处理。大多数金属都需用电净液对工件表面进行电净处理，进一步除去微观上的油污。被镀表面的相邻部位也要认真清洗。

　　（4）活化处理。活化处理用于除去工件表面的氧化膜、钝化膜或析出的碳元素微粒黑膜。活化良好的标志是工件表面呈现均匀银灰色，无花斑。活化后用水冲洗。

　　（5）镀底层。为了提高工作镀层与基本金属的结合强度，工作表面经仔细电净、活化后，需先用特殊镍、碱铜或低氢脆镉液预镀一层薄层底层，厚度为 0.001～0.002mm。

　　（6）镀尺寸镀层和工作镀层。由于单一金属的镀层随厚度的增加其内应力也增大，因此晶粒变粗，强度降低，过厚时将起裂纹或自然脱落。一般单一镀层不能超过 0.03～0.05mm 的安全厚度，快速镍和高速铜不能超过 0.3～0.5mm。若待镀工件的损耗较大，则需先涂镀"尺寸镀层"增加尺寸，甚至用不同镀层交替叠加，然后才镀上一层满足工件表面要求的工作镀层。

　　（7）镀后清洗。用自来水彻底清洗冲刷已镀表面和邻近部位，用压缩空气或用热风机吹干，并且涂上防锈油或防锈液。

　　4．应用举例

　　机床导轨划伤的典型修复工艺如下：

　　（1）整形。用刮刀、组挫、油石等工具把伤痕扩大整形，使划痕侧面底部露出金属本体，能与镀笔、镀液充分接触。

　　（2）涂保护漆。镀液能流淌到的不需涂镀的其他表面，需涂上绝缘清漆，以防产生不必要的化学反应。

　　（3）涂油。对待镀表面及相邻部位，用丙酮或汽油清洗除油。

　　（4）对待镀表面两侧的保护。用涤纶透明绝缘胶纸贴在划伤沟痕的两侧。

　　（5）对待镀表面净化和活化处理。电净时工件连接负极，电压为 12V，时间约为 30s；活化时用 2 号活化液，工件连接正极，电压为 12V，时间要短，清水冲洗后表面呈黑灰色，再用 3 号活化液活化，即可去除炭黑，使表面露出银灰色，用清水冲洗后立即起镀。

　　（6）镀底层。用非酸性的快速镍镀底层，电压为 10V，清水冲洗，检查底层与铸铁基

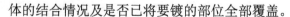

体的结合情况及是否已将要镀的部位全部覆盖。

（7）镀高速碱铜，把它作为尺寸层。电压为 8V，沟痕较浅的可一次镀成，较深的则需用砂皮或细油石打磨掉高出的镀层，再经电净、清水冲洗，再继续镀碱铜，这样反复多次。

（8）修平。当沟痕镀满后，用油石凳机械方法修平。如有必要，可再镀上 2～5μm 的快速镍层。

5.3.3　复合镀加工

1. 复合镀的原理与分类

复合镀是在金属工件表面镀金属镍或钴的同时，将磨料作为镀层的一部分也一起镀到工件表面上去，故称为复合镀。依据镀层内磨料尺寸的不同，复合镀层的功用也不同，一般可分为以下两类。

1）作为耐磨层的复合镀

磨料为微粉级，电镀时，随着镀液中的金属离子镀到工件表面的同时，镀液中带有极性的微粉级磨料与金属离子络合成离子团也镀到工件表面。这样，在整个镀层内将均匀分布有许多微粉级的硬点，使整个镀层的耐磨性增加几倍。一般用于高耐磨零件的表面处理。

2）制造切削工具的复合镀或锒嵌镀

磨料为人造金刚石（或立方氮化硼），粒度一般为 80#～25#。电镀时，控制镀层的厚度稍大于磨料尺寸的一半左右，使镀层表面镶一层磨料，形成一层切削刃，用于对其他材料进行加工。

2. 电镀金刚石（立方氮化硼）工具的工艺与应用

1）套料刀具及小孔加工工具

制造电镀金刚石套料刀具时，先将已加工好的管状套料刀具毛坯插入人造金刚石磨料中，把不需复合镀的刀柄部分绝缘。然后将含镍离子的镀液倒入磨料中，并在待镀刀具毛坯外再加一环形镍阳极，而刀具毛坯接阴极。通电后，刀具毛坯内外圆、端面将镀上一层镍，而紧挨刀具毛坯表面的磨粒也被镀层包覆，成为一把管状的电镀金刚石套料刀具，可用在玻璃、石英上钻孔或套料加工（钻较大的孔）。若将管状刀具毛坯换成直径很小（0.5mm）的细长轴，则可在细长轴表面镀上金刚石磨料，成为小孔加工刀具，如牙科用钻。

2）平面加工刀具

将刀具毛坯置于镀液中并接电源阴极，然后通过镀液在刀具毛坯平面上均匀撒布一层人造金刚石磨料，并镀上一层镍，使磨粒包覆在刀具毛坯表面形成切削刃。此法也可制造锥角较大且近似平面的刀具。例如，用此法制造电镀金刚石气门铰刀，用于修配汽车发动机缸体上的气门座锥面，比用高速钢气门座铰刀加工的生产率提高近 3 倍。同样可用于制造金刚石小锯片，只需将锯片不需镀层的地方绝缘，而在最外圆和两侧面上用镍镶上一薄层聚晶金刚石或立方氮化硼磨料。

习　题

5-1　试从原理上阐释电解加工与电沉积加工（电镀、电铸等）的工艺原理。

5-2　试阐述电解加工的优缺点，并列举其主要应用。

5-3　电沉积加工的原理和特点是什么？其应用场合是什么？

5-4　试分析电镀加工与电铸加工的异同点。

思政素材

■　**主题**：科学精神、创新精神、工匠精神

电解定律的发现者——法拉第

19世纪初，英国科学家法拉第（Michael Faraday）在电化学领域做出了重要的贡献。有一次，他在进行电解实验时，发现实验结果与预期不符。相反地，他观察到电解液中产生的气体体积与通过电流所产生的质量变化成正比。这一现象违背了当时普遍接受的"诺厄定律"，即电解的质量变化与通过电流的时间成正比。

面对这一出人意料的结果，法拉第没有忽视，而是深入研究，进行了一系列系统的实验。通过仔细测量和记录，他发现气体的体积变化与化学反应产生的质量变化成正比，这一发现后来被称为法拉第定律。

法拉第在科学研究中不满足于表面的观察，而是勇于质疑传统观念，并且深入研究，进行实验和观察，最终发现了一条新的规律。他的质疑和创新精神不仅为电化学领域的发展做出了巨大贡献，也为科学研究树立了榜样。

科学精神的核心是勇于质疑、探索和创新。只有保持对现象和理论的持续思考和质疑，才能推动知识的进步和发展。

——摘自以下资料：

[1] 科学史-物理学编年史-59 法拉第电解定律.

[2] 蔡呈藤. 科学史上的动人时刻 谁是主宰者[M]. 天津: 天津科学技术出版社, 2018.

拓展知识

[1] 国际电化学学会（International Society of Electrochemistry, ISE），见 https://www.ise-online.org/

[2] 美国国家标准技术研究所（NIST），见https://www.nist.gov/

[3] 美国电化学学会（The Electrochemical Society, ECS），见 https://www.electrochem.org/

[4] 欧洲电化学学会（European Federation of Electrochemical Engineering, EFEE），见 https://efee.eu/

典型案例

本章的典型案例为具有单向喇叭形变直径光滑孔的雾化器用喷雾片，如图 5-31 所示。

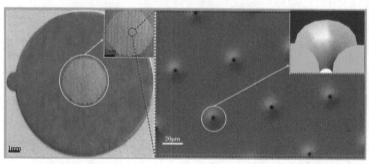 

（a）喷雾片　　　　　（b）单个孔的形貌和截面轮廓　　　　（c）雾化效果

图 5-31　具有单向喇叭形变直径光滑孔的雾化器用喷雾片

- **应用背景**：雾化治疗是医疗界公认的治疗呼吸道疾病的最有效方法之一。雾化治疗作为高效治疗呼吸道疾病的方法，影响其疗效的最大因素是雾化液滴粒径的大小以及雾化液滴在病灶上的沉积速率。美国食品药品管理局发布的指导文件指出，用于治疗支气管炎的各种药物吸入设备所雾化的药物颗粒的质量中位数气动粒径小于 5μm 时，药物颗粒才能顺利地直接作用于人体气管、细支气管和肺泡而被人体吸收。具有单向喇叭形变直径光滑孔的雾化器用喷雾片因在产生雾化液滴方面具有稳定性好、液滴直径均匀，以及有效粒径占有率高等优势而成为网孔式雾化器的核心部件。

- **加工要求**：对具有单向喇叭形变直径光滑孔特征的超细孔口类典型零件，要求从进液口大孔到出液口小孔的表面过渡顺畅圆滑、壁面光滑，并且微孔的密度较高。

- **加工方法选择分析**：主流微孔阵列加工方法有机械加工、电火花加工、高能束加工等。若采用常规的机械微钻孔/微冲孔方法，则极难获得孔径在 10 μm 以下的微孔，也无法直接加工出孔径变化快且孔壁光整的喇叭形锥孔；若采用微细电火花加工方法，则难以制作出高密度且孔直径为 5 μm 以下的变直径光滑孔；激光加工方法是加工锥形（喇叭形）微孔阵列的主流方法，但用激光加工出来的锥形孔一般都存在壁面粗糙、易黏附熔屑等问题。采用光刻技术制作电铸绝缘掩模版、利用过电铸技术生长具有单向喇叭孔形光滑曲面型微孔阵列，当沉积的金属层超过光刻胶厚度后，沉积的金属会沿三维方向拓展，因此可制作出近似单向喇叭形孔结构，表面光滑，没有毛刺和金属残留物。

- **加工效果：** 采用光刻+过电铸技术制作的钯含量比较高的钯镍（钯含量>80%）合金喷雾片中心（该中心域面积为 16 mm^2）有 1500～2000 个孔，单孔深度约 50 μm，进液口直径超大（>80 μm）、出液口直径非常小（2～4 μm）、深径比较大（>10∶1）。

第6章 化学作用特种加工技术

本章重点

（1）化学加工原理。

（2）各种化学加工方法的特点。

（3）各种化学加工方法的工艺流程和主要应用。

化学作用特种加工简称化学加工（Chemical Machining，CHM），是利用酸、碱或盐的溶液与工件材料之间的化学作用，通过腐蚀溶解或涂敷方式，以获得所需形状、尺寸或表面质量的工件的特种加工方法。

化学加工的应用形式很多，但属于成型加工的主要有化学铣切（又称为化学刻蚀）（Chemical Milling，CHM）和光化学腐蚀加工（Photochemical Machining，PCM），属于表面加工的主要有化学抛光（Chemical Polishing，CP）和化学镀（Electroless Plating）。

6.1 化学铣切加工

化学铣切（Chemical Milling，CHM）加工技术是 20 世纪 50 年代发展起来的一种新工艺。化学铣切作为一种特种加工工艺已成为制造飞机、宇宙飞船、火箭结构等大型整体壁板蒙皮无法取代的加工方法，特别是对于单双曲度薄壁蒙皮的加工。随着现代科技的飞速发展，化学铣切加工的重要性日益受到重视。

6.1.1 加工原理、特点及应用范围

1. 化学铣切的加工原理

化学铣切加工简称化铣，是依靠化学溶液对工件表面溶解的一种加工技术，即利用化学腐蚀原理加工工件的一种工艺。该工艺是指通过对化学溶液的有效控制，在工件上预先确定的部位去除基材，从而获得所需尺寸和精度。化学铣切加工是一种无刀痕、无切屑和无工件协调问题的特种切削加工。

化学铣切实质上就是较大面积和较深尺寸的化学刻蚀，其加工原理示意如图 6-1 所示。先把工件的非加工表面用耐腐蚀性涂层（保持层）进行掩蔽，把待加工的表面露出来，再把处理过的工件浸入化学溶液中，使待加工表面的金属溶解，从而达到加工的目的。

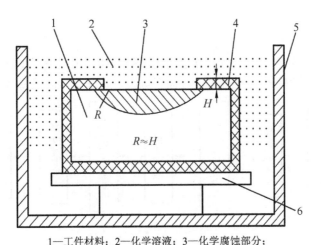

1—工件材料；2—化学溶液；3—化学腐蚀部分；
4—保护层；5—溶液箱；6—工作台

图 6-1　化学铣切加工原理示意

当金属被腐蚀溶解时，不仅在垂直于工件表面的深度方向发生溶解，而且在保护层下面的侧向也发生溶解。因此，被加工表面的形状常常呈圆弧状（见图 6-1）。金属的溶解速度与工件材料的种类及溶液的成分有关。

2. 化学铣切的特点

化学铣切的主要特点如下：

（1）可加工任何难切削的金属材料，不受硬度和强度的限制，如铝合金、钼合金、钛合金、不锈钢等。

（2）适于大面积加工，可同时加工多个工件。

（3）加工过程中不会产生应力、裂纹、毛刺等缺陷，表面粗糙度 Ra 可达 2.5～1.25μm。

（4）工艺流程操作简单。

（5）加工截面形状不受限制，但不宜用于细深孔、窄深槽、窄凸台等结构的加工。

（6）加工精度较低，且易受原材料状态（如缺陷、表面粗糙度、不平度等）影响与限制。

（7）腐蚀液对设备和人体有一定危害，故需有适当的防护性措施。

3. 化学铣切的应用范围

（1）主要应用于较大工件的金属表面厚度的减薄加工，铣切厚度一般小于 13mm，如航空航天大型结构件用的局部减薄减重；也适用于大面积或不便于机械加工的薄壁、内表面的加工。

（2）也可在厚度小于 1.5mm 的薄壁零件上加工复杂型孔。

6.1.2 工艺流程

以铝合金的化学铣切加工为例，典型的化学铣切加工工艺流程如图 6-2 所示，其主要工序是清洁处理、涂敷保护层并固化、按需要刻型、化学腐蚀和去除保护层。

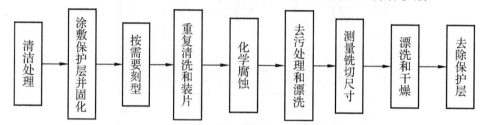

图 6-2 典型的化学铣切加工工艺流程

1. 涂敷保护层并固化

在涂敷保护层之前，必须把工件表面的油污、氧化膜等清除干净，再在相应的腐蚀液中进行预腐蚀。预处理之后应在 24h 之内涂敷保护层。在某些情况下还要先进行喷砂处理，使表面形成一定的粗糙度，以保证保护层与金属表面黏结牢固。

保护层必须具有良好的耐酸、碱性能，并在化学铣切过程中黏结力不降低。常用的保护层有氯丁橡胶、丁基橡胶、丁苯橡胶等耐蚀涂料。

保护层的涂敷方法有浇涂、刷涂、喷涂、浸涂等。要求保护层均匀，不允许有杂质和气泡。保护层厚度一般控制在 0.2mm 左右。涂后需经一定时间并在适当温度下加以固化。

保护层的固化应根据保护涂料的具体技术条件进行。采用高温固化时，应将涂敷好的保护层晾置 4h 以上，或在 50～60℃的干燥室内烘 30～60min，以使保护层内的气体及时挥发完全，避免高温固化升温时保护层产生气泡和针孔。

2. 刻型或划线

刻型是指根据样板的形状和尺寸，把待加工表面的保护层去掉，以便进行腐蚀加工。刻型的方法一般先采用手术刀沿样板轮廓切开保护层，再把不需要的部分剥掉。刻型尺寸关系示意如图 6-3 所示。

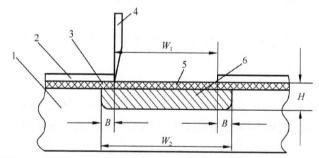

1—工件材料；2—刻型样板；3—保护层；4—刻型刀；5—应切除的保护层；6—蚀除部分

图 6-3 刻型尺寸关系示意

实验证明，当铣切深度达到某值时，其尺寸关系可用下式表示：

$$K = 2H / (W_2 - W_1) = H / B \tag{6-1}$$

或

$$H = KB \tag{6-2}$$

式中，K——腐蚀系数，根据溶液成分、浓度、工件材料等因素，由实验条件确定；

H——腐蚀深度；

B——侧面腐蚀宽度；

W_1——刻型尺寸；

W_2——最终腐蚀尺寸。

刻型样板多采用厚度为 1mm 左右的硬铝板制作。

3. 化学腐蚀溶液的配制

化学腐蚀溶液成分随加工材料而异，加工材料及腐蚀溶液成分见表 6-1。表 6-1 中所列的腐蚀速度是在一定条件下的平均值，实际上腐蚀速度受溶液浓度和金相组织等因素的影响。

铝及铝合金既能溶于碱，又能溶于酸。酸性腐蚀溶液的费用比碱性腐蚀溶液高 3～4 倍，设备和装置的费用昂贵，反应生成的烟雾更难控制。因此，一般不采用酸性腐蚀液，而广泛采用以氢氧化钠为基础的碱性腐蚀溶液。

当铣切加工薄板材料（厚度为 1.50mm 或更小）或高精度零部件时，化学腐蚀溶液温度可以低于常规温度。

表 6-1　加工材料及腐蚀溶液成分

加工材料	溶液成分	加工温度/℃	腐蚀速度/（mm/min）
铝、铝合金	NaOH　150～300g/L（Al：5～50g/L）[①]	70～90	0.02～0.05
	FeCl$_3$　120～180g/L	50	0.025
铜、铜合金	FeCl$_3$　300～400g/L	50	0.025
	(NH$_4$)$_2$S$_2$O$_3$　200g/L	40	0.013～0.025
	CuCl$_2$　200g/L	55	0.013～0.025
镍、镍合金	HNO$_3$　48%+H$_2$SO$_4$ 5.5%+H$_3$PO$_4$ 11%+CH$_3$COOH 5.5%[②]	45～50	0.025
	FeCl$_3$　34～38g/L	50	0.013～0.025
不锈钢	HNO$_3$　3N+HCl 2N+HF 4N+C$_2$H$_4$O$_2$ 0.38N（Fe：0～60g/L）[①]	30～70	0.03
	FeCl$_3$　35～38g/L	55	0.02
碳钢、合金钢	HNO$_3$　20%+H$_2$SO$_4$ 5%+H$_3$PO$_4$ 5%[②]	55～70	0.018～0.025
	FeCl$_3$　35～38g/L	50	0.025
	HNO$_3$　10%～35%（体积分数）	50	0.025
钛、钛合金	HF　10%～50%（体积分数）	30～50	0.013～0.025
	HF　3N+HNO$_3$　2N+HCl　0.5N（Ti：5～31g/L）[①]	20～50	0.001

① 为溶液中金属离子的允许含量；② 其中的百分数均为体积分数。

4. 去除保护层

在化学铣切加工结束后，应去除所有的保护层。去除最后的保护层的方法有手工方法和浸泡法。一般情况下，都采用手工去除法。在手工去除时，应用力均匀，防止工件变形或损伤，防止划伤或擦伤工件。

6.2　化　学　抛　光

化学抛光（Chemical Polishing，CP）是指有选择性地溶解材料表面上的微小凸起，从而使表面变光滑的一种精加工方法。

6.2.1　化学抛光原理和特点

通常，化学抛光是指用硝酸或磷酸等氧化剂溶液，在一定条件下，使工件表面氧化，形成氧化层；此氧化层又能逐渐溶入溶液，表面微凸起处被氧化的速度较快、面积较多，微凹处被氧化的速度慢、面积少。同样凸起处的氧化层比凹处更多、更快地扩散、溶解于酸性溶液中，从而使加工表面逐渐被整平，达到表面平滑化和光泽化。

化学抛光的目的是改善工件表面粗糙度或使表面平滑化和光泽化，其作用和电解-抛光相似，而且在操作性和经济性方面还有一定的优点，具体如下：

（1）化学抛光设备比较简单，无须外加电源，操作简单、成本低。

（2）所能抛光的零件尺寸和数量仅受到抛光液槽大小的限制，可大面积抛光或多件抛光薄壁、低刚度零件。

（3）它不像电解-抛光那样要用电，也不必考虑电流分布的均匀性。因此，可均匀抛光内表面和复杂形状的工件。

但是，由于化学抛光时并不能完全去除阴极反应的影响，因此化学抛光的效果往往比电解-抛光差些，并且抛光液使用后的处理较麻烦。

6.2.2　化学抛光的工艺条件及应用

1. 化学抛光的工艺条件

影响化学抛光效果的因素主要包括抛光液温度和抛光时间，它们对抛光效果产生很大的影响，因此抛光时必须严格控制抛光液温度和抛光时间。

在化学抛光过程中，溶解速度随着抛光液温度的提高而显著增加。此外，强氧化性的酸，如硝酸、硫酸等，在高温时氧化作用显著。由于这些酸的溶解作用和氧化作用会同时发生，因此在多数情况下将抛光液加热到较高温度后进行化学抛光。

为得到抛光效果，就需花费一定的时间。但抛光时间受到工件材料、抛光液组成及抛光液温度等复杂因素的影响，通常难以预测。因此，要根据工件材料、抛光液成分和抛光液温度，经试验后才能确定抛光时间的最佳值。

2. 金属的化学抛光

用作金属溶解的成分一般是酸，其中采用较多的是 H_2SO_4、HNO_3、HCl、H_3PO_4、HF 等强酸，而对于铝这样的两性金属也可用 $NaOH$。在这些酸中，由于高浓度的磷酸及硫酸都有较高的黏度，有形成液体膜扩散层的作用。为了提高黏度以使扩散层容易形成，可以加入明胶或甘油之类的，以添加剂提高黏度。为了促进固体膜的形成，加入以硝酸或铬酸为主的强氧化剂。

化学抛光液的种类很多，表 6-2 列出了金属材料的常用抛光液成分及抛光条件。

表 6-2　金属材料的常用抛光液成分及抛光条件

材　　料	抛光液成分		温度/℃	时间	备　　注
铜及铜合金	硫酸 重铬酸钠 水	80g 28g 1000ml	室温	数分钟	半光泽
	硝酸（d=1.38） 硫酸（d=1.84） 盐酸（d=1.17） 水	100g/l 80g/l 25g/l 余量	室温	数分钟	即所谓的克林斯加工，对含锌量为 35%～45%的黄铜类二相合金效果不理想
	磷酸 硝酸 冰醋酸	30%～90%（体积分数） 5%～20% 10%～50%	55～80	2～6 min	巴特尔（Battelle）方法含水量最多（10%）
	硝酸 冰醋酸 氯化钠 重铬酸钾	40ml 60ml 3g 5g	室温～50	5～10s	对蒙耐尔（Monel）合金特别有效
铝及铝合金	磷酸 硝酸 水	80.5%（体积分数） 3.5% 5%	90	1～5 min	加入 NH_3 或 NH_4OH 以防止 NO_2 气体
	氟化氢 硝酸	1%～5%（体积分数） 5%	95	1～5 min	添加相当于质量分数为0.5%的阿拉伯胶和糊精的缓蚀剂
	氢氧化钠 硝酸钠 亚硝酸钠 磷酸钠 硝酸铜	28%（质量分数） 23% 17% 11% 0.0015%	135	数秒	碱性抛光液
	硝酸 重氯化铵 硝酸铅	13% 16% 0.02%	55～75	数秒	添加进糊精、明胶、本质素作为光泽促进剂

续表

材　料	抛光液成分		温度/℃	时间	备　注
钢铁及 不锈钢	氢氟酸（d=1.12） 硝酸（d=1.33） 水	70（体积百分比） 30 300	40～60	2～10 min	对低碳钢有效
	草酸 过氧化氢（30%） 硫酸 水	2.5%（质量百分比） 1.3% 0.01% 余量	20～30	15～30 min	对平均含碳量在 0.3%以下的 低碳钢有效
	浓磷酸（P_2O_5, 72%～75%）100ml 硫酸	0～10ml	180～ 250	数秒到 数分	适合高碳钢
	盐酸 硫酸 四氯化钛 水	30%（质量百分比） 40% 5.5% 余量	65～80	2～5 min	对奥氏体不锈钢有效
	盐酸 硫酸 氯化铵 硝酸钠	1000ml 100ml 5g 5g	180	数秒到 数分	适用于含铬量为 18%、含镍 量为 8%的不锈钢

3. 半导体的化学抛光

对各种半导体器件基材的抛光，除了达到表面平滑和光泽效果，还要求整个基材的平坦性，还必须把在这之前因加工而形成的变质层和表面畸变层完全去除。因此，半导体基材在机械研磨平坦后，要进行最终的化学抛光或电解-抛光。

关于 Ge 或 Si 的化学抛光，采用的是 HF 和 HNO_3 的混合液，以各种不同的浓度和混合比来使用，其中常用 CP8（硝酸：25ml，氢氟酸：15ml，冰醋酸：15ml）和 CP4（在 CP8 中加入 0.3ml 的溴制成）。对于 GaAs 或 GaP、InSb 等Ⅲ～Ⅴ族化合物半导体的化学抛光，需要把 Cl_2 或 Br 等溶解到甲醇及冰醋酸等有机液体中。这样制成的抛光液的抛光效果好，但对 Ge 或 Si 的化学抛光效果不明显，对 Ge 或 Si 都有好的抛光效果的是 NaCl 或 $H_2O_2+NH_4OH$ 的水溶液。

采用浸泡方式进行化学抛光只能得到较为粗糙的表面，特别是会使基材的拐角变圆滑。为了消除这些缺点，可采用旋转圆盘式化学抛光装置进行抛光，如图 6-4 所示（抛光 GaAs 时的抛光液为 H_2O 和 NaOCl 混合液，两者比例为 20∶1，每 30s 供给抛光液 4ml）。此外，也有一边喷射抛光液一边进行抛光的方式。

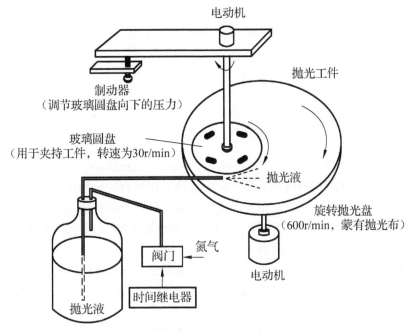

图 6-4　旋转圆盘式化学抛光装置

6.3　化学镀加工

化学镀加工的目的是在金属或非金属表面镀上一层金属，起装饰、防腐蚀或导电等作用。化学镀加工的原理是在含金属盐溶液的镀液中加入一种化学还原剂，将镀液中的金属离子还原后沉积在被镀零件表面。

化学镀加工的特点如下：

（1）具有很好的均镀能力，镀层厚度均匀，这对大表面和精密复杂零件很重要。

（2）被镀工件可为任何材料，包括非导体如玻璃、陶瓷、塑料等。

（3）不需要电源，设备简单。

（4）镀液一般可连续、再生使用。

进行化学镀加工时必须注意以下一些工艺要点：

（1）镀铜时，主要用硫酸铜；镀镍时，主要用氯化镍；镀铬时，主要用溴化铬；镀钴时，主要用氯化钴；以次磷酸钠或次硫酸钠作为还原剂，也可选用酒石酸钾钠或葡萄糖等作为还原剂。

（2）对于特定的金属，需选用特定的还原剂。

（3）镀液成分、质量分数、温度和时间都对镀层质量有很大影响。

（4）在进行化学镀加工前，应对工件表面进行除油、去锈等净化处理。

在化学镀加工中，应用最广的是化学镀镍、钴、铬、锌，其次是镀铜、锡。在电铸前，常在非金属的表面用化学镀膜法镀一层很薄的银膜或铜膜，作为导电层并方便脱模。

6.4 光化学腐蚀加工

6.4.1 概述

光化学腐蚀加工简称光化学加工（Optical Chemical Machining，OCM），又称为照相化学腐蚀加工，它是光学照相制版和光刻（化学腐蚀）相结合的一种精密微细加工技术。光化学腐蚀加工与化学铣切（化学蚀刻）加工的主要区别是不靠样板人工刻型、划线，而是用照相感光来确定工件表面要蚀除的图形、线条，因此可以加工出非常精细的文字、图形。

光化学腐蚀加工具有以下主要特点。

（1）一般用于亚微米级深度以上的零件刻蚀及壁厚 2mm 以下的薄壁零件加工。

（2）可加工常规工艺不易获得的复杂、精细的图形，图形尺寸可小至微米级甚至亚微米级。

（3）光化学腐蚀加工不受工件材料、机械性能的限制。

（4）腐蚀加工精度与加工深度有关。

（5）加工后表面无硬化层或再铸层，不产生残余应力。

（6）可以大面积或多表面同时加工，因此属于高效加工。

光化学腐蚀加工主要用于机械加工难以获得的形廓复杂或密集通孔的薄壁零件以及零件表面的刻蚀，目前已在机械工业、电子工业、印刷工业、航空航天工业以及工艺美术中获得应用。

6.4.2 加工原理

由于光化学腐蚀加工是照相制版和光刻加工相结合的一种加工技术，因此可分别就照相制版和光刻加工的原理进行阐述。

照相制版是把所需图形摄影到照相底片上，并经过光化学反应，将图形复制到涂有感光胶的铜板或锌板上，再经过坚膜固化处理，使感光胶具有一定的抗蚀能力，最后经过化学腐蚀，即可获得所需图形的金属版。

照相制版不仅是印刷工业的关键工艺，而且还可以加工一些机械加工难以解决的具有复杂图形的薄板、薄片或在金属表面上刻蚀图形、花纹等。

光刻是利用光致抗蚀剂的光化学反应特点，将掩模版上的图形精确地印制在涂有光致抗蚀剂的衬底表面，再利用光致抗蚀剂的耐腐蚀特性，对衬底表面进行腐蚀，可获得极为复杂的精细图形。

光刻的精度很高，其尺寸精度可达到 0.01～0.005mm，是半导体器件和集成电路制造中的关键工艺之一。特别对大规模集成电路、超大规模集成电路的制造和发展，起着极大的推动作用。

　　利用光刻原理还可制造一些精密产品的零部件，如刻线尺、刻度盘、光栅、细孔金属网板、电路布线板、晶闸管元件等。

6.4.3　工艺流程

　　采用液体光致抗蚀剂制作抗蚀层的典型光化学腐蚀加工工艺流程如图 6-5 所示。

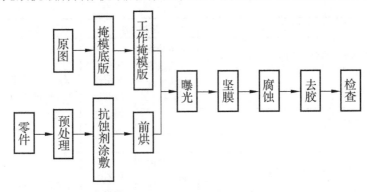

图 6-5　典型光化学腐蚀加工工艺流程

　　采用干膜抗蚀剂制作抗蚀层的工艺流程与上述工艺流程不同之处在于抗蚀层的制作。它采用贴膜机贴膜，并且无前烘、坚膜等工序。

　　光化学腐蚀加工的工序主要由照相制版工序（原图的制作、照相制版）、抗蚀剂形成工序（预处理、涂胶、曝光、显影等）和刻蚀工序（化学腐蚀、剥膜、精整等）组成。下面将分别对照相制版和光刻加工的工艺流程进行阐述。

1. 照相制版

　　图 6-6 所示为照相制版工艺流程。其主要工序包括原图、照相、涂敷、曝光、显影、坚膜、腐蚀等。

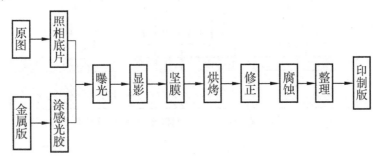

图 6-6　照相制版工艺流程

1）原图和照相底片

　　原图是将所需图形按一定比例放大描绘在纸上或刻在玻璃上，一般需放大几倍，然后通过照相，将原图按需要大小缩小在照相底片上。照相底片一般采用涂有卤化银的感光版。

2）金属版和感光胶的涂敷

金属版多采用微晶锌版和纯铜版，但要求具有一定的硬度和耐磨性，表面光整、无杂质、无氧化层、无油垢等，以增强对感光胶膜的吸附能力。

常用的感光胶有聚乙烯醇、骨胶、明胶等，感光胶的配制方法见表6-3。

表6-3   感光胶的配制方法

配方	感光胶成分	配制方法		浓度	备注
I	甲：聚乙烯醇（聚合度1000～1700）：80g 水：600ml 烷基苯磺酸钠4～8滴	各成分混合后放容器内蒸煮至透明	甲乙两种溶液冷却后混合并过滤	甲乙两种溶液共约800ml（4波美度）	置于暗处
	乙：重铬酸铵12g 水：200ml	溶化			
II	甲：骨胶（粒状或块状）500g 水：1500ml	在容器内搅拌蒸煮溶解	甲乙两种溶液混合并过滤	甲乙两种溶液共2300～2500ml（8波美度）	置于暗处（冬天用热水保温使用）
	乙：重铬酸铵75g 水：600ml	溶化			

3）曝光、显影和坚膜

曝光是将原图照相底片紧紧密合在已涂敷感光胶的金属版上，通过紫外线照射，使金属版上的感光胶膜按图形面积感光。照相底片上不透光部分，由于挡住了光线照射，胶膜不参与光化学反应，仍是水溶性的，照相底片上透光部分，由于参与了化学反应，使胶膜变成不溶于水的络合物，然后经过显影，把未感光的胶膜用水冲洗掉，使胶膜呈现出清晰的图形。照相制版曝光和显影原理示意如图6-7所示。

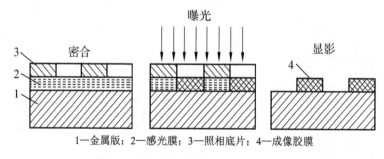

1—金属版；2—感光膜；3—照相底片；4—成像胶膜

图6-7   照相制版曝光和显影原理示意

为提高显影后胶膜的抗蚀性，可将照相制版放在坚膜液中进行处理，坚膜液成分和处理时间见表6-4。

表 6-4 坚膜液成分和处理时间

感光胶	坚膜液		处理时间	备注
聚乙烯醇	铬酸酐：400g 水：4000ml	新坚膜液	春、秋、冬季，需 10s；夏季，需 5～10s	用水冲洗晾 干烘烤
		旧坚膜液	30s 左右	

4）固化

经过感光坚膜后的胶膜，抗蚀能力仍不强，必须进一步固化。聚乙烯醇胶一般在 180℃下固化 15min，呈深棕色。因固化温度还与金属版分子结构有关，微晶锌版固化温度不超过 200℃，铜版固化温度不超过 300℃，所用时间为 5～7min，表面呈深棕色为止。固化温度过高或时间太长，深棕色变黑，致使胶裂或炭化，丧失了抗蚀能力。

5）腐蚀

经坚膜后的金属版被放在腐蚀液中进行腐蚀，即可获得所需图形。照相制版的腐蚀原理示意如图 6-8 所示，照相制版腐蚀液成分见表 6-5。

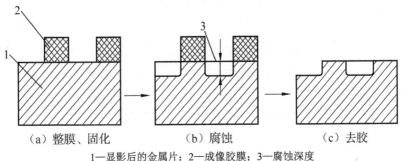

（a）整膜、固化   （b）腐蚀   （c）去胶

1—显影后的金属片；2—成像胶膜；3—腐蚀深度

图 6-8 照相制版的腐蚀原理示意

表 6-5 照相制版腐蚀液成分

金属版	腐蚀液成分	腐蚀温度/℃	转速/（r/min）
微晶锌版	硝酸 10～11.5 波美度+2.5%～3%添加剂	22～25	250～300
紫铜版	$FeCl_3$ 27～30 波美度+1.5%添加剂	20～25	250～300

随着腐蚀的加深，在侧壁方向也产生腐蚀作用（称为"钻蚀"），"钻蚀"影响形状和尺寸精度。一般印制版的腐蚀深度和侧面坡度都有一定要求。图 6-9 所示为金属版的腐蚀坡度。为了腐蚀成这种形状，必须进行侧壁保护。具体方法如下：在腐蚀液中添加保护剂，并采用专用的腐蚀装置（见图 6-10），就能形成一定的腐蚀坡度。例如，腐蚀锌版时，其保护剂是由磺化蓖麻油等主要成分组成。当金属版被腐蚀时，在机械冲击力的作用下，吸附在金属底面的保护剂分子容易被冲散，使腐蚀作用不断进行。而吸附于侧面的保护剂分子，因不易被冲散，故形成保护层，阻碍了腐蚀作用，自然形成一定的腐蚀坡度。腐蚀坡度形成原理示意如图 6-11 所示。腐蚀铜版的保护剂由乙烯基硫脲和二硫化甲脒组成，在三氯化铁腐蚀液中腐蚀铜版时，能产生一层白色氧化层，可起到保护侧壁的作用。

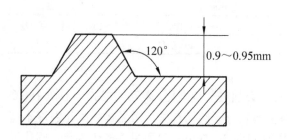

图 6-9　金属版的腐蚀坡度

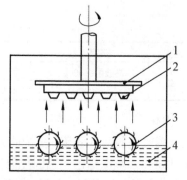

1—固定转盘；2—印刷机；3—液轮；4—腐蚀液

图 6-10　侧壁保护腐蚀装置原理示意

还有一种保护侧壁的方法是有粉腐蚀法，其原理是把松香粉刷嵌在腐蚀露出的图形侧壁上，加温熔化后松香粉附于侧壁表面，也能起到保护侧壁的作用。该方法需重复多次才能腐蚀到所要求的深度，操作较烦琐，但设备要求简单。

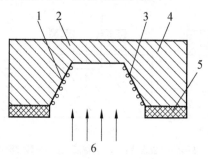

1—侧面；2—底面；3—保护剂分子；4—金属版；5—胶膜；6—腐蚀液

图 6-11　腐蚀坡度形成原理示意

2. 光刻

图 6-12 所示为光刻的主要工艺流程，图 6-13 所示为半导体光刻工艺流程。

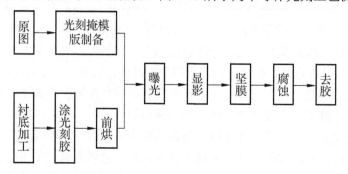

图 6-12　光刻的主要工艺流程

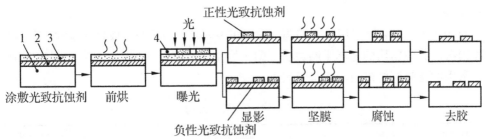

1—衬底（硅）；2—光刻薄膜（SiO₂）；3—光致抗蚀剂；4—掩模版

图 6-13 半导体光刻工艺流程

1）原图和掩模版的制作

制作原图时，首先在透明或半透明的聚酯基板上，涂敷一层醋酸乙烯树脂系的红色可剥性薄膜，然后把所需的图形按一定比例放大几倍至几百倍，用绘图机绘图刻制可剥性薄膜，把不需要的薄膜剥离，从而制成原图。

在半导体集成电路的光刻中，为了获得精确的掩模版，需要先利用初缩照相机把原图缩小制成初缩版，然后采用分步重复照相机将初缩版精缩，使图形进一步缩小，从而获得尺寸精确的照相底片。再把照相底片用接触复印法，将图形印制到涂敷了光致抗蚀剂的高纯度铬薄膜上，经过腐蚀，即可获得金属薄膜图形掩模版。

2）涂敷光致抗蚀剂

光致抗蚀剂或感光胶指的是有机物中由于铬离子等的存在，或是由于本身分子结构上的原因，在光照下发生反应，使之在水或溶剂中的溶解性能发生变化的物质。光致抗蚀剂是光刻工艺的基础，它是一种对光敏感的高分子溶液。根据其光化学特点，可分为正性和负性两类。

凡能用显影液把感光部分溶解而得到和掩模版上挡光部分图形相同的抗蚀涂层的一类光致抗蚀剂，称为正性光致抗蚀剂。反之，称为负性光致抗蚀剂。

在半导体工业中常用的光致抗蚀剂有聚乙烯醇-肉桂酸酯系（负性）、双叠氮系（负性）和酯-二叠氮系（正性）等。

3）曝光

光致抗蚀剂在干燥后，即可将它与掩模版贴紧并进行曝光。曝光光源的波长应与光致抗蚀剂感光范围相适应，一般采用紫外线，其波长约为 0.4μm。

常用的曝光方式是接触式曝光，即将掩模版与涂有光致抗蚀剂的衬底表面紧密接触而进行曝光。还有一种曝光方式是采用光学投影曝光，此时掩模版不与衬底表面直接接触。

随着电子工业的发展，对精度要求更高的精细图形进行光刻时，其最细的线条宽度要求到 1μm 以下，紫外线已不能满足要求，需采用电子束、离子束或射线等曝光新技术。电子束曝光可以刻出宽度为 0.25μm 的细线条。

4）腐蚀

不同的光刻材料，需采用不同的腐蚀液。腐蚀的方法有多种，如化学腐蚀、电解腐蚀、离子腐蚀等，其中常用的是化学腐蚀法，即采用化学溶液对涂敷了抗蚀剂的衬底表面进行腐蚀。常用的化学腐蚀液及其成分见表6-6。

表6-6　常用的化学腐蚀液及其成分

被腐蚀材料	腐蚀液成分	温度/℃
铝（Al）	浓度80%以上的磷酸	～80
金（Au）	碘化氨溶液加少量碘	常温
铬（Cr）	高锰酸钾：氢氧化钠：水=3g：1g：100mL	～60
二氧化硅（SiO$_2$）	氢氟酸：氟化铵：去离子水=3mL：6g：10mL	～32
硅（Si）	发烟硝酸：氢氟酸：冰醋酸：溴=5：3：3：0.06（体积分数）	～0
铜（Cu）	三氯化铁溶液	常温
镍铬合金	硫酸铈：硝酸：水=1g：1mL：10mL	常温
氧化铁	磷酸+铝（少量）	常温

5）去胶

为去除腐蚀后残留在衬底表面的抗蚀胶膜，还可采用氧化去胶法，即使用强氧化剂（如硫酸-过氧化氢混合液等），将胶膜氧化破坏而去除，也可采用丙酮、甲苯等有机溶剂去胶。

6.4.4　应用

光化学腐蚀加工已在印刷工业、电子工业、机械工业以及工艺美术中得到较为广泛的应用，并在航空航天领域得到较快的发展和应用。光化学腐蚀加工主要用于加工不锈钢和耐热合金零件，加工板材的最大厚度可达1.5mm，而且零件加工表面无应力、无再铸层、微裂纹及晶间腐蚀。应用该工艺的典型零件主要有各种电路板、掩模版，多孔金属版，各种滤片、筛网，各种工艺品、装饰图案等。对一些如标牌、各种铭牌、仪表面板、商店和单位的牌匾等文字、商标，也可采用丝网印刷技术制作掩模版，然后再进行化学腐蚀，可获得大面积且分辨率为0.1mm的精美图形。

习　题

6-1　化学加工的原理是什么？与电化学加工有什么不同？

6-2　化学铣切的加工原理是什么，简述其特点及应用范围。

6-3　什么是化学抛光？化学抛光原理和特点是什么？

6-4　什么是化学镀加工？

6-5　光化学腐蚀加工的原理和主要工艺流程是什么？主要用于什么场合？

思政素材

■　主题：科学精神、科技发展、精益求精、工匠精神

九秩老人与原子量的情缘——张青莲

在当代中国，有这么一位化学家，他以九秩之龄将自己的人生推向了一个新高度，也将整个化学元素原子量（相对原子质量）的测定工作推向了新的巅峰，特别是为中国人在化学基础研究领域占据了一片天地。他就是张青莲。

张青莲一生都在积极推进我国无机化学教育事业的发展，他在重水及稳定同位素化学研究领域做出最大贡献，使他成为该领域的先驱和奠基人。1991年，张青莲已经83岁高龄了，在别人早已颐养天年的年纪，这位耄耋老人还亲自领导一个科研小组，对一些元素原子量的新值进行测定。这项研究历经11年，终于在2002年圆满完成，被国际纯粹与应用化学联合会（IUPAC）下的原子量与同位素丰度委员会（CAWIA）正式确定为原子量的国际新标准值。

科学的道路崎岖坎坷，永无止境。在攀登科学的道路上也不分年龄，像张青莲这样，以耄耋之年开始规划并攻克新难题，在九秩之龄取得丰硕成果，这样的事例让我们相信，"老骥伏枥，志在千里"并非风烛残年的异想天开。

——摘自以下资料：

蔡呈藤. 科学史上的动人时刻　谁是主宰者[M]. 天津：天津科学技术出版社，2018.

拓展知识

[1]　ChemSpider：这是供读者查阅化学知识的网站，提供免费的化学结构式与文献数据库，见http://www.chemspider.com/

[2]　ACS Publications：美国化学学会下属的 The Publications Division of the ACS 发布的信息平台。

[3]　《高等学校化学学报》：由中国教育部主管，吉林大学、南开大学主办的化学专业知识网站，用户可在站内免费在线阅读、下载过刊文章（过刊即往年出版的期刊文章），用于学习、交流。

典型案例

本章的典型案例为光栅编码器码盘，如图 6-14 所示。

图 6-14　光栅编码器码盘

- **应用背景**：在数控机床中，光栅测量系统是决定数控机床加工精度的关键装置。当前，在相关技术与需求不断升级的背景下，光栅测量系统已在国内机床测量系统市场占据主导地位。其中的光栅编码器是用于检测机械运动位置、速度、距离、角度的数字化传感器。光栅编码器具有体积小、分辨率高、承载能力强、检测精度高、抗干扰性能强、使用寿命长、使用范围广、性能稳定等优点，主要用于高精度位移的测量，应用领域包括数控机床、工业机器人、航空航天装备、国防装备、雷达等。其中，数控机床与工业机器人是国内光栅编码器的主要应用领域。
- **加工要求**：分辨率高、测量精度高和工作可靠。
- **加工方法选择分析**：光栅编辑器码盘上的孔数量较多、尺寸较小、精度要求高。对一般的光栅编辑器码盘，可采用冲压工艺或激光加工工艺制作。但是冲压工艺难以解决毛刺和油污问题，加工精度难以保证，并且无法加工出微米级的孔或间距为微米级的孔；采用激光加工的图形尺寸精度不易保证，易出现上大下小的孔，并且表面有金属残留物，难以去除；采用光刻+电铸技术也可制作光栅编码器码盘，但生产周期长、表面质量不易控制，采用化学刻蚀方法，生产时间短，产品精度高，生产成本低，孔径均匀、无毛刺、无缺口，不会出现上大下小的孔问题。
- **加工效果**：采用化学刻蚀方法能保证原基材表面质量，可加工厚度为 0.02 mm 的工件，刻蚀尺寸不限，精度可达±5 μm。

第 7 章 机械作用特种加工技术

本章重点

（1）超声加工原理、特点与应用。
（2）水射流加工原理与应用。
（3）挤压珩磨加工原理与应用。
（4）磁性磨料研磨加工原理与应用。
（5）离子束加工原理、特点与应用。

典型的机械作用特种加工技术主要有超声加工（Ultrasonic Machining，USM）和水射流加工（Water Jet Machining，WJM）。超声加工过程中，工作介质是磨料工作液；水射流加工过程中，工作介质是流体射流（水）。在流体射流中添加磨料，则可增强切削加工的效果，由此发展起来的特种加工工艺有磨料水射流加工（Abrasive Water Jet Machining，AWJM）和冰粒射流加工（Ice Jet Machining，IJM）技术。

其他机械作用特种加工技术还有离子束加工（Ion Beam Machining，IBM）、挤压珩磨加工（Abrasive Flow Machining，AFM）和磁性磨料加工（Magnetic Abrasive Machining，MAM）等。

7.1 超 声 加 工

超声加工（Ultrasonic Machining，USM）也称为超声波加工、超声波辅助加工（Ultrasonic Assisted Machining），主要借助机械能和声能的作用实现材料加工。超声加工由于不受材料是否导电的限制，并且工具对工件的宏观作用力小、热影响小，因而可加工薄壁工件、窄缝工件和脆性材料。

7.1.1 概述

人耳可以听到的频率范围为 20～20000 Hz。低于 20 Hz 的声波称为次声波，高于 20000 Hz 的声波称为超声波。超声加工是指给工具或工件沿一定方向施加超声频振动进行振动加工的方法。

超声加工技术最早可追溯到 1907 年俄国人首次利用超声能量加工玻璃，但直到 1948 年才由美国工程师 Lewis Balamuth 获得世界上第一项超声加工专利。传统纵向振动超声加工[1]（见图 7-1）主要依靠工具作超声频振动，使工作液中的磨料获得冲击能量，从而去除工件材料，以达到加工目的，但加工效率低，并随着加工深度的增加而显著降低。后来，随着新型加工设备及系统的发展和超声加工工艺的不断完善，改为采用从中空工具内部向外抽吸的方式，向内压入磨料工作液进行超声加工，不仅大幅度提高了生产率，而且扩大了超声加工孔的直径及孔深的范围。

1964 年，英国原子能管理局的技术官员莱格（Legge）首次发明了旋转式超声加工（Rotary Ultrasonic Machining，RUM）方法，采用烧结或镀金刚石的中空工具，既做超声频振动，同时又绕自身轴线高速旋转的旋转式超声加工（见图 7-2）。旋转式超声加工比一般超声加工和磨削加工具有更高的生产率和加工质量。长期以来，旋转式超声加工一直被认为是传统超声加工工艺的一种改进。但事实上，旋转式超声加工结合了传统金刚石磨削加工技术和超声加工技术，它与超声加工有两大主要区别：

（1）旋转式超声加工使用的磨粒固结在工具杆上，而超声加工利用在工具杆端部和工件之间的游离于液体中的磨料对工件表面进行撞击而去除材料。

（2）旋转式超声加工中工具杆在旋转的同时进行超声波振动，而超声加工中工具杆只作超声波振动。

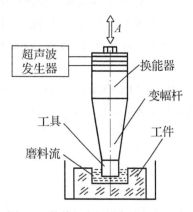

图 7-1　传统纵向振动超声加工示意

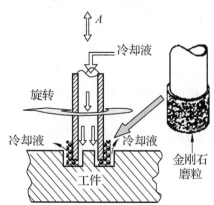

图 7-2　旋转式超声加工示意

1907—1997 年，超声加工技术经历了两个重要的阶段。第一阶段（从 1907 年到 20 世纪 70 年代），超声加工作为磨削加工的重要补充，被广泛用于加工硬质合金模具。20 世纪 80 年代初，随着模具工业领域的电火花线切割技术取代超声加工技术，超声加工被应用于低电导率脆性材料的加工，标志着超声加工技术进入第二阶段。

近年来，随着新材料的出现和应用领域的扩大，以及现代检测、控制技术的发展，以硬脆材料为加工对象的超声加工技术得到蓬勃发展。在工艺方面，将超声加工技术与其他各种不同的传统加工技术和特种加工技术相结合，扬长避短，形成一系列超声复合加工技术。

---

[1] 指传统超声加工。本章如无特殊说明，所述超声加工均指工具不作旋转运动的传统纵向振动超声加工。

（1）超声加工技术与传统的机械加工技术相结合，如超声车削、超声钻削、超声磨削、超声抛光等。

（2）超声加工技术与其他特种加工技术相结合，如超声波辅助电火花加工、超声波辅助电镀、超声波辅助电解加工等。

百余年的理论研究与应用实践，使超声加工技术已日臻完善，应用领域不断扩大，现代超声加工技术已经进入与多种其他加工技术相复合的新时代。现代超声复合加工技术源自传统超声加工，了解传统超声加工原理将有助于认识和理解现代超声复合加工技术。为此，本书仍以传统超声加工技术为主。

7.1.2　加工原理与特点

1. 加工原理

传统的超声加工是利用工具的超声频振荡，通过驱动磨料工作液中的微小磨粒高频撞击脆硬的工件表面，从而实现材料的去除加工。

根据图 7-1，加工时，在工具和工件之间加入液体（水或煤油等）和磨料混合的工作液，并使工具以微小的压力压在工件上，换能器产生 16 kHz 以上的超声频纵向振动，并借助变幅杆将振幅放大到 10～100 μm 范围内驱动工具振动。超声频振荡作用将通过磨料工作液，剧烈冲击位于工具下方工件的被加工表面，使部分材料被击碎成细小颗粒。在工作中，工具头的高频振动可搅动磨料工作液，使磨粒高速抛磨工件表面。工具头的振动还使磨料工作液产生空腔，空腔不断扩大，直至破裂或不断被压缩至闭合为止。这一过程时间极短，空腔闭合压力可达几百兆帕，爆炸时可产生水压冲击，引起加工表面破碎，形成粉末。同时工作液在超声波振动下，形成的冲击波还会使钝化的磨粒崩碎，产生新的刃口，进一步提高加工效率。加工中的振动还强迫磨料工作液在工件和工具的间隙中流动，使变钝了的磨粒能及时更新，并带走加工过程中碎裂的产物。随着工具沿加工方向以一定速度移动，实现有控制的加工，逐渐将工具形状"复印"在工件上（成型加工时）。

由此可见，超声加工是磨粒在超声波振动作用下的机械撞击和抛磨作用以及超声空化作用的综合结果，其中磨粒的撞击作用是主要的。因此，材料越硬脆，越易遭受撞击破坏，越易进行超声加工。相反，脆性和硬度不大的韧性材料，因它的缓冲作用而难以加工。为此，选择工具材料时大多选用韧性较好的 45 号钢，使之既能撞击磨粒，又不使自身受到很大破坏。

2. 超声加工的特点

超声加工具有以下特点：

（1）适用于加工各种硬脆材料，特别是不导电的非金属材料，如玻璃、陶瓷（氧化铝、氮化硅等）、石英、锗、硅、玛瑙、宝石、金刚石等。对于导电的硬质金属材料，如淬火钢、硬质合金等，也能进行加工，但生产率较低。

（2）加工精度较高。由于去除加工材料是靠磨料对工件表面撞击作用，因此工件表面

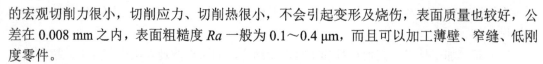

的宏观切削力很小，切削应力、切削热很小，不会引起变形及烧伤，表面质量也较好，公差在 0.008 mm 之内，表面粗糙度 Ra 一般为 0.1～0.4 μm，而且可以加工薄壁、窄缝、低刚度零件。

（3）由于工具通常不需要旋转，因此易于加工各种复杂形状的型孔、型腔、成型表面等。采用中空工具，可以实现各种形状的套料加工。

（4）磨料硬度比被加工材料的硬度高，而工具的硬度可低于被加工材料的硬度。通常用中碳钢和各种成型管材、线材作为工具。

（5）多数情况下，工件的形状主要靠工具的形状来保证，不需要工具和工件作复杂相对运动，因此超声加工机床的结构也比较简单，只需一个方向轻压进给，操作、维修方便。

（6）超声加工时，被加工面积相对小，工具头损耗较大，因此生产率较低。

7.1.3 加工设备

超声加工设备又称为超声加工装置，功率大小和结构形状虽有所不同，但其组成部分基本相同，一般由超声波发生器、超声波振动系统、磨料工作液及其循环系统和机床本体四部分组成：

（1）超声波发生器：超声电源。

（2）超声波振动系统：即声学系统，包括换能器、变幅杆（振幅扩大棒）和工具。

（3）机床本体：包括工具头、加压机构及工作进给机构、工作台及其位置调整机构。

（4）磨料工作液及其循环系统。

1. 超声波发生器

超声波发生器也称为超声或超声频发生器，其作用是将 50 Hz 的交流电转变为有一定功率输出的 16000 Hz 以上的超声高频电振荡，以提供工具端面往复振动和去除被加工材料的能量。

超声加工要求超声波发生器能够识别换能器、变幅杆、工具的固有频率，自动地调整输出频率，使得工具头输出的振幅最大，并且使工具的微小损耗不影响输出振幅，保证加工效率。实际加工中，机械负载是经常变化的（加工材料材质的变化、加工小孔时直径的变化、工具的磨损等），即使频率跟踪良好，负载的增大也会引起输出振幅、单位负载功率的下降；尤其是超声波设备工作过程中，变幅杆从有载变为空载（或空载变为有载）时，机械阻抗急剧变小（或变大），超声波发生器和换能器极易受损，因此，为提高加工表面质量及加工过程的稳定性，要求换能器传送出的机械功率随负载的变化而变化（工具头输出振幅恒定），要求超声波发生器具有功率自动调节功能。

另外，超声波发生器必须加入保护模块，如过流保护模块、过压保护模块、变幅杆损坏或变幅杆与工具头连接出现故障自动切断电源模块。此外还要求超声波发生器结构简单、工作可靠、价格便宜、体积小等。

超声波发生器类型有电子管型和晶体管型两种类型。前者不仅功率大，而且频率稳定，在大中型超声加工设备中用得较多。后者体积小，能量损耗小，因而发展较快，并有取代前者的趋势。无论是电子管型或晶体管型，超声波发生器都由振荡级、电压放大级、功率放大级和电源等组成，其组成框图如图 7-3 中的虚线框所示。

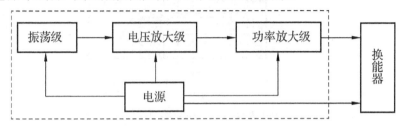

图 7-3 超声波发生器的组成框图

2. 声学系统

超声波振动系统又称为声学系统，其作用是把高频电能转化为机械能，使工件或工具端面作高频、小振幅的振动，从而进行加工。

声学系统是超声加工机床的核心部件，由换能器、变幅杆和工具组成。声学系统设计的好坏直接决定着加工质量，其设计关键是使换能器、变幅杆和工具组成一个机械谐振系统，使工具输出的振幅稳定且最大。

1）换能器

换能器的作用是将高频电振荡转换成机械振动，目前实现这一目的可利用压电效应和磁致伸缩效应两种方法。

最早的超声换能器是郎之万（P. Langevin）在 1917 年为水下探测设计的夹心式换能器。这个换能器是以石英晶体为压电材料，用两块钢板在两侧夹紧而成的。1933 年以后出现的叠片型磁致伸缩换能器，强度高、稳定性好、功率容量大，迅速取代了当时的郎之万换能器。到了 20 世纪 50 年代，电致伸缩材料、钛酸钡铁电陶瓷、锆钛酸铅压电陶瓷的研制成功，使郎之万型超声换能器再度兴起。从节省镍资源的目标出发，同时也因为电致伸缩换能器的研究和应用日益成熟，所以当前多采用电致伸缩换能器。

大多数压电换能器是利用两个金属块将多片压电晶体薄片夹紧在一起而构成的。图 7-4 所示为压电陶瓷换能器结构示意，为了导电引线方便，常用镍片夹在压电晶体薄片正极之间作为接线端子，压电陶瓷片的自振频率与其厚度大小、压块质量及夹紧力等成反比。为了获得最大的超声波强度，应使晶体处于共振状态，故晶体的厚度加上压块的厚度应为超声波的半波长或整数倍。

换能器与超声波发生器的匹配包括两方面的内容：一是超声波发生器的输出阻抗与换能器的动态阻抗一致；二是在额定输入电功率条件下，换能器输出的声功率最大。

2）变幅杆

变幅杆又称为超声变速杆、超声放大杆、超声聚能器、振幅扩大棒，它是超声换能器的重要关联器件，在高强度超声设备的振动系统中更为重要。

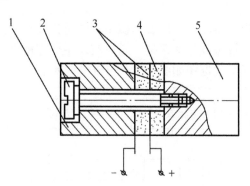

1—压块；2—压紧螺钉；3—导电镍片；4—压电陶瓷；5—压块

图 7-4 压电陶瓷换能器结构示意

变幅杆有以下四方面作用：

（1）用来放大位移振幅（或振速），或者把能量集中在较小的面积上（聚能作用）。经压电或磁致伸缩获得的变形量是很小的，在共振条件下其振幅也在 5～10 μm 范围内，不足以直接加工。为此，需采用变幅杆将振幅扩大。变幅杆之所以能扩大振幅，是由于通过它的每个截面的振动能量是不变动的（略去传播损耗），截面小的地方能量密度大，振幅也大。

为了获得较大的振幅，需要使变幅杆的共振频率（谐振频率）和外激振动频率相等，使之处于共振状态。

（2）作为机械阻抗变换器，使换能器与声负载更好地匹配耦合，更有效地在换能器与声负载之间传递交换超声能量。

（3）用来固定整个机械系统，从而尽可能地减小机械能量的损耗。

（4）使换能器和工作介质之间获得热学和化学上的隔绝。

变幅杆类型按截面变化规律的不同可分为单一型和复合型两大类。单一型变幅杆包括阶梯形、悬链形、指数形及圆锥形变幅杆等。复合型变幅杆包括带有锥形、指数形过渡的阶梯形，以及锥形、指数形、悬链形等一端带有圆柱杆的变幅杆等。常用变幅杆结构示意如图 7-5 所示。

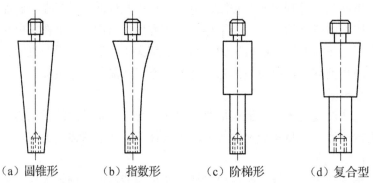

（a）圆锥形　　　（b）指数形　　　（c）阶梯形　　　（d）复合型

图 7-5 常用变幅杆结构示意

在选用变幅杆的类型时，应从三个方面来考虑：一是设计比较简单，容易获得较准确的设计数据；二是要注意制造的难易程度；三是要根据振动切削的具体要求，特别要根据放大倍数、工作稳定性、切削用量等选择合适的变幅杆。表 7-1 给出了几种常见单一型变幅杆的特性比较。对变幅杆材料的要求如下：在工作频率范围内材料的损耗小；材料的疲劳强度高，而声阻抗率小，以获得较大的振动速度和位移速度；易于机械加工。此外，处理液体时还要求变幅杆的被辐射面所用的材料耐腐蚀。

适合上述要求的金属材料有铝合金、铜镍合金，如硬质合金、铍青铜及钛合金等。钛合金的性能较好，但机械加工较困难，价格昂贵；铝合金加工容易，但抗超声空化腐蚀很差，钢损耗较大。

表 7-1　几种常见单一型变幅杆的特性比较

类　型	特　性	
	优　点	缺　点
阶梯形	设计制造最简单，当面积系数一定时，振幅放大系数最大，半波共振长度最短	共振频率范围较小，受负载后放大倍数小，截面变化处应力较大
圆锥形	制造容易，共振长度长，频率稳定性好，机械强度大	振幅放大倍数相对较小，半波共振长度最长
指数形	一般在大功率、高声强的状态下工作，工作性能稳定，振幅放大倍数相对较大，阻抗较容易匹配	制造困难，放大系数小，截面变化不能过大，否则振动无法传播
悬链形	放大系数较大，输入阻抗特性最好	制造困难，当放大倍数过大时，常因应力过大而损坏

3）工具

工具安装在变幅杆的细小端。机械振动经变幅杆放大后传给工具，而工具端面的振动将使磨粒和工作液以一定的能量冲击工件，并加工出一定的形状和尺寸。

工具的形状和尺寸取决于被加工表面的形状和尺寸，它们相差一个"电极间隙"（稍大于磨粒平均直径）的宽度。当加工表面积较小时，工具和变幅杆被做成一个整体，否则，可将工具用焊接或螺纹连接等方法固定在变幅杆下端。

在超声加工过程中，工具直接作用在工件上，因此工具的振动特性对加工效果的影响至关重要。当变幅杆前端带有简单形状工具时，可将这些工具视作变幅杆的一部分，或者基于"局部共振"理论进行声学系统设计。而对于各种类型的复杂形状工具，其振动特性涉及超声波在复杂变形体中的传播规律问题，其动力学模型的求解非常困难，一般借助计算机辅助设计与仿真分析。一般认为，当工具不大时，可以忽略工具对振动的影响，但当工具较重时，会降低声学系统的共振频率；当工具较长时，应对变幅杆进行修正，使之满足半个波长的共振条件。

3. 机床

进行超声加工时，工具与工件之间的作用力很小，加工机床只须实现工具的工作进给运动及调整工具与工件之间相对位置的运动，因此机床构造较简单，一般包括支撑超声波振动系统的机架、工作台面、进给机构以及床身等部分。图 7-6 所示为国产 CSJ-2 型超声加工机床，其超声波振动系统安装在一根能上下移动的导轨上，导轨由上下两组滚动导轮定位，使导轨能灵活可靠地上下移动。工具的向下进给以及对工件施加压力依靠超声波振动系统的自重，为了能调节压力大小，在机床后面配备可加减的平衡重锤。除此之外，还有重锤杠杆加载、弹簧加载、液压或气压加载等加压方式。

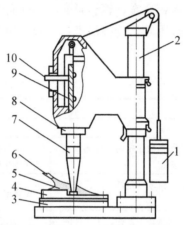

1—平衡重锤；2—支架；3—工作台；4—工件；5—工具；
6—磨料工作液；7—变幅杆；8—换能器；9—导轨；10—标尺

图 7-6　国产 CSJ-2 型超声加工机床

一般地，将超声波发生器、换能器、变幅杆、超声波振动系统、工具、工艺装置直接安装在传统的机床上进行技术改造的方法是经济、简便易行的方法，在某些超声加工方法应用于生产实践的过程中获得了很好的应用效果，这也是国内外超声加工技术过去（甚至当前）发展的主要模式。

德国 DMG 公司推出了多款集高速切削与超声加工于一体的超声加工中心，该公司是当前领先的超声加工中心供应商。在我国，汇专科技集团研发了具有自主知识产权、以超声绿色技术为核心的超声绿色机床产品体系，主要包括超声绿色五轴联动加工中心、超声绿色高效钻攻中心、超声高效精密雕铣中心、超声绿色立式加工中心等系列产品，广泛应用于消费电子、航空航天、高端医疗、国防装备、汽车及新能源等行业。

4. 磨料工作液及其循环系统

对于简单的超声加工装置，其中的磨料是依靠人工输送和更换的，即在加工前将悬浮着磨料的工作液浇注堆积在加工区域，加工过程中定时抬起工具并补充磨料。也可利用小型离心泵使磨料工作液在搅拌后注入电极间隙。对于较深的加工表面，应将工具定时抬起，以便进行磨料的更换和补充。大型超声加工机床采用流量泵自动向加工区域供给磨料工作液，而且品质好，循环性也好。

效果较好而又最常用的工作液是水。为了提高加工质量，根据不同的加工对象有时也把煤油或机油当作工作液。常用的磨料为碳化硼、碳化硅或氧化铅等微粒，这些微粒（也称磨粒）粒度大小是根据加工生产率和精度等要求选定的。使用粒度大的磨料，生产率高，但加工精度及表面粗糙度较差。

在超声切削加工技术中，直接用刀具替代了工具，与传统机床结合，形成了超声切削加工机床，其机床结构与传统超声加工机床有较大区别，也不再需要磨料工作液及其循环系统。

7.1.4　主要工艺指标的影响因素

与机械加工一样，超声加工可从加工效率和加工质量两个方面来评价。其中，加工效率可用加工速度来衡量，加工质量可用加工精度和表面质量来衡量。

1. 加工速度

加工速度是指单位时间内去除材料的多少，单位为 g/min 或 mm³/min。一般加工速度为 1～50 mm³/min，而超声加工速度可达 400～2000 mm³/min。

影响加工速度的主要因素有工具振动频率、振幅、工具与工件之间的静压力、磨粒种类和粒度、磨料工作液的浓度、供液与循环方式、工具与工件材料等。

（1）工具振幅和频率的影响。提高工具头振动频率及振幅有利于提高加工速度，但过大的振幅和频率会在振动系统中产生很大的交变内应力。在超声加工中，一般振幅为 0.01～0.1 mm，频率为 16000～25000 Hz。

（2）进给压力的影响。加工中工具头应对工件保持一个合适的静压力（进给压力）。静压力过小，使工具头与工件间隙大，磨粒撞击力减弱；静压力过大，工具头与工件间隙减小，不利于磨粒的更新，这些都会使加工速度降低。

（3）磨料种类和磨粒粒度的影响。磨粒硬度高、磨粒粗可使加工速度变快，但工件表面粗糙。应根据不同的工件材料合理选择磨料种类。加工金刚石和宝石等超硬材料时，必须用金刚石磨料；加工硬质合金、淬火钢等高硬脆性材料时，宜采用硬度较高的碳化硼磨料；加工硬度不太高的硬脆材料时，可采用碳化硅磨料；加工玻璃、石英和半导体等材料时，用刚玉之类的磨料即可。

（4）磨料工作液浓度的影响。磨料工作液的浓度也要适当。浓度过大时，磨粒相互碰撞的机会增多，能量损耗大，加工速度反而不高。通常采用的浓度为磨料与水的质量比，两者之比为 0.5～1。

磨料工作液的料液比（磨料质量或体积与液体质量或体积之比）对加工速度的影响规律是：当体积料液比为 0%～30%时，加工速度增大；当体积料液比为 30%～50%时，加工速度增大变慢；当体积料液比超过 50%～60%后，加工速度没有变化，因为此时磨粒太多，相互碰撞机会多，消耗了能量。

（5）被加工材料的影响。被加工材料越脆，则承受冲击载荷的能力越低，因此越容易加工；反之，韧性较好的材料则不易加工。假设玻璃的可加工性（生产率）为 100%，而

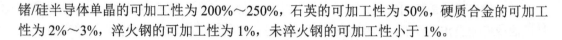

锗/硅半导体单晶的可加工性为200%～250%，石英的可加工性为50%，硬质合金的可加工性为2%～3%，淬火钢的可加工性为1%，未淬火钢的可加工性小于1%。

2. 加工精度

超声加工的精度较高，可达0.01～0.02 mm。一般孔加工的尺寸精度可达±（0.02～0.05）mm。

超声加工的精度，除受机床、夹具精度影响外，还与磨粒粒度、工具精度及磨损情况、工具横向振动的大小、加工深度、被加工材料的性质等有关。

工具头制造误差和磨损会直接影响加工精度。安装工具头时，其重心应在超声波振动系统的轴线上。否则，工具头会伴有横向侧振引起磨粒对孔壁的二次加工，造成孔的锥度。

磨粒细、均匀性好可以提高加工精度。对于加工中被磨钝的磨粒，需要不断地更新。但随着加工深度的增加，一方面工具头损耗增大，另一方面磨粒更新变得困难，这两方面原因都使加工精度下降。

3. 表面质量

超声加工具有较好的表面质量，不会产生表面烧伤和表面变质层。超声加工表面质量（表面粗糙度）主要与磨粒粒度、被加工材料性质和工具振幅有关。图7-7给出了超声加工表面粗糙度与磨粒粒度的关系，被加工材料脆性越大，表面粗糙度越大。磨粒粒度尺寸越大，表面粗糙度越大。

关于超声加工对被加工材料表层金相组织的影响，目前研究甚少，一般认为没有影响。

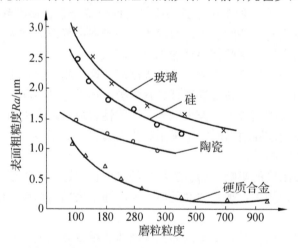

图7-7　超声加工表面粗糙度与磨粒粒度的关系

7.1.5　主要应用

超声加工主要用于各种硬脆材料（如玻璃、石英、陶瓷、硅、锗、铁氧体、宝石和玉器等）的打孔、切割、开槽、套料、雕刻，以及成批小型零件的去毛刺、模具表面的抛光和砂轮的修整等。

目前，超声加工应用领域已涉及光学工业（如凹面镜、凸面镜和柱面镜）、医疗行业（如髋关节球头、植入物）、半导体工业（如晶片）、汽车工业和航空航天工业（如制动盘、发动机零件、气门座、垫片及绝缘件）、制泵及安装行业（如阀门壳体、喷嘴、垫圈、柱塞、滑环）等。

1. 型孔和型腔加工

目前超声加工在各工业部门中主要用于在脆硬材料加工圆孔、异型孔、型腔、套料、微孔、弯孔、刻槽、落料、复杂沟槽等。可使用超声加工的型孔和型腔类型如图7-8所示。

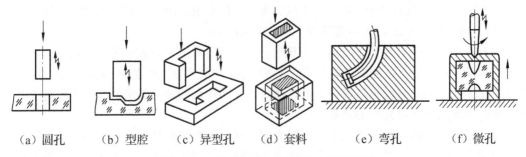

（a）圆孔　　（b）型腔　　（c）异型孔　　（d）套料　　（e）弯孔　　（f）微孔

图7-8　可使用超声加工的型孔和型腔类型

2. 切割加工

一般加工方法用于普通机械加工切割脆硬的半导体材料是很困难的，采用超声切割则较为有效，而且超声精密切割半导体、氧化铁、石英等，精度高、生产率高、经济性好，并且可以利用多刃刀具，切割单晶硅片（见图7-9），一次可以切割加工10～20片。

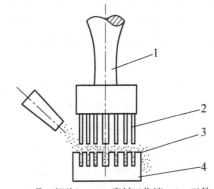

1—变幅杆；2—工具（钢片）；3—磨料工作液；4—工件（单晶硅片）

图7-9　超声切割单晶硅片

3. 超声抛光

超声抛光是把具有适当输出功率（50～1000W）的超声波振动系统产生的超声波振动

能量附加在抛光工具或被抛光工件上，从而使工具或工件以高频、小振幅进行超声频机械振动摩擦，达到为工件抛光目的的表面光整加工方法。超声抛光在模具制造，特别是在要求表面粗糙度 Ra 很小的注塑模、压铸模和异型模具制造方面获得了应用，显示出了它的优点，逐渐成为模具抛光工序不可缺少的设备。

超声抛光的工具有两类：一类是具有磨削作用的磨具，如烧结金刚石、烧结刚玉油石等；另一类是没有磨削作用的工具，如金属棒、木片或竹片等，使用时需要另加抛光膏。

超声抛光具有以下工艺效果：

（1）采用超声抛光可大大提高生产率。例如，超声抛光硬质合金的生产率比普通抛光的生产率提高约 20 倍，超声抛光淬火钢的生产率比普通抛光的生产率提高约 15 倍。

（2）显著降低表面粗糙度 Ra。对于原始表面粗糙度 $Rz=100$ μm 的工件表面，采用普通抛光时，一般 $Rz=1.6$ μm，采用超声抛光时，$Rz=0.1$ μm。

（3）采用铜基的人造金刚石抛光工具时，以加三乙醇胺水溶液进行冷却最好。三乙醇胺的作用除了冷却外，更主要的是它在抛光过程中，与抛光工具中的铜基体发生化学反应，促使钝化了的金刚石磨粒脱落，使工具表面露出新的锋利的金刚石磨粒，从而保持工具的生产率，防止工具在抛光中的堵塞。

（4）采用超声抛光还可以提高已加工表面的耐磨性和耐腐蚀性。超声加工还可以与化学或电化学方法结合，进行抛光作业。在溶液腐蚀、电解的基础上，再施加超声波振动搅拌溶液，使工件表面溶解产物脱离，表面附近的腐蚀或电解质均匀；超声波在液体中的空化作用还能够抑制腐蚀过程，有利于表面光亮化。

4. 超声清洗

超声清洗的原理主要是基于超声频振动在液体中产生的交变冲击波和空化作用。

清洗液在超声波的振动作用下，使液体分子产生正负交变的冲击波及空化效应。空化效应使液体中急剧生长微小空化气泡并瞬时强烈闭合，产生的微冲击波使被清洗物表面的污物遭到破坏，并从被清洗表面脱落下来。在污物溶解于清洗液的情况下，空化效应加速溶解过程，即使是被清洗物上的窄缝、深小孔、弯孔中的污物，也很易被清洗干净。所以，超声清洗主要用于形状复杂、清洗质量高的中、小精密零件，特别是深小孔、弯孔、不通孔、沟槽等特殊部位，采用其他方法效果差，采用该方法清洗效果好，生产率高，净化程度也高。因此，超声加工在半导体、集成电路元件、光学元件、精密机械零件、放射性污染物等的清洗中得到了较为广泛的应用。图 7-10 所示为超声清洗装置示意。

在超声清洗中，一般有两类清洗剂，即化学溶剂和水基清洗剂。清洗剂的化学作用可以提高超声清洗效果。因为超声清洗是物理作用，与化学作用相结合，可以对物件进行充分、彻底的清洗。

超声清洗的功率密度越高，空化效果越强，速度越快，清洗效果越好，但对于精密的表面精糙度很小的物件，采用长时间的高功率密度清洗会对物件表面产生空化、腐蚀。超声清洗的频率一般是 20 000 ～33 000 Hz。超声波频率越低，在液体中产生的空化越容易，产生的力度大,作用也越强,适用于工件的初洗;超声波频率高,则超声波方向性强,适用于精细物件的清洗。

一般来说,超声波在30℃~40℃时的空化效果最好。对清洗剂来说,工作温度越高,作用越显著。通常,在进行超声清洗时,采用40℃~60℃的工作温度。

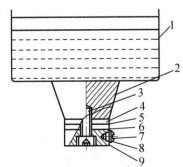

1—清洗槽;2—变幅杆;3—压紧螺钉;4—换能器;
5—阳极镍片;6—阴极镍片;7—接线螺钉;8—垫圈;9—垫块

图7-10 超声清洗装置示意

5. 超声波振动切削加工

对刀具或工件施加超声波振动的切削加工称为超声波振动切削。超声波振动切削能改善零件加工表面质量与加工精度,延长刀具寿命,提高切削效率,扩大切削加工应用范围,可广泛用于车削、刨削、铣削、磨削、螺纹加工和齿轮加工等方面。超声波振动切削对难加工材料和难加工工件的良好效能引起了人们的关注。

超声波振动切削实际上利用刀具或工件的高频振动使一段连续的切削过程转化为分段的高速断续切削过程。在加工过程中,刀具与工件不断地出现切入—切出—脱离—切入状态,使其平均切削力和切削温度远低于普通切削时的切削力和切削温度,因而该加工方法广泛应用于各种切削加工中。

超声波振动切削对切削过程的影响有以下几个方面的特点:

(1)周期性地改变了实际切削速度的大小和方向。

(2)周期性地改变了刀具的运动角度,包括前角、后角、刃倾角等。

(3)周期性地改变了被切金属层的厚度。

(4)改变了所加载荷的性质,使刀具由静载荷变为动载荷。

(5)改变了已加工表面的形成条件,从而改善了表面质量,提高了加工精度。

(6)改善了切削液到达切削区的条件。

(7)改变了刀具工作表面的接触条件,减小了切屑形成区的变形量,降低了切削力。

(8)改善了工艺系统的动态稳定性,从而得到振动切削特有的切削效果——振动切削的消振效果。

(9)改变了消耗在切削过程中的功率,使能量分布发生了变化。

超声波振动切削在外圆加工、平面加工、孔加工、螺纹和齿轮的加工、切槽与切断加工磨料磨削加工、塑性加工中都取得了比较理想的效果。另外，近年来超声波振动切削加工在航空难加工材料（如钛合金、高温合金、纤维增强复合材料等）、3C 产品（如手机、平板电脑、数码相机等零部件）、生物制造（如超声骨钻与超声骨刀等）等领域的应用也越来越受到人们的重视。21 世纪初提出的多维超声波振动切削加工技术的发展方兴未艾，为难加工零件的高品质加工给出了新技术方案。

6. 微细超声加工

以微机械为代表的微细制造是现代制造技术中的一个重要组成部分，晶体硅、光学玻璃、工程陶瓷等硬脆材料在微机械中的广泛应用，使硬脆材料的高精度三维微细加工技术成为世界各国制造业的一个重要研究课题。目前可适用于硬脆材料加工的手段主要有光刻加工、电火花加工、激光加工、超声加工等特种加工技术。

超声加工与电火花加工、电解加工、激光加工等技术相比，既不依赖于材料的导电性又没有热物理作用，与光刻加工相比又可加工高深宽比三维形状，这决定了超声加工技术在陶瓷、晶体硅等非金属硬脆材料加工方面有着得天独厚的优势。

微细超声加工在原理上与常规的超声加工相似，主要通过减小工具直径、磨粒粒度和超声振幅来实现的。但是，实现微细超声加工存在着许多技术难题。首先，制作 5～300 μm 这样细小的工具既非易事，也难以在超声头上安装和找正。其次，使用这么细小的工具，很容易发生损坏。最后，工具在长度方向的损耗变大，故得到固定的加工深度是很困难的。而且对于细小工具来说，加工载荷变得太小将很难设置和检测。除此之外，毛细效应使磨料工作液进入工具端部与工件之间的狭小加工区域变得十分困难。所有这些因素都影响着工艺的稳定性、加工的表面质量、加工效率以及所能达到的形状精度。

随着东京大学生产技术研究所 20 世纪末对微细工具的成功制作及微细工具装夹、工具回转精度等问题的合理解决，采用工件加振的工作方式在工程陶瓷材料上加工出了最小直径为 5μm 的微孔，从而使超声加工作为微细加工技术成为可能。DMG 公司于 2003 年推出了商业化的 DMS35 型超声波振动加工机床可加工直径小于 0.3 mm 的精密小孔，表面粗糙度 Ra 小于 0.2 μm。

7.2 水射流加工

水射流加工（Water Jet Machining ，WJM）又称为超高压水射流加工、液力加工、水喷射加工或液体喷射加工，俗称"水刀"，主要靠液流能和机械能实现材料加工。

水射流加工是 20 世纪 70 年代发展起来的一门新技术，开始时只是把它用于在大理石、玻璃等非金属材料的加工，现在已发展成为切割复杂三维形状的工艺。该项技术是一种"绿色"加工方法，在国内外得到了广泛的应用，目前在机械、建筑、国防、轻工、纺织等领域正发挥着日益重要的作用。

7.2.1　概述

水射流加工是利用高速水流对工件的冲击作用去除材料的，其加工原理示意如图 7-11 所示。储存在水箱中的水或加入添加剂的水溶液，经过过滤器处理后，由水泵抽出送至蓄能器中，使高压液体流动平稳。液压机构驱动增压器，使水压增高到 70～400 MPa。高压水经控制器、阀门和喷嘴喷射到工件上的加工部位，以此方式进行切割。切割过程中产生的切屑和水混合在一起，被排入水槽。

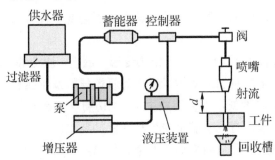

图 7-11　水射流加工原理示意

有关水射流的破碎和粉碎作用的利用可以追溯到 20 世纪 20 年代。早在 1916 年就开始进行借水射流开采煤炭的实用试验，于 1939 年实现了水力采煤。其后，随着高压水发生装置的不断开发和进步，水射流在矿业、土木工程和建筑业中的应用日益增加。

但是，利用水射流作为工业产品的精密加工，尤其是切割的研究从 20 世纪 60 年代初才开始。从高速飞行的飞机受到雨滴侵蚀（例如，B-29 型轰炸机的玻璃纤维增强塑料雷达的圆顶受损伤等）这一现象而获得启示，美国、英国、日本和苏联等国相继开展了这方面的研究工作。经过约 10 年的研究和开发，同时研制出了实用又耐久性好的高压水发生装置（包括高压密封装置），在 1971 年制造出了世界上第 1 台高压纯水射流切割设备并用于家具制造中的切割加工。

在显示出水射流切割的独特优点的同时，鉴于纯水型的切割能力有限，可切割加工的材料受到限制。20 世纪 80 年代初，开始研究在水中加入磨料的水射流加工技术。1982 年，制成了第 1 台高压加磨料（挟带式）水射流切割设备，使之能切割各种金属和陶瓷等硬质材料，从而引起工业界对水射流切割法的重视。

英国流体力学研究协会（British Hydromechanics Research Association，BHRA）又在此基础上开发低压加磨料水射流技术。1990 年，该协会下属的 Fluid Developments 公司正式推出低压加磨料型两轴数控水射流切割机，这种技术被认为是目前水射流切割法中最有效的加工技术。

1993 年，我国经过一段时间的开发，正式推出国产高压（最大水压为 392 MPa）加磨料型水射流切割设备并开始销售。

水射流切割的研究和开发时间还不长，而且较大范围的推广应用的时间更短。因此，有关切割的基础研究尚待深入，对最佳切割参数的资料，也需逐步加以积累和分析。

超高压水射流使用水作为工作介质，这是一种冷态切割新工艺，属于绿色加工范畴，是目前世界上先进的加工方法之一。它可以加工各种金属、非金属材料，以及各种硬、脆、韧性材料，在石材加工等领域具有其他加工方法无法比拟的技术优势。

（1）切割时工件材料不会因受热而变形，切边质量较好：切口平整，无毛刺，切缝窄，宽度为 0.075～0.40 mm。材料利用率高，使用水量也不多（液体可以循环利用），降低了成本。

（2）在加工过程中，作为"刀具"的高速水流不会变"钝"，各个方向都有切削作用，因而切割过程稳定。

（3）在切割加工过程中，温度较低，无热变形、烟尘、渣土等，加工产物随液体排出。因此该加工技术可以用来切割加工木材、纸张等易燃材料及制品。

（4）由于切割加工温度低，不会造成火灾。"切屑"混在水中一起流出，加工过程中不会产生粉尘污染物，因而有利于满足安全和环保的要求。

（5）加工材料范围广，既可用来加工非金属材料，也可以加工金属材料，更适用于加工切割薄的和软的材料。

（6）加工开始时不需要退刀槽或孔，工件上的任何位置都可以作为加工开始和结束的位置，与数控加工系统相结合，可以进行复杂形状的自动加工。

（7）在液力加工过程中，切屑混入液体中，因此不存在灰尘，不会有爆炸或火灾的危险。

对某些材料，裹挟在射流束中的空气将增加噪声，噪声随压射距离的增加而增加。在液体中加入添加剂或调整到合适的正前角，可以降低噪声，噪声分贝值一般低于标准规定。

目前，超高压水射流加工存在的主要问题如下：喷嘴的成本较高，使用寿命、切割速度和精度仍有待进一步提高。

7.2.2 加工设备

目前，国外已有系列化的数控超高压水射流加工设备，但是还没有通用的超高压水射流加工机。通常情况下，都是根据具体要求设计制造的。相关加工设备主要有增压系统、切割系统、控制系统、过滤设备和机床床身。

1. 增压系统

增压系统主要包括增压器、控制器、泵、阀及密封装置等。增压器是液压系统中重要的设备，其作用是使液体的工作压力达到 100～400 MPa，高出普通液压传动装置液体工作压力的 10 倍以上，以保证加工的需要。因此增压系统中的管路和密封是否可靠，对保障切割过程的稳定性、安全性具有重要意义。增压水管采用高强度不锈钢厚壁无缝管或双层不锈钢管，接头处采用金属弹性密封结构。

2. 切割系统

喷嘴是切割系统最重要的零件。喷嘴应具有良好的射流特性和较长的使用寿命。喷嘴的结构取决于加工要求，常用的喷嘴有单孔型喷嘴和分叉型喷嘴两种。

喷嘴的直径、长度、锥角及孔壁表面质量对加工性能有很大影响，通常要根据工件材料性能进行合理选择。喷嘴的材料应具有良好的耐磨性、耐腐蚀性和耐高压性。

常用的喷嘴材料有硬质合金、蓝宝石、红宝石和金刚石。其中，金刚石喷嘴的寿命最高，可达 1 500h，但加工困难、成本高。此外，喷嘴位置应可调，以适应加工的需要。

影响喷嘴使用寿命的因素较多，除了喷嘴结构、材料、制造和装配方法、水压、磨料种类，提高水介质的过滤精度和处理质量，也有助于提高喷嘴寿命。通常，工业用水的 pH 值为 6～8，并精滤到使水中的悬浮物颗粒直径小于 0.1 μm。另外，选择合适的磨料种类和磨粒粒度，对提高喷嘴的使用寿命也至关重要。

3. 控制系统

可根据具体情况选择机械、气压和液压控制。工作台应能在纵向和横向灵活移动，适应大面积和各种型面加工的需要。因此，采用程序控制和数字控制系统是理想的方法。目前，已出现程序控制液体加工机，其工作台尺寸为 1.2m×1.5m，移动速度为 380mm/s。

4. 过滤设备

在进行超高压水射流加工时，对工业用水进行必要的处理和过滤有着重要意义：延长增压系统密封装置和宝石喷嘴等的寿命，提高切割质量和运行可靠性。因此，要求过滤设备很好的滤除液体中的尘埃、微粒、矿物质沉淀，过滤后滤液中残留的微粒直径应小于 0.45μm。液体经过过滤以后，可以减少对喷嘴的腐蚀机会。切削时摩擦阻尼很小，夹具简单。当配有多个喷嘴时，还可以采用多路切削，提高切削速度。

5. 机床床身

机床床身结构通常采用龙门式或悬臂式机架结构，一般都是固定不动的。为保证喷嘴与工件距离的恒定，以保证加工质量，要在切削头上安装一只传感器。为加工出复杂立体形状零件，要把切削头和关节式机器人手臂或三轴的数控系统控制相结合。

图 7-12 所示为美国一家公司生产的 PASER 型水射流切割设备的组成及其布置示意。其中，高压水发生装置由 1 台压力可补偿的可调式柱塞泵和由液压驱动的增压器组成，能把水压升至 200～400 MPa。增压器带有一个高压安全阀，可通过按"急停"按钮释放压力，以保证安全。

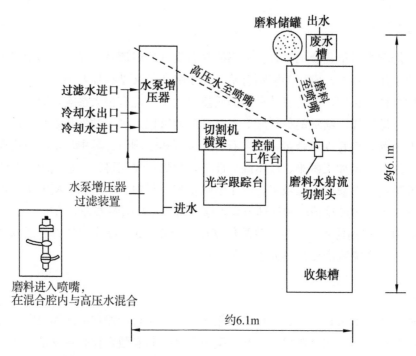

图 7-12　PASER 型水射流切割设备的组成及其布置示意

7.2.3　工作参数

超高压水射流加工的工作参数主要包括流速与流量、水压、能量密度、喷射距离、喷射角度和喷嘴直径。以下分别介绍这些参数在加工中的影响。

（1）流速与流量。水喷射加工采用高速水流，速度可高达每秒数百米，是声速的 2～3 倍。超高压水射流加工的流量可达 7.5 L/min。流速和流量越大，加工效率越高。

（2）水压。加工时，在由喷嘴喷射到工件的被加工表面之前，水的压力经增压器作用变为超高压，可高达 700 MPa。提高水压，将有利于提高切割深度和切割速度，但会增加超高压水发生装置及超高压密封的技术难度，增加设备成本。目前，常用超高压水射流切割设备的最高压力一般控制在 400 MPa 以内。

（3）能量密度。能量密度是指高压水从喷嘴喷射到工件单位面积上的功率，也称为功率密度，其值可高达 10^{10} W/m²。

（4）喷射距离。喷射距离是指从喷嘴到待加工工件的距离。根据不同的加工条件，喷射距离有一个最佳值，一般范围为 2.5～50 mm，常用距离为 3 mm。

（5）喷射角度。喷射角度可用正前角来表示。水喷射加工时喷嘴喷射方向与工件的被加工表面的垂线之间的夹角称为正前角。超高压水喷射加工时一般正前角为 0°～30°。喷射距离与切割深度有密切关系，在具体加工条件下，喷射距离有一个最佳值，可经过试验寻求最佳值。

（6）喷嘴直径。用于加工的喷嘴直径一般小于 1 mm，常用的直径为 0.05～0.38 mm。增大喷嘴直径，可以提高加工速度。

切缝质量受材料性质的影响很大。软质材料可以获得光滑表面，塑性好的材料可以切割出高质量的切边。水压对切缝质量影响很大，水压过低，会降低切边质量，尤其对于复合材料，容易引起材料离层或起鳞，这时需要选择合适的加工前角。

加工厚度较大的工件，需要采用高压水切割。此时，断面质量随切割深度发生变化：上部断面平整、光洁，质量好；中间过渡区域存在较浅的波纹；在下部断面，由于切割能量降低及弯曲波纹的产生，因此切割质量降低。

7.2.4　主要应用

1. 水射流加工

水射流加工的流束直径为 0.05～0.38 mm，除可加工大理石、玻璃外，还可加工很薄、很软的金属和非金属材料，已广泛应用于普通钢、装甲钢板、不锈钢、铝、铅、铜、钴合金板、塑料、陶瓷、胶合板、石棉、石墨、混凝土、岩石、地毯、玻璃纤维板、橡胶、棉布、纸、塑料、皮革、软木、纸板、蜂巢结构材料、复合材料等近 80 种材料的切削，切割厚度可达 90 mm。

例如，用水射流切割厚度为 19 mm 的吸声天花板，水压为 39 MPa，加工速度为 76 m/min；水射流切割玻璃绝缘材料厚度可达 125 mm，由于缝较窄，可节约材料，降低加工成本；用高压水射流加工石块、钢、铝、不锈钢，切割效率明显提高。水射流加工可代替硬质合金切槽刀具，可切割几毫米至几百毫米厚的材料，而且切边质量很好。

又如，用水射流去除汽车空调机汽缸上的毛刺。这类汽缸的缸体体积小、精度高、不通孔多，若用手工去毛刺，则需要工人 26 名。现用四台水喷射机在两个工位上给汽缸去毛刺，每个工位可同时加工两个汽缸，由 28 只硬质合金喷嘴同时作业，实现去毛刺自动化，使生产率大幅度提高。

再如，用高压水间歇地向金属表面喷射，可使金属表面产生塑性变形，达到类似喷丸处理的效果。在铝材表面喷射高压水，被喷射的表面可产生 5 μm 厚的硬化层，材料的屈服极限得以提高。这种表面强化方法清洁无污染、所用液体便宜、噪声低。此外，还可在经过化学加工的零件保护层表面划线。

2. 磨料水射流加工

磨料水射流加工是在水射流加工技术基础上发展起来的特种加工技术。它以高速水流为载体，带动高速的和集中的磨料流冲击被加工表面，实现对材料有规律和可控的去除。1983 年，首次报道了世界上第一台商用磨料水射流玻璃切割系统。与其他切割技术相比，磨料水射流具有无切割热变形、可以切割任何材料、切割方向高柔性和切削力很小等优点，被广泛应用于难加工材料的切割。

由于磨料水射流的技术和经济特点，因此它具有许多潜在的应用，许多企业可以从这项先进技术中受益。例如，建筑行业中的切割金属和混凝土框架；煤矿开采业中的辅助开采；食品行业中的食品切割、脱脂及其清洗。作为制造技术，磨料水射流已被广泛应用在机械装备、车辆和航空航天等领域，特别适合加工诸如陶瓷、大理石、涂层复合材料、叠层玻璃、钛合金板等难加工材料。

磨料水射流加工应用方式如下。

（1）磨料水射流铣削，包括多次走刀成型和掩模刻蚀图形两种成型原理。

（2）磨料水射流车削，包括车削外圆和螺纹。

（3）磨料水射流穿孔，包括水射流冲击、穿透和保压三种作用形式。

（4）磨料水射流抛光，包括直线倾角式、曲线式和径向式三种相对运动关系。

（5）磨料水射流强化，包括冲击和冷热交替两种作用形式。

（6）磨料水射流切割，包括平板、曲线轮廓、锥度和复杂形状等多种类型。

3. 微磨料水射流加工

近20年来，在磨料水射流基础上发展起来的微磨料水射流加工技术（射流直径为10～100μm）得到快速发展，已实现对金属、陶瓷、光学玻璃、半导体以及复合材料等难加工材料的精密微细加工，其加工精度和表面质量已达到激光加工水平，是一种具有广阔应用前景的微细加工技术。微磨料水射流加工技术由供料系统提供微磨料，将高压水与微磨料相混合加速，经微细喷嘴形成微磨料水射流，通过微磨料对被加工材料的冲蚀实现材料的微量去除。当前，国内外所研究的微磨料水射流加工主要采用后混合式射流和前混合式射流两种，其加工原理示意如图7-13所示。

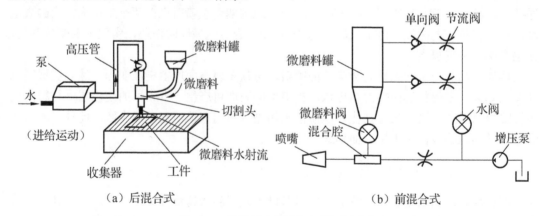

图7-13 微磨料水射流加工原理示意

英国研制出了一种前混合式微磨料水射流切割系统，在厚度为50 μm的不锈钢上以每笔2.5个孔的速度钻出直径为85 μm的均布阵列孔，孔间距为250 μm。

7.3　挤压珩磨加工

挤压珩磨又称为磨料流加工（Abrasive Flow Machining，AFM），是在水射流技术基础上发展起来的。挤压珩磨是指利用携带磨料的黏弹性基体介质（研磨介质），在一定压力下反复摩擦加工表面而达到抛光或去毛刺目的的特种加工，主要依靠液流能和机械能实现材料加工。

挤压珩磨是 20 世纪 60 年代末由美国开创的光整加工新技术。这种加工方法最初主要用于去除零件中隐蔽部位或交叉孔内的毛刺，后来又应用到抛光模具或零件的表面，还用于抛光电火花加工后的表面或去除表面变质层，对机械零件的棱边倒圆等。

挤压珩磨具有加工质量好、效率高、易于实现自动化等优点，特别适用于那些用传统加工方法难以加工的场合。例如，用于去除工件上的交叉孔道或交叉处毛刺，用于抛光窄深槽或异型曲面的抛光，还用于研磨小孔、深孔和不通孔等。

1985 年，我国首次制成挤压珩磨机，又称为磨料流机床。目前，国内生产挤压珩磨机设备的企业有西安东方红机械厂、四川长征机床厂和山西内燃机厂等。该技术在我国已开始用于液压件、模具轻纺机械零件的加工。

7.3.1　加工原理

挤压珩磨是指利用一种含磨粒的半流动状态的黏弹性磨料，在一定压力下强迫黏弹性磨料在被加工表面上流过，通过磨粒的刮削作用去除工件被加工表面微观不平材料的加工方法。

图 7-14 所示为挤压珩磨原理示意。工件安装并被压紧在夹具中，夹具与上、下磨料室相连，磨料室内充满黏弹性磨料，由活塞在往复运动过程中通过黏弹性磨料对所有表面施加压力，使黏弹性磨料在一定压力作用下反复在工件待加工表面上滑移通过，类似用砂布均匀地压在工件上慢速移动那样，从而达到抛光表面或去毛刺的目的。

当下活塞对黏弹性磨料施压并推动其自下而上运动时，上活塞在向上运动的同时，也对黏弹性磨料施压，以便在工件的被加工表面的出口方向造成一个背压。由于有背压的存在，混在黏弹性磨料中的磨粒才能在挤压珩磨过程中实现切削作用，否则，工件加工区域将会出现加工锥度及尖角倒圆等缺陷。

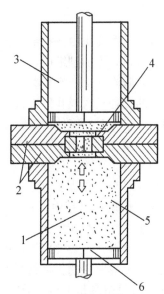

1—黏弹性磨料；2—夹具；3—上磨料室；
4—工件；5—下磨料室；6—液压活塞

图 7-14　挤压珩磨原理示意

挤压珩磨具有以下工艺特点：

（1）适用范围广。由于挤压珩磨介质是一种半流动状态的黏弹性材料，它可以适应各种复杂表面的抛光和去毛刺，如各种型孔、型面（齿轮、叶轮、交叉孔、喷嘴小孔、液压部件、各种模具等），所以它的适用范围是很广的，而且几乎能加工所有的金属材料。此外，也能加工陶瓷、硬塑料等。

（2）抛光效果好。加工后的表面粗糙度与原始状态和磨粒粒度等有关，一般可降低为加工前表面粗糙度值的十分之一，最低的表面粗糙度 Ra 可以达到 0.025 μm。磨料流动加工可以去除在 0.025 mm 深度的表面残余应力，可以去除前面工序（如电火花加工、激光加工等）形成的表面变质层和其他表面微观缺陷。

（3）加工效率高。挤压珩磨的材料去除量一般为 0.01～0.1mm，加工时间通常为 1～5min，最多十几分钟即可完成，与手工作业相比，加工时间可减少 90%以上，对一些小型零件，可以多件同时加工，可大大提高生产率。对多件装夹的小零件的生产率每小时可达 1 000 件。

（4）加工精度高。挤压珩磨是一种表面加工技术，因此它不能修正零件的形状误差。切削均匀性可以保持在被切削量的 10%以内，不至于破坏零件原有的形状精度。由于去除量很少，；因此可以达到较高的尺寸精度，一般情况下，尺寸精度可控制在微米级。

7.3.2　工艺系统

1. 挤压珩磨介质

挤压珩磨介质由一种半固体、半流动性的高分子聚合物和磨料颗粒均匀混合而成，由基体、磨料和添加剂组成。

（1）基体。一种半固体、半流动状态的高分子聚合物，主要起着黏结磨料颗粒的作用。当加工的孔径较大或孔形比较简单时，一般使用较黏稠的基体介质；当加工小孔和长弯孔或细孔、窄缝时，应使用低黏度或较易流动的基体介质。

（2）添加剂。添加剂是挤压珩磨介质中的重要组成部分，加入不同的添加剂可以调整介质的黏性、塑性、润滑性、自吸附性。润滑剂可以减小加工中的摩擦力和摩擦热，减少基料与工件表面的黏结机会，提高磨粒的切削性能。增塑剂的作用是提高介质的热稳定性。在挤压珩磨过程中，基料与工件表面的摩擦热和磨料与工件的切削热会引起介质软化，改变介质的性能，加入增塑剂可以提高介质的耐热性。

（3）磨料。一般使用氧化铝、碳化硼、碳化硅等。碳化硅磨料主要用于去毛刺。当加工硬质合金等坚硬的工件材料时，可以使用金刚石粉。这些磨料磨粒的粒度范围是 80#～1200#，含量范围是 10%～60%。粗磨料可以获得较高的加工效率；细磨料可以获得较好的加工表面粗糙度。一般抛光时都使用细磨料，去毛刺时使用粗磨料。对微小孔的抛光应使用更细的磨料。此外，还可利用细磨料作为添加剂来调配基体介质的稠度。在实际应用中，常常是几种不同磨粒粒度的磨料混合使用，以获得较好的性能。

2. 夹具

夹具的主要作用除了用来安装、夹紧零件、容纳介质并引导它通过零件，还用来控制介质的流程。因为黏弹性磨料介质和其他流体的流动一样，最容易通过那些路程最短、截面最大、阻力最小的加工路径。为了引导介质到所需的零件部位进行切削，可以对夹具进行特殊设计，在某些部位进行阻挡、拐弯、干扰，迫使黏弹性磨料通过所需要加工的部位。例如，为了对交叉通道表面进行加工，出口面积必须小于入口面积。为了获得理想的结果，有时必须有选择地把交叉孔封死，或有意识地设计成不同的通道截面，如加挡板、芯块等以达到各交叉孔内压力平衡，加工出均匀一致的表面。

7.3.3　主要应用

挤压珩磨可用于边缘光整、倒圆角、去毛刺、抛光和少量的表面材料去除，特别适用于难以加工的内部通道抛光和去毛刺。挤压珩磨已经应用于硬质合金拉丝模、挤压模、拉伸模、粉末冶金模、叶轮、齿轮、燃料旋流器等的抛光和去毛刺，还用于去除电火花加工、激光加工等产生的热影响层。

我国企业对国产某坦克发动机汽缸盖气道进行光整加工，与未挤压珩磨的汽缸盖气道相比，其表面粗糙度大大降低。对转子叶轮经挤压珩磨进行珩磨加工，可降低表面粗糙度，保持原曲面形状，免去数小时的手工抛光。对涡轮发动机的燃油喷嘴进行挤压珩磨，可去除喷嘴孔的所有毛刺。

下面是几个典型的应用实例。

（1）对各种挤压模、拉丝模、冲模、引伸模等复杂型面进行光整加工。

工件材料及名称：硬质合金拉丝模的光整加工。

磨料类型：金刚石磨料

磨料黏度：高黏度

磨料容积：2.4 L

磨料温度：43℃

挤压压力：5.5 MPa

冲程次数：30 次

加工时间：3～8 min

材料去除量：0.025～0.05 mm

表面粗糙度 Ra 改善程度：Ra 由 0.75 μm 降低到 0.15 μm

（2）对齿轮齿面、喷嘴小孔、交叉孔、叶轮等复杂内外型面的抛光、去除棱边或毛刺、倒圆等加工。

工件及加工工序：高强度钢齿轮齿面去毛刺

磨料类型及粒度：碳化硅，粒度等级为 70#

磨料黏度：中等黏度

磨料容积：1.6 L

磨料温度：27℃

挤压压力：4.1 MPa

冲程次数：4 次

加工时间：2 min

材料去除量：0.005 mm

表面粗糙度 Ra 改善程度：表面粗糙度 Ra 由 1 μm 降低到 0.2 μm

（3）用来去除电火花加工或激光加工后所产生的硬化层及表面微观缺陷。

（4）可作为精密铸造的后续工序——光整加工工序。

7.4　磁性磨料研磨加工

磁性磨料（其中包含无数的磁性磨粒）研磨加工（Magnetic Abrasive Machining，MAM）作为近十几年发展起来的光整加工工艺，主要用于高表面精度零件的加工。

磁性磨料研磨加工原理本质上和机械研磨是相同的，其不同点在于磁性磨料研磨是在磁场中进行的，通过磁场强度变化，比较容易控制研磨压力，以及控制磁极与工件表面的间隙，由于这个间隙只须控制在几毫米内，因此，这种加工方法不仅可用于轴类、孔类、球类和平板工件的加工，而且可用于复杂形状工件的加工。

磁性磨料研磨加工按磨粒的状态分为干性磁性磨料研磨和湿性磁性磨料研磨两种。干性磁性磨料研磨使用的磨料是干性的，湿性磁性磨料研磨使用磨料与不同液体的混合液，这两种加工方法都可用于抛光、去毛刺和棱边倒圆。

7.4.1　加工原理

下面以干性磁性磨料研磨为例介绍加工原理。图 7-15 所示为干性磁性磨料研磨原理示意和磁性磨粒受力状态，磁性磨粒在磁场中沿着磁力线的方向有序地排列成"磁力刷"。把工件放入 N 磁极与 S 磁极中间，并使工件相对 N 磁极和 S 磁极保持一定的距离。当工件相对磁极运动时，磁性磨粒将对工件表面进行研磨加工。

磁性磨粒在工件表面上的运动状态通常有滑动、滚动、切削三种形式。当磁性磨粒受到的磁力大于切削力时，磁性磨粒处于正常的切削状态；当磁性磨粒受到的磁力小于切削力时，磁性磨粒就会产生滑动或滚动。

在图 7-15 中，设 A 是加工区域靠近工件表面的一颗磁性磨粒。在磁力的作用下，磁性磨粒 A 沿磁力线的方向产生一个指向工件的压力，这个力用 P_x 表示。同时，工件旋转，使磁性磨粒 A 在运动轨迹的切线方向产生一个切向力，这个力用 P_y 表示。又因为磁极和工件之间生成的磁场是不均匀的，在切线方向磁场强度产生一个与切向力 P_y 相反的磁力 P_z。这个磁力可以防止磁性磨粒向加工区域以外流动，保证研磨正常进行。

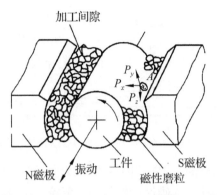

图 7-15　干性磁性磨料研磨原理示意和磁性磨粒受力状态

磁力的大小与磁场强度的平方成正比。磁场强度的大小又与直流电源的电压有关，增加电压，磁场强度增大。因此，只要调节外加电压，就可以调节磁场强度的大小。

7.4.2　磁性磨料

各种磁性磨料的制造工艺虽然不完全相同，但使用的原材料是基本相同的。常用的原材料是铁和普通磨料（如 Al_2O_3、SiC 等）的混合物。一般先把具有一定粒度的 Al_2O_3 或 SiC 与铁粉混合、烧结，然后粉碎、筛选，把这些材料制成一定尺寸的磁性磨粒。

在制备磁性磨粒前，应对普通磨料的粒度进行选择。对于不同的工件材质和加工要求，要选择不同粒度的 Al_2O_3 或 SiC 磨料粉，因为它们的粒度大小直接影响工件的研磨抛光质量和加工表面质量。

当磁性磨粒的尺寸较大时，其受到的磁力大，研磨抛光加工效率高；当磁性磨粒的尺寸较小时，研磨过程容易控制，易于保证工件加工后的表面质量，但加工效率较低。

7.4.3　研磨装置

研磨装置可分为两大类：第一大类具有一个恒定的磁场，该磁场控制磁性磨粒（研磨工具）和加工表面的相对运动，从而实现磨削（见图 7-16～图 7-18）。根据磁极和工件的运动方式此类装置又可分为三小类。

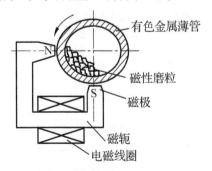

图 7-16　用于加工有色金属薄管内表面的
磁性磨料研磨装置

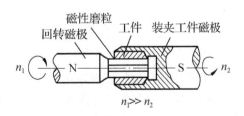

图 7-17　具有运动磁极的磁性磨料研磨装置

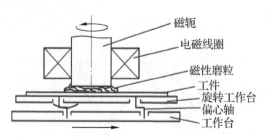

图 7-18　用于加工平坦表面的磁性磨料研磨装置

（1）仅工件运动的磁力研磨装置：用于外圆和大内径工件内表面的研磨。在此类装置中，需在工件上附加轴向振动，以确保工件与磁性磨粒多次接触，使切削轨迹变得更加复杂，进而使切削表面更加均匀。

（2）仅磁极运动的磁力研磨装置：用于工件上的小孔内表面的研磨。

（3）工件和磁极都运动的磁力研磨装置：主要用于平面和球面的研磨。

第一大类装置的特点是磁性磨粒位移很小，采用易于磁化和退磁的铁磁性磨粒，这类磨粒具有高饱和磁化强度。此类装置均含有一个作为磁场源的电磁线圈或永久磁铁，磁极和工件之间充满磁性磨粒。

第二大类装置具有一个交变或运动的磁场，磁性磨粒的移动由磁场强度的变化量控制（见图 7-19）。此类装置一般采用交流电磁线圈，使用的磁性磨粒必须具有强磁性，这样才有较高的矫顽力（>20kA/m）。因为具有低矫顽力的磁性磨粒易被反磁化，会使磁性磨粒没有运动，达不到切削工件的目的。具有交变磁场的磁性磨料研磨装置因没有运动部件而非常可靠，但至今仍处于实验阶段。

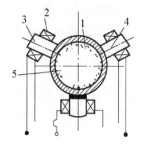
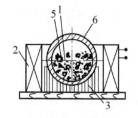

（a）抛光管内表面　　　　　（b）抛光复杂形状的小零件

1—工件；2—线圈；3—磁轭；4—磁极；5—磁性磨粒；6—有色金属容器

图 7-19　具有交变磁场的磁性磨料研磨装置简图

7.4.4　主要应用

（1）利用回转磁极研磨球面（见图 7-20）。工具磁极的端面为球面，两个工具磁极绕同一轴线转动，并且转动方向相反。研磨时，工件既转动又摆动，但球心始终不动。利用这种方法研磨，可以在几分钟内将球面从表面粗糙度 $Ra_{max}=6\mu m$ 研磨抛光成表面粗糙度 $Ra=0.1\mu m$。

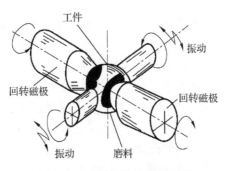

图 7-20 球面的磁性磨料研磨

（2）研磨阶梯形零件（见图 7-21）。利用磁性磨料研磨抛光圆柱阶梯形零件，可在几分钟内去除棱边上高度为 20～30 μm 的毛刺，研磨出的棱边倒角半径为 0.01 mm，这是其他加工方法无法达到或很难达到的效果，在精密耦合件中用来抛光和去毛刺，十分有效。

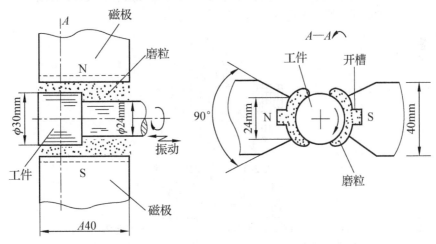

图 7-21 阶梯形零件的磁性磨料研磨

磁性磨料研磨加工技术主要用于精密机械零件的表面精整和去毛刺，要求毛刺的高度不能超过 0.1mm。该技术通常用于液压元件的阀体内腔的抛光及去毛刺，生产率高、质量好，棱边倒角半径可以控制在 0.01mm 以下，这是其他加工方法难以实现的。磁性磨料研磨加工技术还可以用于油泵齿轮、轴瓦、轴承、异型螺纹滚子等的研磨抛光。

7.5 离子束加工

7.5.1 加工原理、分类与特点

1. 离子束加工的原理

离子束加工（Ion Beam Machining，IBM）是一种新兴不久的特种加工技术，主要依靠

电能和机械能实现材料加工。离子束加工的原理与电子束加工原理基本类似，是在真空条件下，将氩、氮、氙等惰性气体，通过离子源产生离子束并经过加速、集束、聚焦后，以其动能轰击工件表面的加工部位，实现去除材料的加工。

与电子束加工不同的是，离子带正电荷，其质量比电子大数千倍乃至数万倍（例如氢离子质量是电子质量的 1840 倍，氩离子质量是电子质量的 7.2 万倍），故在电场中加速较慢，但一旦加至较高速度，就比电子束具有更大的撞击动能。离子束加工是靠微观机械撞击能量，而不是靠动能转化为热能进行加工的。

图 7-22 所示为离子束加工原理示意。灼热的灯丝 2 发射电子，在阳极 9 的作用下向下移动，同时受电磁线圈 4 磁场的偏转作用，以螺旋方式前进。惰性气体从注入口 3 被注入电离室 10，在高速电子撞击下被电离为等离子体，阳极 9 和引出电极（阴极）8 上各有 300 个直径为 0.3mm 的小孔，这些小孔的上下位置对齐。在引出电极 8 的作用下，将离子吸出，形成 300 条直径为 0.3mm 的离子束，再向下则均匀分布在直径为 5cm 的圆面积上。调整加速电压可以得到不同速度的离子束，进行不同的加工。

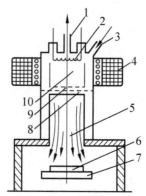

1—真空抽气孔；2—灯丝；3—注入口；4—电磁线圈；
5—离子束流；6—工件；7，8—阴极；9—阳极；10—电离室

图 7-22　离子束加工原理示意

2. 离子束加工的分类

离子束加工的物理基础是离子束射到材料表面时所发生的撞击效应、溅射效应和注入效应。按照所利用的物理效应和达到目的的不同，离子束加工可分为四类，即利用离子撞击效应和溅射效应的离子刻蚀、离子溅射沉积、离子镀，以及利用注入效应的离子注入。图 7-23 所示为四类离子束加工原理示意。

（1）离子刻蚀（又称为离子铣削）。用能量为 0.5～5keV 的氩离子轰击工件，每秒可剥离数十层原子，达到去除材料的加工目的。在这一过程中，离子轰击工件，将工件表面的原子逐个剥离，其实质是一种原子尺度的切削加工，是近代发展起来的一种纳米加工工艺。

（2）离子溅射沉积。用能量为 0.5～5keV 的氩离子轰击靶材，把靶材原子轰击出来，使之沉积在靶材附近的工件上。这样，工件表面就被镀上一层薄膜。其本质为离子镀膜。

（3）离子镀。将能量为 0.5～5keV 的氩离子分成两束，同时轰击靶材和工件表面，以增强膜材与工件基材之间的结合力。

（4）离子注入。用能量为 5～500keV 的所需元素的离子束轰击工件表面并注入工件表层，含量可达 10%～40%，注入深度达 1mm，以改变工件表层性能。离子能量相当大，可使离子较容易地注入被加工材料的表层。工件表层被注入离子后，就改变了化学成分，从而改变了工件表层的物理性能。

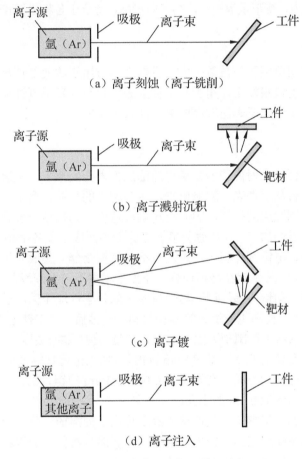

图 7-23　四类离子束加工原理示意

3. 离子束加工的特点

离子加工技术是作为一种微细加工手段出现，成为制造技术的一个补充，随着微电子工业和微机械的发展获得了成功的应用，其特点如下：

（1）易于精确控制，加工精度高。离子束可通过离子光学系统进行聚焦扫描，使微离子束的聚焦光斑直径在 1μm 以内进行加工，并能精确控制离子束流密度、深度、含量等，以获得精密的加工效果，可以对材料实行"原子级加工"或"微毫米加工"。

（2）加工应力小、变形量小。离子束加工是依靠离子撞击工件表面的原子而实现的，

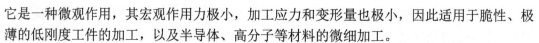

它是一种微观作用，其宏观作用力极小，加工应力和变形量也极小，因此适用于脆性、极薄的低刚度工件的加工，以及半导体、高分子等材料的微细加工。

（3）加工所产生的污染物少。因为离子束加工是在较高真空中进行的，所以污染物少，特别适合易氧化的金属、合金材料及半导体材料的精密加工。但是，要增加抽真空装置，不仅投资费用较大，而且维护也麻烦。

（4）离子束加工是借助离子轰击材料表面的原子实现的，它是一种微观作用，宏观应力很小，因此加工应力、变形量等极小，加工质量高，适合于各种材料和低刚度零件的加工。

7.5.2　主要应用

离子束加工的应用范围正在日益扩大。目前主要有用于改变零件尺寸和表面物理性能和力学性能的离子溅射镀膜加工、用于从工件上去除材料的离子刻蚀加工、用于给工件表面涂敷的离子镀膜加工和用于表面改性的离子注入加工。

1. 离子刻蚀

当离子束轰击工件，入射离子的动量传递给工件表面的原子，传递的能量超过了原子间的键合力时，原子就从工件表面溅射出来，达到刻蚀的目的。离子刻蚀的分辨率可达微米甚至亚微米级，但刻蚀速度很低，因为材料剥离速度约为每秒一层到几十层原子。

离子刻蚀是一种微细加工，以其适于精加工的特点而应用于各个领域。如高精度加工、表面抛光、图形刻蚀、电镜试样制备，以及石英晶体振荡器、集成光学、各种传感器件的制作等。刻蚀时，加工工具不存在磨损问题，加工过程中不需要润滑剂，也不需要冷却液。溅射刻蚀过程是离子的动量传递过程，与靶材原子的化学性能无关，适于加工金属、半导体、绝缘体、合金、化合物和生物组织等各种材料。刻蚀后，在工件上不会产生残余应力。改变离子入射角，可以精确控制刻蚀图形的壁角坡度。使用离子刻蚀，可以加工出小于 10 nm 的细线条，刻蚀深度误差可以控制在 5 nm 以内。可加工至薄材料镍箔（厚度仅为 10 μm），还可加工出直径为 20 μm 的小孔。在厚度为 0.04～0.3 μm 的钽、铜、金、铝、铬、银等薄膜上可刻蚀出直径为 30～100 μm 的小孔。

离子刻蚀可用于加工陀螺仪空气轴承和液压马达上的沟槽，分辨率高，精度好。离子刻蚀还可用于刻蚀高精度的图形，如集成电路、声表面波器件、磁泡器件、光电器件和光集成器件等微电子学器件亚微米级图形。

在半导体工业中，把所需的图形曝光、显像并制成抗蚀膜后，可用氩离子束代替化学腐蚀进行离子刻蚀，可大大提高刻蚀精度。

用离子束抛光超声波压电晶体，可以大大提高压电晶体的固有频率。用离子束抛光并减薄探测器的探头，可大大提高其灵敏度。

2. 离子镀膜

20 世纪 70 年代磁控溅射技术的出现，使溅射镀膜被引入工业应用，在镀膜的工艺领域中占有极为重要的地位。

离子镀膜基于粒子轰击靶材时的溅射效应。各种溅射技术采用的放电方式有所不同。直流二极溅射是利用直流辉光放电，三极溅射是利用热阴极支持的辉光放电，磁控溅射是利用环形磁场控制下的辉光放电。直流二极溅射和三极溅射因生产率低、等离子体区域不均匀等原因，难以在实际生产中大量应用。而磁控溅射时，每个电子能量几乎全部用于电离，有利于提高等离子体密度，在高真空条件下，可以减少溅射原子与气体原子相互碰撞的机会，因而可使更多溅射原子到达基体，有利于提高镀膜速率。

在各种镀膜技术中，溅射最适合镀制合金膜。用磁控溅射在高速钢刀具上镀氮化钛（TiN）超硬膜，可显著提高刀具硬度，在工业生产中得到应用。

离子镀膜可用于薄壁零件的镀制。对难以用机械加工方法加工的薄壁零件，通常可以用电铸方法得到。但电铸的材料有很大局限性。纯金属中的钼、二元合金及多元合金的电铸都比较困难。用溅射镀膜呈薄壁零件最大特点是不受材料限制，可以制成陶瓷和多元合金薄壁零件。

3. 离子镀

离子镀是在真空蒸镀和溅射镀膜的基础上发展起来的一种镀膜技术。广义上，离子镀是膜层在沉积的同时又受到高能粒子流束的轰击。离子镀膜时工件不仅接受靶材溅射来的原子，同时还受到离子的轰击，这使离子镀膜有许多独特的优点：镀膜面积大（所有被暴露在外的表面均能被镀膜）、镀膜附着力强、膜层不易脱落、提高或改变材料的使用性能。可在金属或非金属、各种合金、化合物、某些合成材料、半导体材料、高熔点材料上镀膜，使用广泛。例如，在工具上覆盖高硬度的碳化钛，可以大大提高其使用寿命。又如，在钢的表面热处理过程中，进行离子氮化，以强化表层，可以大大提高耐磨性。

（1）耐磨功能膜。为提高刀具、模具或机械零件的使用寿命，采用反应离子镀来镀一层耐磨材料，如铬、钨、锆、钛、钼、硅、硼等的氧化物、氮化物或碳化物，或多层膜，如 Ti+TiC。烧结碳化物刀具用离子镀工艺镀上一层 TiC 或 TiN，可提高刀具寿命 2～10 倍。高速钢刀具镀上 TiC 膜后，使用寿命提高 3～8 倍。在磨粒磨损方面，镀有 TiC 的不锈钢试件，其耐磨性为硬铬镀层的 7～34 倍。

（2）润滑功能膜。固体润滑膜有很多液体润滑无可比拟的优点，但用浸、喷、刷涂方法成膜，所得膜层不均匀，附着力差。用离子镀可以得到很好的附着乳化膜。国外一些航空工厂在喷气发动机的轮毂、涡轮轴支承面和直升机旋翼轴的转动部件上，用离子镀成功地镀制了铬或银等固体润滑膜，除可以无油润滑外，还可以防止腐蚀。

（3）装饰功能膜。由于离子镀所得到的 TiN、TaN、TaC、VN 等膜层都具有与黄金相似的色泽，加上良好的耐磨性和耐蚀性，人们将其作为装饰层，如手表带、表壳、装饰品、餐具等金黄色镀膜装饰已走向市场。

4. 离子注入

离子注入是指将所需要的元素进行电离并加速，把离子直接注入工件表面。离子注入工艺不受热力学限制，可以注入任何离子，并且可以精确控制注入量，注入的离子固溶在工件材料中，含量可达 10%～40%，注入深度可达 1 μm 甚至更深。

离子注入是半导体掺杂的一种新工艺，在国内外都很普遍。已广泛应用于微波低噪声晶体管、雪崩管、场效应管、太阳能电池、集成电路等制造中。

金属表面注入某些离子，可以形成超过常态固溶浓度的具有特殊性能的表层，或在表面形成新的结构，以改善材料的性能。如将用硼、磷等"杂质"离子注入半导体，用于改变导电形式（P 型或 N 型）和制造 PN 结，制造一些通常用热扩散难以获得的各种特殊要求的半导体器件。由于离子注入的数量、PN 结的含量、注入的区域都可以精确控制，所以成为制作半导体器件和大面积集成电路的重要手段。

离子注入加工改善金属表面性能的应用已经用到很多方面。如为了提高材料 Cu 的耐腐蚀性能，把 Cr 注入 Cu，能得到一种新的亚稳态的表面相，从而改善了耐蚀性能。同时还能改善金属的抗氧化性能。为了改善低碳钢的耐磨性能，可注入 N、B、Mo 等，在磨损过程中，表面局部温升形成温度梯度，使注入离子向衬底扩散，同时注入离子又被表面的位错网络普及，不能推移很深。这样，在材料磨损过程中，不断在表面形成硬化层，提高了耐磨性。

总之，作为一种新兴技术，离子束加工技术的应用范围正在日益扩大，可将材料的原子一层一层地铣削下来，从而实现"原子级加工"和"纳米加工"。

习　题

7-1　超声波为什么能"强化"工艺流程，试举例说明超声加工的应用。

7-2　现代超声加工技术和传统超声加工技术相比，有哪些相同之处和不同之处？

7-3　水射流在什么条件下能用于加工？并列举出水射流加工的主要应用。

7-4　阐述水射流加工、磨料水射流加工和微磨料水射流加工技术之间的联系与区别。

7-5　离子束加工的四种典型应用各基于什么原理？

7-6　试举例说明磨料流加工的主要应用场合。

7-7　试分析水射流加工和磨料流加工的异同，各有什么优缺点？

思政素材

■　主题：科研报国、爱国主义

中国超声波电动机领域的开拓者——赵淳生院士

赵淳生院士是我国超声波电动机的奠基人和开拓者，他主持研发了多种具有自主知识产权的超声波电动机及其驱动器，被广泛运用于航空航天、国防等领域。

1992 年，赵淳生应邀赴美国麻省理工学院做访问学者，其间他参加了一场有关超声波电动机的专题报告会。从这次报告会上，赵淳生了解到美国当时正在研制超声波电动机，计划把它用于火星探测器之上。赵淳生敏锐地察觉到，超声波电动机在我国未来的航天事业中也一定能发挥巨大作用。于是，已经在激振器和机械故障领域取得丰硕成果的他当即改变研究方向，决心研究超声波电动机技术。

两年后，学有所成的赵淳生决定回国效力，但遭到家人的一致反对。当时，赵淳生的家人都已定居美国，而赵淳生已经 56 岁，已在激振器领域取得了很大成就——其研发的电动式激振器、高能激振器等填补了国内空白，为我国长征系列火箭模态试验和"歼八"系列飞机、"运十二"飞机和直升机的全机共振试验做出了贡献，这些激振器在占据国内市场的同时还成功打入了国外市场。靠着激振器这项技术，再加上美国给予的丰厚待遇，赵淳生完全可以衣食无忧地安度晚年生活。而回国，则意味着从零开始，在中国这片超声波电动机技术研发"荒漠"上重启一项科研计划。

"我学习知识是要为祖国服务，科学没有国界，但科学家有祖国，当时我只有一个念头，就是我要回去。"赵淳生如是说。就这样，赵淳生毅然回到祖国，在南京航空航天大学任教。没有启动经费，他就向系里借了 1.5 万元，买了一台计算机和一台简易打印机，就这样开始工作了。在一个 $20m^2$ 的房间里，赵淳生带着一名博士后、一名博士研究生和一名硕士研究生，开始了超声波电动机的研究。

经历了一次又一次的失败考验，1995 年 12 月 17 日，一台被称为"行波型超声波电动机"的原型机成功运转起来。这是我国第一台能实际稳定运行的超声波电动机。

2013 年，赵淳生带领的团队研发的超声波电动机应用于"玉兔号"月球车，并随"嫦娥三号""嫦娥四号"探测器成功登月。此外，包括"嫦娥五号"探测器、"墨子号"科学实验卫星、行云 1 号和行云 2 号卫星都应用了该团队研发的超声波电动机。如今，该团队已研发出 60 余种具有自主知识产权的超声波电动机及其驱动器，为我国的航天和国防事业做出了贡献。此外，他的英文专著《超声波电动机技术与应用》，成为国内外大学相关专业的教材和参考书目。

温诗铸院士在《从放牛娃到院士——中国超声波电动机领域的开拓者赵淳生》一书的序言中指出，"仅十年内，他带领团队夺得了 2 项国家级奖、2 项世界级奖、10 多项省级奖等重要研究成果！""让人意想不到的是，如此多的学术成果是在他身患绝症、克服巨大困难的情况下取得的。""在遭遇诸多不幸，经历诸多苦难时，他都乐观面对，始终心系国家与民族，心系党的教育事业，全身心投入教学科研中，热心帮助青年人成长。尤其是在他先后患过两次癌症、动过两次大手术的情况下，依然忘我地工作在教学科研第一线。"

"赵淳生院士用自己的行动诠释他内心深处强烈的爱国主义精神。因为这种精神，他可以忍受失去亲人的痛苦，可以忍受一个人独自干事业的艰辛，他可以忍受病痛的折磨，唯独不能忍受科学研究的间断；他可以放弃国外大公司给予的高薪，可以放弃颐养天年的机会，可以放弃享受天伦之乐的机会，唯独不能放弃超声波电动机的研究。"

——摘自以下资料：

[1] 于媚. 从放牛娃到院士[M]. 长春: 吉林大学出版社, 2020.

[2] 赵淳生. 用科技力量捍卫国家荣耀[J]. 群众·大众学堂, 2022（6）.

[3] 科学中国网：生命不息 斗志永续的"科学狂人"，见 http://science.china.com.cn/2023-09/20/content_42529241.htm，2023 年 9 月 23 日.

拓展知识

[1] 房善想, 赵慧玲, 张勤俭. 超声加工技术的应用现状及其发展趋势[J]. 机械工程学报, 2017, 53（19）: 22-32.

[2] 张德远. 中国的超声加工[J]. 机械工程学报, 2017, 53（19）: 1-2.

[3] Hsueh-Ming S. Wang, Louis Plebani, G. Sathyanarayanan. Ultrasonic Machining: 1907 to Present [C]. Proceedings of the ASME, 1997: 169-176.

[4] 刘丽萍, 王祝炜. 高压水射流切割技术及应用[J]. 农业机械学报, 2000, 31（5）: 117-119.

[5] Yuvaraj Natarajan, Pradeep Kumar Murugesan, Mugilvalavan Mohan, et al. Abrasive Water Jet Machining process: A state of art of review [J]. Journal of Manufacturing Processes, 2020, 49: 271-322.

[6] S. Santhosh Kumar, Somashekhar S. Hiremath. A Review on Abrasive Flow Machining（AFM）[J]. Procedia Technology, 2016, 25: 1297-1304.

[7] 马向国, 顾文琪. 聚焦离子束加工技术及其应用[J]. 微纳电子技术, 2005, 42（12）: 575-577+ 582.

典型案例

本章的典型案例为氮化硅陶瓷轴承的加工，用超声加工得到的氮化硅陶瓷轴承如图 7-24 所示。

图 7-24　氮化硅陶瓷轴承

■ **应用背景：** 在航空航天、高档数控机床、高速发动机等诸多高端装备领域，轴承扮演极其重要的角色，轴承运转情况直接影响上述高端装备的工作性能。以氮化硅陶瓷为代表的工程陶瓷材料，是目前制造高速、高精度轴承的理想材料。与金属轴承相比，氮化硅陶瓷轴承具有更高的强度和耐磨性，并且能在高/低温、强腐蚀等特殊工况中正常运行。这种材料的缺点是，质地硬脆、难以获得高精度、高效率、废品率较高。

■ **加工要求：** 工程陶瓷零件的加工精度要求较高，要求表层无缺陷或少缺陷，加工时刀具磨损轻微。

■ **加工方法选择分析：** 工程陶瓷属于脆性材料，硬度高、强度低、韧性差和熔点高，脆性较大。采用传统的加工方法，难以对工程陶瓷材料进行高精度高效率加工，刀具磨损严重。早期的陶瓷轴承是一种混合陶瓷轴承，其中的滚动体由氮化硅制成，内圈和外圈由金属制成。随着超精密加工技术的发展，尤其是超声加工技术的发展，制作全陶瓷轴承成为可能。超声加工是一种断续加工方法，主要依靠瞬时局部冲击能量去除材料，特别适合加工各种硬脆材料，尤其是包括陶瓷、玻璃等在内的不导电非金属材料。

■ **加工效果：** 相较于传统机械加工方法，超声加工切削力大、切削热很小，可结合其他机械加工方法进行复合加工，其加工精度和加工效率高，加工稳定性好，刀具磨损轻微。

第 8 章　复/组合能量作用特种加工技术

本章重点

（1）电化学复合加工的基本原理、特点及应用。
（2）热作用复合加工的基本原理、工艺流程、特点及应用。
（3）化学复合加工的工艺流程、特点及应用。

8.1　概　　述

为获得较高的材料去除率和更好的表面质量，将两种或两种以上的不同能量形式叠加或组合起来形成复合或组合特种加工。例如，把磨削复合于电火花加工中，实现机械作用与热作用的复合，形成电火花-磨削加工（Electro-Discharge Grinding，EDG）；又如，把磨削复合于电解加工中，实现机械作用与电化学作用的复合，形成电解-磨削加工（Electro-Chemical Grinding，ECG）。复/组合能量作用特种加工技术是目前特种加工技术领域的研究与发展重点之一，已成功应用于工业生产的复/组合能量作用特种加工技术主要有三大类。第一类是以电化学作用为主的电化学复合加工，如电解-磨削加工、电解-珩磨加工（Electro-Chemical Honing，CHH）、电解-研磨、电化学-机械复合抛光（Electro-Chemical Mechanical Polishing，ECMP）、电解-电火花复合加工（Electro-Chemical Arc Machining，ECAM）、激光辅助电解加工（Laser-assisted Electro-Chemical Machining，LECM）、超声辅助电解加工（Ultrasonic-assisted Electro-Chemical Machining，UECM）、电解-电火花复合加工等；第二类是以热熔化、气化作用为主的热作用复合加工，如电火花-磨削加工、超声辅助电火花加工（Ultrasonic-assisted Electro-Discharge Machining，USEDM）等；第三类是以化学作用为主的化学复合加工，如化学-机械复合抛光（Chemical Mechanical Polishing，CMP）、机械-化学复合抛光（Progressive Mechanical Aided Chemical Polishing，PMACP）等。此外，也有通过不同能量作用形式的组合而形成的组合特种加工方法，如 LIGA（是德文 Lithographie、Galanoformung 和 Abformung 三个词的缩写，即光刻、电铸和注塑的缩写）、准 LIGA 和快速成型加工等。复/组合能量作用特种加工方法的性能，如生产率、加工精度、表面质量等，可能与单一能量特种加工方法有一定差异。除了增材制造技术在第 9 章专门介绍，本章主要介绍上述复/组合能量作用特种加工。

8.2 电化学复合加工

8.2.1 电解-磨削加工

1. 电解-磨削加工的基本原理和特点

电解-磨削加工是由电解作用和机械磨削作用相结合的加工方式,加工精度高于电解加工,效率高于机械磨削,表面质量更好,降低了刀具的损耗和能耗。图 8-1 所示为电解-磨削加工原理示意。导电砂轮与电源的负极连接,工件(如硬质合金车刀)连接电源正极,它在一定压力下与导电砂轮相接触。在加工区域注入电解液,在电解-磨削和机械磨削的复合作用下,刀具的后刀面很快被磨光。

图 8-2 所示为电解-磨削加工过程示意,在该图中,电流从工件(通过电解液)流向导电砂轮,形成通路,工件(阳极)表面的金属在电解液中发生电解作用(电化学腐蚀),被氧化成一层极薄的氧化物或氢氧化物薄膜,一般称它为阳极薄膜或阳极钝化膜。但刚形成的阳极薄膜迅速被导电砂轮中的磨粒刮除,使工件露出新的金属表面并继续电解。这样,由电解作用和刮除薄膜的磨削作用交替进行,直至工件达到一定的尺寸精度和表面粗糙度为止。由此可知,在电解-磨削过程中,金属主要依靠电化学作用而被腐蚀,导电砂轮只是起磨去电解产物——阳极薄膜和整平工件表面的作用。

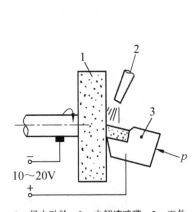

1—导电砂轮;2—电解液喷嘴;3—工件

图 8-1 电解-磨削加工原理示意

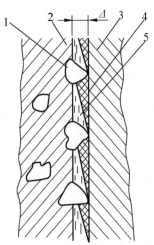

1—磨粒;2—结合剂;3—工件;4—阳极薄膜;5—电解液

图 8-2 电解-磨削加工过程示意

电解-磨削与机械磨削比较,具有以下特点:

(1)加工材料范围广,加工效率高。由于电解-磨削主要依靠电解作用,因此只要选择合适的电解液就可以加工任何高硬度、高韧性的金属材料。例如,磨削硬质合金时,与普通的金刚石砂轮磨削相比,加工效率提高 3~5 倍。

（2）可以获得更高的加工精度及更好的表面质量。因为导电砂轮在磨削时不起主要作用，所以磨削力和磨削热都很小。工件被磨削后不会产生毛刺、裂纹和烧伤现象，一般表面粗糙度 Ra 小于 0.16μm。

（3）导电砂轮的磨损量小。例如，磨削硬质合金时，若采用普通刃磨，则碳化硅砂轮的磨损量为硬质合金切除量的 4~6 倍；若采用电解-磨削，则导电砂轮的磨损量不超过硬质合金切除量的 50%~100%。与普通金刚石砂轮磨削相比较，电解-磨削用的金刚石砂轮的损耗速度仅为前者的 1/5~1/10。

与机械磨削相比，电解-磨削的缺点是成本较高，仅适用于导电材料的加工；所用电解液具有腐蚀性，需要过滤和处理废液。

电解-磨削时电化学阳极溶解的原理和电解加工原理相似，不同之处是电解加工时阳极表面形成的钝化膜是依靠活性离子（如氯离子）进行活化，或者依靠很高的电流密度使阳极表面的金属不断溶解，从而达到去除目的，加工电流大，溶解速度快，电解产物的排除依靠高速流动电解液的冲刷作用；电解-磨削时阳极表面形成的钝化膜依靠导电砂轮的磨削作用，即通过机械的刮削实现去除和活化。因此，电解加工时必须采用压力较高、流量较大的泵，如涡旋泵、多级离心泵等，而电解-磨削时一般可采用有冷却润滑液的小型离心泵。为区别于电解-磨削，可以把电解加工称为"电解液压加工"。另外，电解-磨削依靠导电砂轮磨粒刮除具有一定硬度和黏度的阳极钝化膜，其形状和尺寸精度主要是由导电砂轮相对工件的成型运动控制的。因此，电解液中不能含有活化能力很强的活性离子，如氯离子等，而采用腐蚀性较弱的钝化性电解液，如以硝酸钠、亚硝酸钠等为主的电解液，以提高电解-磨削成型精度，并且有利于机床的防锈防蚀。

电解-磨削加工采用钝化性电解液，下面以主要成分为亚硝酸盐的电解液为例，简要说明其在加工碳化钨-钴系列硬质合金过程中的电化学反应过程。

1）阳极反应

电解-磨削加工过程中的电化学阳极反应是生成钝化膜与刮除钝化膜不断交替进行的过程。

（1）钴的阳极氧化反应。在电解液中，钴首先被电离，产生的钴离子立即与电解液中的氢氧根离子化合，生成溶解度极小的氢氧化钴。

$$Co \rightarrow Co^{2+} + 2e$$

$$Co^{2+} + 2OH^- \rightarrow Co(OH)_2 \downarrow$$

（2）碳化钨的阳极氧化反应。碳化钨的阳极氧化主要是强氧化性的四氧化二氮作用的结果，其过程是亚硝酸根离子首先在阳极上氧化，并生成四氧化二氮，再氧化碳化钨。

$$2NO_2^- \rightarrow N_2O_4 + 2e$$

$$2WC + 4N_2O_4 \rightarrow 2WO_3 + 2CO \uparrow + 8NO \uparrow$$

反应中产生的一氧化氮由于电极上的氧或原子氧的作用，立即被氧化为二氧化氮，一部分放出，一部分溶于电解液中，生成亚硝酸盐。

溶液中的水分子或氢氧根离子也可能在阳极上放电，生成原子氧，即

$$H_2O \rightarrow [O] + 2H^+ + 2e \quad （在中性溶液中）$$

$$2OH^- \rightarrow [O] + H_2O + 2e \quad （在碱性溶液中）$$

（3）钴的钝化反应。按电化学反应理论，钝化是指因在工件表面形成吸附的或成相的氧化物层/盐层而使金属的阳极溶解过程减慢的反应。

$$Co + [O] \rightarrow Co[O]_{吸附}$$

$$Co + [O] \rightarrow CoO$$

（4）钨的钝化反应。

$$WC + 4[O] \rightarrow WO_2[O]_{吸附} + CO\uparrow$$

$$WC + 4[O] \rightarrow WO_3 + CO\uparrow$$

所生成的三氧化钨在碱性溶液中，将进一步发生化学溶解，即

$$WO_3 + 2OH^- \rightarrow WO_4^- + H_2O$$

或

$$WO_3 + 2NaOH \rightarrow Na_2WO_4 + H_2O$$

2）阴极反应

分析和实验表明，阴极电化学反应主要是氢气的析出，即

$$2H_2O + 2e \rightarrow 2OH^- + H_2\uparrow \quad （在中性或碱性溶液中）$$

但是在某些情况下，也可能有其他副反应发生，如金属离子的还原或其氧化物的沉积等。

2. 影响电解-磨削加工中的材料去除率和加工质量的因素

1）影响材料去除率的主要因素

（1）电化学当量。电化学当量是指按照法拉第定律，单位电量理论上所能电解蚀除的金属量，例如，铁的电化学当量为$133mm^3/（A·h）$。电解-磨削和电解加工一样，可以根据需要去除的金属量来计算所需的电流和时间。由于电解时阳极上还可能有气体被电解析出，损耗更多电能，或者由于磨削时的机械磨削作用，节省了电解蚀除金属用的电能，所以电流效率可能小于或大于 1。由于工件材料可能由多种金属元素组成，各金属成分及杂质的电化学当量不一样，所以电解蚀除速度就有差别（尤其在金属晶格边缘），它是影响表面粗糙度原因之一。

（2）电流密度。提高电流密度能加速阳极溶解。提高电流密度的途径如下：

① 提高工作电压。

② 缩小电极间隙。

③ 减小电解液的电阻率。

④ 提高电解液温度等。

（3）砂轮（阴极）与工件间的导电面积。当电流密度一定时，通过的电量与导电面积成正比。阴极和工件的接触面积越大，通过的电量越多，单位时间内金属的去除率越大。

因此，应尽可能增加两个电极之间的导电面积，以达到提高生产率的目的。当磨削外圆时，工件和砂轮之间的接触面积较小，因此，可采用中极法电解-磨削。图 8-3 所示为中极法电解-磨削原理示意。由该图可见，在普通砂轮之外附加一个中间电极，把它作为阴极，工件连接正极，砂轮不导电，电解作用在中间电极和工件之间进行，砂轮只起刮除阳极钝化膜的作用，从而大大增加了导电面积，提高生产率。如果利用多孔的中间电极向工件表面喷射电解液，那么生产率可更高。采用中极法电解-磨削的缺点是在外圆磨削加工不同直径的工件时需要更换电极。

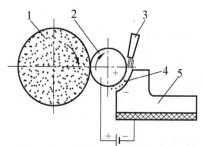

1—普通砂轮；2—工件；3—电解液喷嘴；4—阳极钝化膜（阳极薄膜）；5—中间电极

图 8-3　中极法电解-磨削原理示意

（4）磨削压力。磨削压力越大，工作台走刀速度越快，阳极金属被活化的程度越高，生产率也随之提高。但过高的压力容易使磨料磨损或脱落，减小了电极间隙，影响电解液的流入，引起火花放电或发生短路现象，使生产率下降。对磨削压力，通常采用 0.1～0.3MPa。

2）影响加工精度的因素

（1）电解液。电解液的成分直接影响到阳极钝化膜的性质。如果所生成的阳极钝化膜结构疏松，那么该膜对工件表面的保护能力差，使加工精度降低。若要获得高精度的零件，在加工过程中应使工件表面生成一层结构致密、均匀、保护性能良好的低价氧化物。钝化性电解液形成的阳极钝化膜不易受到破坏。硼酸盐、磷酸盐等弱电解质的含氧酸盐的水溶液都是较好的钝化性电解液。

加工硬质合金时，要适当控制电解液的 pH 值，因为硬质合金的氧化物易溶于碱性溶液中。要得到较厚的阳极钝化膜，不应使用 pH 值高的电解液，一般选取 pH= 7～9。

（2）阴极导电面积和磨粒轨迹。电解-磨削平面时，常常使用碗状砂轮以增大阴极面积，但工件往复运动时，阴极与阳极上各点的相对运动速度和轨迹的重复程度并不相等，砂轮边缘线速度高，进给方向两侧轨迹的重复程度较大，磨削量较大，磨出的工件往往呈中间凸起的"鱼背"形状。

在往复运动磨削过程中，工件与阴阳两极的接触面积逐渐减少或逐渐增加，这两种情况都会引起电流密度的变化，造成表面电解不均匀，也会影响加工成型精度。此外，杂散腐蚀引起的尖端放电常引起棱边塌角或侧表面局部毛刺。

（3）被加工材料的性质。对合金成分复杂的材料，由于不同金属元素的电极电位不同，因此阳极溶解速度也不同，特别是电解-磨削硬质合金和钢料的组合件时，这种问题更为严重。研究适合多种金属同时均匀溶解的电解液配方，是解决多金属材料电解-磨削的主要途径。

（4）机械因素。电解-磨削过程中，阳极表面的活化主要是靠机械磨削作用，因此，机床的成型运动精度、夹具精度、砂轮精度对加工精度的影响是不可忽视的。其中，砂轮占有重要地位，它不仅直接影响到加工精度，而且影响到电极间隙的稳定。电解-磨削时的电极间隙是由砂轮保证的，因此，除了精确修整砂轮，砂轮的磨料应选择较硬的、耐磨损的，采用中极法电解-磨削时，应保持阴极的形状正确。

3）影响表面质量的因素

（1）电参数。工作电压是影响表面质量的主要因素。工作电压低，工件表面溶解速度慢，钝化膜不易被穿透，因而溶解只在表面凸起部分进行，有利于提高精度。精加工时应选用较低的工作电压，但不能低于合金中元素的最高分解电压。例如，加工 WC-Co 系列硬质合金时工作电压不低于 1.7V（因 Co 的分解电压为 1.2V，WC 的分解电压为 1.7V），加工 TiC-Co 系列硬质合金时工作电压不低于 3V（因为 TiC 的分解电压为 3V）。工作电压过低，会使电解作用减弱，生产率降低，表面质量变坏；工作电压过高，表面不易整平，甚至引起火花放电或电弧放电，使表面质量恶化，电解-磨削时较合理的工作电压一般为 5～12V。此外，还应与砂轮磨削深度相配合。

电流密度过高，电解作用过强，表面质量差。电流密度过小，机械作用过强，也会使表面质量降低。因此，电解-磨削时电流密度的选择应使电解作用和机械作用配合恰当。

（2）电解液。电解液的成分和质量分数是影响阳极钝化膜性质和厚度的主要因素。因此，为了改善表面质量，常常选用钝化型或半钝化型电解液。为了使电解作用正常进行，间隙中应充满电解液，因此，电解液的流量必须充足，而且应予过滤以保持电解液的清洁度。

（3）工件材料性质。其影响原因如前面所述。

（4）机械因素。磨粒粒度越小，越能均匀地去除凸起部分的钝化膜，另一方面使电极间隙减小，这两种作用都加快了整平速度，有利于改善表面质量。但如果磨粒粒度过小，电极间隙过小，容易引起火花而降低表面质量。一般情况下，磨粒粒度为 40#～100#。

由于去除的是比较软的钝化膜，因此，磨料的硬度对表面质量的影响不大。磨削压力太小，难以去除钝化膜；磨削压力过大，机械切削作用强，磨料磨损加快，使表面质量下降。

实践表明，电解-磨削完成时，切断电源进行短时间（1～3min）的机械修磨，可改善表面粗糙度和光亮度。

3. 电解-磨削用电解液及其设备

1）电解液

电解-磨削用电解液的选择，应从以下五个方面考虑：

（1）能使金属表面生成结构紧密、黏附力强的钝化膜，以获得良好的尺寸精度和表面粗糙度。

（2）要求导电性好，以获得高生产率。

（3）不锈蚀机床及工件夹具。

（4）对人体和环境无危害，确保人体健康。

（5）经济效果好，价格便宜，来源丰富，在加工中不易消耗。

同时满足上述五个方面的要求是不易的，在实际生产中，应针对不同产品的技术要求、不同的材料，选用最佳的电解液。实验证明，亚硝酸盐最适合硬质合金的电解-磨削。表 8-1 所列为几种用于磨削硬质合金的电解液。

表 8-1　几种用于磨削硬质合金的电解液

序号	电解液名称及其质量分数		电流效率（%）	电流密度/（$A \cdot cm^{-2}$）	加工表面粗糙度 $Ra/\mu m$
1	$NaNO_2$（亚硝酸钠）	9.6%	80～90		
	$NaNO_3$（硝酸钠）	0.3%			
	Na_2HPO_4（磷酸氢二钠）	0.3%			
	$K_2Cr_2O_7$（铬酸钾）	0.1%			
	H_2O	89.7%			
2	$NaNO_2$	7.0%	85	10	0.1
	$NaNO_3$	5.0%			
	H_2O	88.0%			
3	$NaNO_2$	10%	90		
	$NaKC_4H_4O_6$（酒石酸钾钠）	2%			
	H_2O	88%			

实际生产中，通常有硬质合金和钢料的组合件，需要同时进行加工，就要求适合"双金属"的电解液。表 8-2 为硬质合金和钢组合材料用"双金属"电解液。

上述电解液中，亚硝酸钠（$NaNO_2$）的主要作用是导电、氧化和防锈。硝酸盐的作用主要是为了提高电解液的导电性，其次是硝酸根离子有可能还原为亚硝酸根离子，以补充电极反应过程中亚硝酸根的消耗。磷酸氢二钠（Na_2HPO_4）是弱酸强碱盐，使溶液呈弱碱性，有利于氧化钴、氧化钨和氧化铁的溶解；磷酸氢根离子还能与钴离子络合，生成含钴的磷酸盐沉淀，有利于保持电解液的清洁。重铬酸盐（$K_2Cr_2O_7$）和亚硝酸盐一样，都是强钝化剂，还可以防止金属正离子或金属氧化物在阴极上沉积。硼砂（$Na_2B_4O_7$）作为添加剂，使工件表面生成较厚的结构紧密的钝化膜，在一定程度上对工件棱边和尖角起保护作用。酒石酸钠钾（$NaKC_4H_4O_6$）是钴离子的良好络合剂，有利于电解液的清洁，促进钴的溶解。

表 8-2　硬质合金和钢组合材料用"双金属"电解液

电解液的质量分数		电流效率（%）	电流密度/（$A \cdot cm^{-2}$）	表面粗糙度 Ra（硬质合金）
$NaNO_2$	5.0%	70	10	$0.1\mu m$
Na_2HPO_4	1.5%			
KNO_3	0.3%			
$Na_2B_4O_7$（硼砂）	0.3%			
H_2O	92.9%			

2）电解-磨削用设备

电解-磨削用设备主要包括直流电源、电解液系统和电解磨床。电解-磨削用的直流电源要求有可调的电压（5～20V），最大工作电流按工件加工面积的大小和所需生产率控制在 10～1000A 之间。只要功率许可，一般可以和电解加工的直流电源设备通用。

供应电解液的循环泵一般用小型离心泵，但最好是耐酸、耐蚀的，还应该配备过滤和沉淀电解液杂质的装置。在电解过程中有时会产生对人体有害的气体，如一氧化碳，因此最好在机床上配备强迫抽气装置或中和装置。否则，应在空气较流通的地点操作。

电解液的喷射一般都用管子和扁喷嘴，喷嘴接在砂轮的上方，向工作区域喷注电解液。电解磨床与一般磨床相似，在没有专用磨床时，也可以用其他磨床改装，改装工作主要包括以下几项：

（1）增加电刷导电装置。

（2）将砂轮主轴和床身绝缘，不让电流在轴承的摩擦面间流过。

（3）将工件、夹具和机床绝缘。

（4）增加机床对电解液的防溅防锈装置。

为了减轻和避免机床的腐蚀，机床与电解液接触的部分应选择耐蚀性好的材料。机床主轴应保证砂轮工作面的摆动量不大于 0.01～0.02mm，否则，不仅磨削时接触不均匀，而且不可能保证合理的电极间隙。

电解-磨削一般需要专门制造的导电砂轮，常用的有铜基和石墨两种。铜基导电砂轮的导电性能好，可采用反电解法得到电极间隙，即把电解砂轮接阳极，进行电解。此时，铜基逐渐被溶解，达到所需的溶解量（电极间隙值）后，停止反电解，磨粒暴露在铜基之外的尺寸为所需的电极间隙。因此，铜基砂轮的加工生产率高，石墨砂轮不能反电解加工，但磨削时石墨与工件之间会产生火花放电，同时具有电解-磨削和电火花-磨削双重作用。在断电后的精磨过程中，石墨具有润滑、抛光的作用，可获得较好的表面粗糙度。

导电砂轮的磨料有烧结刚玉、白刚玉、高强度陶瓷、碳化硅、碳化硼、人造宝石、金刚石等多种。最常用的是金刚石导电砂轮，因为金刚石磨粒具有很高的耐磨性，能比较稳定地保持阴极和阳极两个电极之间的距离，使电极间隙稳定，而且可以在断电后对像硬质合金一类的高硬材料进行精磨，可提高精度和改善表面质量。金刚石砂轮有铜、镍、钴、铸铁粉末烧结的多种，也可用反电解法修整砂轮。

4. 电解-磨削的应用

由于电解-磨削集中了电解加工和机械磨削的优点，其应用日趋广泛。因此，在生产中已用来磨削一些高硬度的零件，如各种硬质合金刀具、量具、轧辊等。对于普通磨削很难加工的薄壁管、细长杆零件，电解-磨削有其优越性。可去除海水作用下钢结构的疲劳裂纹，阻止裂纹的进一步发展。可制备金属疲劳和拉伸试样。不能用于空腔的加工，不适合用于模具制造行业。

8.2.2 电解-珩磨加工

电解-珩磨是指电解与珩磨相结合的电化学复合加工。所用的阴极工具是导电的珩磨条。图 8-4 所示为立式复合电解-珩磨原理示意。可用普通珩磨机改造成电解-珩磨机，增设电解液循环系统和直流电源，以电解液替代珩磨液，工件连接直流电源的正极，珩磨条连接负极，形成电解加工回路并构成复合电解-珩磨加工系统。加工时，珩磨头作直线往复运动，工件作旋转运功（珩磨头既作往复运动，又作旋转运动）。工件表面电解生成的钝化膜被珩磨条刮除，重新露出金属基材，并再次被电解蚀除。如此不断循环，直至达到加工要求为止。电解-珩磨主要用于普通珩磨难以加工的高硬度、高强度和易变形的精密零件的孔加工，以及高硬度合金钢的不通孔加工。与普通珩磨相比，电解-珩磨具有如下特点：

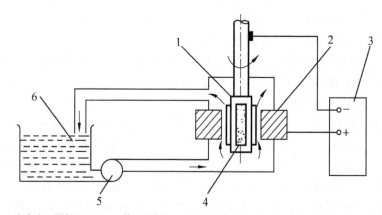

1—珩磨头（阴极）；2—工件（阳极）；3—直流电源；4—珩磨条；5—泵；6—电解液

图 8-4 立式复合电解-珩磨原理示意

（1）加工速度高，是普通珩磨加工的 3～5 倍；加工精度高，表面粗糙度 $Ra \leqslant 0.1 \mu m$。

（2）选择合适的电解液（能生成厚实钝化膜）和电参数，可获得良好的加工质量。

（3）珩磨头既是磨削工具，又是电解加工的阴极电极，一般用铜制造。珩磨条镶嵌在珩磨头上，对工件施加一定的接触压力，并使电极与工件保持一定的间隙。工件与电极之间充满电极液，在适宜的阴极和阳极间电压和电流密度下，形成电解加工回路，产生电解与珩磨的综合效果。

（4）在电解-珩磨加工过程中，珩磨条损耗小、排屑容易、冷却性能好、热应力影响小，工件表面无毛刺。

电解-珩磨加工的工艺参数如下：电压为 6～30V、电流为 100～3000A、电流密度为 $15.5～46.5 A/cm^2$。

电解液成分和浓度（体积分数）如下：硝酸钠 240g/L（21%）、氯化钠 120g/L（11%），温度为 38℃。

接触压力为 0.5～1MPa，电解液流量为 95L/min，电极间隙为 0.025～0.75mm。

8.2.3　电解-研磨

在机械研磨的基础上，附加电解作用而产生一种复合研磨方式，即电解-研磨。研磨时，可采用将微粉混入电解液，随电解液流入电极间隙中的工作方式。为防止研磨时发生短路，研具上装有绝缘镶条，略凸出研具金属基材表面，通常凸起的高度为 0.10～0.20mm。还有一种研磨方式，即将磨料与金属粉混合后压制烧结成导电研具，研磨前先将研具表面外露的金属腐蚀去除，使磨料凸出，防止研具与工件直接接触发生短路。也可以采用在研具金属基材上镶嵌研磨油石的方法，按照工件研磨的粗糙度要求，合理选择油石的磨粒粒度。

电解-研磨时，应按照工件的材质选择电解液的组成成分，铁基金属或合金大多采用 100～200g/L 浓度的硝酸钠水溶液，浓度越高，电化学作用越强，研磨速度越高。一般在粗研时浓度高一些，而精研时采用低浓度电解液。镜面研磨时电解液浓度不宜超过 50g/L。即使是粗研或半精研，电解液温度也宜低不宜高，因为电解液温度偏高（如高于室温），导电性提高，阳极溶解反应加快，易出现选择性溶解或晶界腐蚀，使研磨表面质量变差，一般电解-研磨时电解液温度为 20～25℃。

加工电压视工件研磨前表面粗糙度情况以及电解液的浓度、温度综合考虑，经工艺试验后最终选定。电压升高，电流密度上升，研磨速度快，但表面质量不易控制；电压过低，电流密度很小，几乎没有电解作用，效率将与机械研磨类似，一般情况下，电压为 5～8V。通过调节加工电压，研磨时的电流密度控制在 0.5～1.0A/cm^2 为宜。

电解-研磨用的磨粒粒度按工件表面粗糙度要求参照机械研磨工艺选定即可。在精研及镜面研磨时，为防止磨料中混有大粒度磨粒而破坏工件表面，在使用前应将磨料用相应磨粒粒度的筛网过筛。

电解-研磨时，工具阴极的转旋速度及进给速度与机械研磨时相同或稍低些即可，尽量降低研磨时的机械振动，以提高研磨表面质量。工具阴极与工件间的压力应稍低于机械研磨，以减少纯机械研磨作用。

电解-研磨适用于不锈钢、高温合金等黏度、硬度较大的工件，因为工件材料的研磨速度主要决定于电解作用的大小，所以在相同的研磨表面粗糙度要求下，电解-研磨的加工效率高于机械研磨。同时，电解-研磨后工件表面没有残留毛刺，适用于喷丝板、阀片类工件的磨削。

8.2.4　电化学-机械复合抛光

日本于 20 世纪 70 年代后期开始电化学-机械复合抛光的研究，在 80 年代初该加工方法用于生产。当时，只限于平面和外圆面的复合加工，直到 20 世纪 80 年代中期才开始研究三维型面的电化学-机械复合抛光。现在，我国已将电化学-机械复合抛光用于大型轧辊、大型化工容器型腔的抛光，并在不断扩大应用范围。

从电解加工角度看，电化学-机械复合抛光与电解-珩磨有共同点，都是在原来机械加工工艺基础上组合电解作用。电化学-机械复合抛光是在原机械抛光设备上稍加改装，将抛光盘与工件固定板之间绝缘，在工件与抛光盘间垫一块无纺布或尼龙绸布，并通入混有抛光微粉的电解液，可实现电化学-机械复合抛光工艺。

图 8-5 为电化学-机械复合抛光原理示意。工件连接直流电源的正极，抛光头连接负极。电解液由电解液泵供给抛光头，再经过无纺布的微孔进入抛光区域。抛光头以一定的转速旋转，并沿一定的路线移动，同时还对工件表面施加一定的压力。电源接通后，工件表面在电解和机械研磨的复合作用下被抛光。

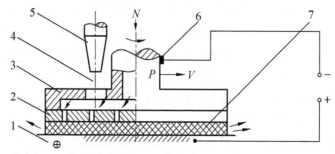

1—工件；2—抛光盘；3—抛光头（阴极）；4—电解液；5—喷管；6—导电刷；7—无纺布及磨料

图 8-5 电化学-机械复合抛光原理示意

抛光头的上部是铜制的抛光盘，在盘的端部黏结尼龙无纺布，无纺布上黏结磨粒粒度微小的磨料。抛光头的形式根据需要可以设计成各种形状。

电化学-机械复合抛光一定要使用钝性强的电解液，以便生成的钝化膜具有一定的强度（比金属的强度低得多）。只有在大电流密度时，钝化膜才会遭到破坏而使表面不断溶解，而在低电流密度下，钝化膜能阻止工件表面的进一步溶解。

电化学-机械复合抛光在低电流密度下工作，钝化膜很难电解去除，只能靠无纺布上的磨料刮除，刮除后，新工作表面再被电解。抛光时，工件表面高处的钝化膜先被磨粒刮除，露出新的金属表面被电解，同时又产生新的钝化膜；低处的钝化膜无法被刮除，从而保护低处金属不被电解。上述过程不断循环进行，使得工件表面整平效率迅速提高、表面粗糙度很快降低。

通常，电解成膜的时间在 10^{-2}s 以内，膜的厚度为几微米，膜的硬度和强度均大大低于工件的金属基材，很容易被磨料刮除。因此，选择合理的抛光参数是提高抛光质量和抛光效率的前提。

电化学-机械复合抛光与传统机械抛光及电化学抛光相比，具有抛光速度高、整平过程短、抛光质量好的特点。影响电化学-机械复合抛光表面质量的因素有以下几方面：

（1）电解液的成分、浓度。通常模具钢、不锈钢选用硝酸钠水溶液作电解液。为改善抛光性能，提高抛光速度，一般在电解液中添加合适的络合剂。

（2）加工电压。要根据工件原始表面粗糙度及使用的电解液的浓度等参数选择加工电压，通过工艺试验进行优化并确定。加工电压的选择范围为 3～15V。若电压过高，则表面粗糙度增大，甚至会出现点蚀和过腐蚀；若电压过低，则电化学抛光效率低，加工方式可能变成以机械磨削为主，造成工件表面质量下降，磨料损耗过大，降低抛光头的使用寿命。粗抛光时，加工电压可以大一些，以提高电化学抛光效率；精抛光时，尽量选用低电压，以提高工件表面质量。

（3）磨粒粒度。其不仅影响抛光效率，而且影响表面粗糙度。粗抛光时选用较粗的磨粒（用粗磨粒可以提高去除速度）；镜面抛光时，可以使用粒度在 2000# 以下的磨粒，在低电压、小电流密度下精抛。在将磨粒混入电解液之前，需进行筛选，以免混入大粒度的磨料而划伤抛光表面。

（4）抛光头对工件的压力。这类压力要适当，若压力过大，则抛光头因受力不均而振动，影响抛光头与工件表面的良好接触，并增大抛光头的损耗，造成工件表面过腐蚀及腐蚀不均；若压力过小，则会导致抛光效率降低。正常压力一般为 0.01～0.05MPa，粗抛时压力可以大一些，精抛时压力应小一些。

（5）抛光头上的磨粒运动轨迹。该轨迹会直接影响工件的表面质量。在一定转速下，抛光头进给速度慢，磨粒运动轨迹连续，抛光效率高，抛光表面不会产生不均匀的条纹。抛光头的转速不可过高，以免造成干磨或腐蚀不均，通常其转速为 200～300r/min。当抛光头的直径较大时，应适当降低转速；当其直径较小时，应适当提高转速。

综上所述，决定加工表面粗糙度的主要因素是磨粒的大小及机械抛光的状态，而决定抛光效率的主要因素是电解作用。只有两者很好地配合，才能提高抛光效率和降低表面粗糙度。

8.2.5　超声辅助电解加工

在电解加工中，一旦在工件表面形成钝化膜，加工速度就会下降，如果在电解加工中引入超声波振动，钝化膜就会在超声波振动的作用下遭到破坏，使电解加工能顺利进行，促进生产率的提高。另外，若在小孔、窄缝加工中引入超声波振动，则可促使电解产物的排放，同样也有利于生产率的提高。这种用超声波振动改善电解加工过程的加工工艺，就是超声辅助电解加工。目前该加工方法多用于难加工材料的深小孔及表面光整加工。

图 8-6 所示为超声辅助电解加工深小孔示例。超声频振动的工具连接直流电源的负极，工件连接正极，工具与工件之间的直流电压为 6～18V，电流密度为 30A/cm^2 以上，电解液常用 20% 的含盐水溶液与磨料的混合液。加工时，工件表面在电解液中产生阳极溶解，电解产物阳极钝化膜被超声波振动的工具及磨料蚀除，由于超声波振动引起的空化作用，加快了钝化膜的蚀除和磨料工作液的循环更新，促进了阳极溶解过程的进行，使加工速度和

加工质量大大提高。表8-3是超声辅助电解加工与普通超声加工的加工速度和工具损耗比较，可以看出，前者的速度明显高于后者，而工具损耗明显低于后者。

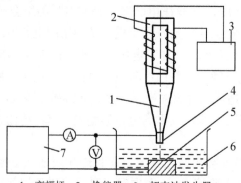

1—变幅杆；2—换能器；3—超声波发生器；
4—工具；5—工件；6—电解液与磨料；7—直流电源

图8-6　超声辅助电解加工深小孔示例

表8-3　超声辅助电解加工与普通超声加工的加工速度和工具损耗比较

加工材料	超声辅助电解加工					普通超声加工			
	频率/kHz	双振幅/μm	电流密度/(A·cm^{-2})	加工速度/(mm·min^{-1})	工具损耗/%	频率/kHz	双振幅/μm	加工速度/(mm·min^{-1})	工具损耗/%
5CrNiW淬火钢	17.3	100	32	0.3	46	17.5	100	0.1	206
耐热合金	17.9	98	32	0.25	57	17.5	98	0.12	171
耐热合金	18.1	100	32	0.24	51	18.1	100	0.13	209
耐热合金	18.5	53	32	0.08	57	18.7	53	0.04	180
T12K6硬质合金	18.8	53	30	0.2	50	18.8	53	0.08	100

注：加工面积为22mm^2；磨料为240#碳化硼；静压力为0.67MPa；磨料工作液浓度为1.25（磨料质量与水质量比）；电解液采用浓度为30%的食盐水溶液。

8.2.6　激光辅助电解加工

电解加工适宜温度为20～80℃。研究发现，提高电极间隙的温度有助于提高电解速率。根据这一理论，人们发明了激光辅助电解加工工艺。典型的激光辅助电解加工原理如下：将高压电解液注入工件所在的密封腔，使其由喷嘴高速喷出，射向工件加工部位，与此同时，将激光束射向工件同一部位；施加在工具电极与工件两端的脉冲电压和脉冲激光束的相关参数由计算机精确控制，在电解液流加工的同时，照射在加工区域的脉冲激光束可起到加速电化学反应，提高加工速度和减小杂散腐蚀等作用。研究表明，这种加工方法用于碳钢的加工十分有效。

8.2.7　电解-电火花复合加工

电解加工时，电极间隙大多在 0.03～0.3mm，而电火花加工时，电极间隙较小（0.01～0.03mm），较小的电极间隙有助于提高加工时的仿形精度。电火花穿孔成型加工（EDM）和电解加工（ECM）虽然在同类领域中应用，但存在相反的优缺点。为得到最佳的综合效果，业界提出了在导电电解液中发生放电过程，从而在电极间隙中实现电化学溶解（ECD）及电火花蚀除（EDE）的复合过程的设想。由于此过程用同类的水基介质和脉冲电源，因而有可能在一套设备上通过控制系统来变更复合的类型，满足不同的加工要求，易于工程化。因此，人们尝试将这两种工艺结合起来，形成了电解电火花复合加工工艺，图 8-7 为电解-电火花复合加工原理示意。

20 世纪 80 年代，国外在电解-电火花复合加工原理方面开展了大量的研究工作。英国、苏联、日本及我国均在孔加工中实现了复合过程，获得高效率；90 年代我国与英国合作进行了型腔复合加工试验研究，我国还进行了复合加工切割难加工材料的试验研究，均实现了在电解液中正常电弧放电的过程。90 年代在复合光整加工方面有较大进展，在电火花模具型腔加工及线切割的后续光整加工中取得成功，日本已开始将该工艺用于生产，效果显著，不仅能提高光度而且还能保持或提高精度。在孔、型腔及切割加工中，电解-电火花复合加工的效率较高，但精度较低。

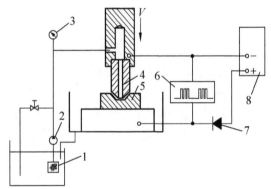

1—过滤网；2—泵；3—压力表；4—工具电极；5—工件；6—脉冲电源；7—隔离二极管；8—直流电源

图 8-7　电解-电火花复合加工原理示意

对导电型电解液中发生放电的原理有不同的假说，较普遍的观点认为电化学过程阴极析氢后在阴、阳极间搭成连续的气泡桥，当电场强度超过气泡桥耐压强度时就产生击穿放电。具体过程如下：

（1）电化学阳极溶解、阴极析氢。

（2）氢气搭桥。

（3）阴极发射电子，电子击穿介质，发生电子雪崩现象。

（4）形成等离子体通道，随即形成可见放电并形成高压气泡。

（5）金属熔化、蒸发，产生液力冲击。

（6）消电离。

电解液中放电有以下几个特点：

（1）放电周期与放电能量较正常 EDM 大。存在消电离的过程为非稳态电弧，应防止形成稳态电弧。前者称为正常电弧，后者称为不正常电弧。尺寸加工属正常电弧放电，光整加工则是微火花放电，其电场强度弱、脉宽窄、频率高，放电能量极小，只能击穿电化学阳极钝化膜。

（2）气体的耐电强度较低，因而在电解液中的击穿电压较低。

（3）放电过程仍为随机，与流场状态密切相关。

（4）ECM 与 EDM 材料去除量比例不同会得到不同的加工效果，要获得稳定的加工效果应控制 ECM 与 EDM 材料去除量比例在时空上均恒定，这是迄今尚未解决的难题。

电解-电火花复合加工与电化学-机械复合加工时的机械去除作用相似，放电加工的作用主要是破除钝化膜，使电解作用能持续进行。目前，电解-电火花复合加工已经在太阳能电池硅片加工中获得了很好的应用。

8.3　热作用复合加工

目前，以热作用为主而复合有其他能量形式的复合加工方法主要有电火花-磨削加工和超声辅助电火花加工。

8.3.1　电火花-磨削加工

电火花-磨削加工与普通电火花加工类似，主要利用工具和工件之间的火花放电时的电蚀，以蚀除多余的金属，达到零件的尺寸、形状及表面质量要求。与普通电火花加工不同，磨削放电加工时，以旋转的圆盘状或丝棒状电极作为工具电极。根据工具电极有无磨料，电火花-磨削加工可分为两类：无磨料电火花-磨削加工和磨料电火花-磨削加工。

1. 无磨料电火花-磨削加工

无磨料电火花-磨削加工原理示意如图 8-8 所示，无磨料电火花-磨削加工时，与电源负极相连的圆盘状或丝棒状工具电极作旋转运动，与电源正极相连的工件（也称工件电极）沿水平方向相对于工具电极作进给运动，保持两者的间隙一直处于 0.013～0.075mm 之间，并且充满油类工作介质。随着工件电极的进给，工具电极与工件电极之间不断产生火花放电，工件电极表面的金属不断被蚀除。电火花-磨削加工用工具电极材料一般为石墨，转速为 30～180m/min，电压为 30～400V，电流为 30～100A。

工件的表面质量随电流密度和脉冲频率变化而变化，频率越高，电流密度越低，表面质量越高，表面粗糙度 Ra 一般为 0.4～0.8μm，可实现的最小圆角半径为 0.013～0.13mm。采用电火花-磨削加工方法时，加工速度通常为 0.16～2.54cm³/min；工具电极与工件电极的损耗比与两个电极材料种类、电流密度、工具电极的几何形状、工作介质等因素有关，两个电极的损耗比在 1:100～1:0.1 之间变化，平均值为 1：3。

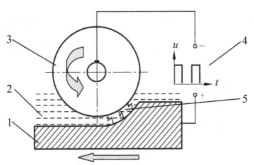

1—工件电极；2—工作介质；3—工具电极；4—脉冲电源；5—火花放电

图 8-8　无磨料电火花-磨削加工原理示意

2. 磨料电火花-磨削加工

如果把无磨料电火花-磨削加工中的金属或石墨工具电极换成由金属结合剂制备的导电砂轮，就可进行磨料电火花-磨削加工。磨料电火花-磨削加工原理示意如图 8-9 所示，磨料电火花-磨削加工过程示意如图 8-10 所示。显然，磨料电火花-磨削加工过程综合了电火花放电的热作用引起的熔化/气化过程和机械磨削过程，从而使其加工效率更高。该加工方法可用于金属、金属基复合材料、功能陶瓷的加工。

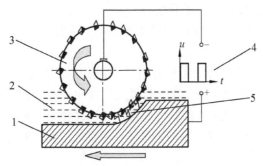

1—工件电极；2—工作介质；3—导电砂轮（作为工具电极）；4—脉冲电源；5—火花放电

图 8-9　磨料电火花-磨削加工原理示意

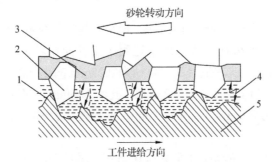

1—工作介质；2—磨粒；3—导电结合剂；4—火花放电；5—工件

图 8-10　磨料电火花-磨削加工过程示意

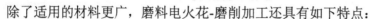

除了适用的材料更广，磨料电火花-磨削加工还具有如下特点：

（1）在相同工艺条件下，其加工速度是电火花加工速度的 5 倍，是无磨料电火花-磨削加工速度的 2 倍。

（2）所需磨削力比常规磨削加工低。

（3）工具电极损耗比在电火花加工、无磨料电火花-磨削加工中的损耗小。

（4）工具电极具有自修整功能，加工稳定性好。

8.3.2 超声辅助电火花加工

1. 超声-电火花复合加工

利用电火花对小孔或窄缝进行精微加工时，及时排除加工区域的电蚀产物是保证电火花精微加工能顺利进行的关键。当电蚀产物逐渐增多时，放电间隙状态变差，电极之间容易出现搭桥和短路现象，使进给系统一直处于从进给到回退的非正常振荡状态，使加工不能正常进行。

在小孔或窄缝的电火花精微加工时，如果在工具电极上引入超声波振动，产生超声空化作用，就会导致一种称为微射流的紊流产生。这种微射流有利于电蚀产物的排除，因此，超声-电火花复合加工将使加工区域的放电间隙状态得到改善，加工平稳性好，有效放电脉冲比例增加，从而达到提高生产率的目的。

影响超声-电火花复合加工效果的因素主要有以下两方面：

1）加工面积的影响

试验证明，超声-电火花复合加工只适用于小面积的穿孔或窄缝的加工，当加工面积增大时，生产率反而不如普通电火花加工。这是因为在进行大面积电火花加工时，高频小振幅的超声波振动并不能使电极中心部位的电蚀产物迅速排除，电极之间容易出现搭桥、短路等非正常放电现象。一般情况下，当加工直径小于 0.5mm 时，复合加工的效果才渐趋明显。

2）脉冲宽度的影响

试验证明，脉冲宽度越小，超声-电火花复合加工的效果越显著。在大脉冲宽度下加工时，由于超声波振动的频率很高，反而会在一个脉冲宽度内出现多次工具振动，造成火花放电不稳定，使生产率下降。

超声-电火花复合加工主要用于加工小孔、窄缝及精微异型孔，以解决放电间隙过小而无法加工的难题。超声-电火花加工一般不适用于工件面积较大的粗、中精加工。例如，采用基于辅助脉冲电源超声波发生器加工直径为 0.25mm 的小孔时（孔深为 0.4mm），加工时间仅为 8s；当加工深孔时（孔径为 0.25mm，孔深为 6mm，深径比 L/D=24），加工时间为 7min；当加工孔径为 0.1mm、孔深为 7mm，深径比 L/D=70 的小孔时，加工时间仅为 20min。

利用方波脉冲加工异型喷丝孔（孔深为 0.5mm）需要 20min，使用超声辅助加工，用 20s 就可完成该异型喷丝孔的加工。

2. 超声-电火花复合抛光

为了提高表面粗糙度 Ra 要求达到 $1.6\mu m$ 以上的工件的抛光速度，采用超声波与专用的高频窄脉冲高峰值电流的脉冲电源复合进行抛光。由超声波的冲击和电脉冲的腐蚀同时作用于工件表面，迅速降低其表面粗糙度，这对车削、铣削、电火花及线切割等加工后的粗硬表面十分有效。

超声-电火花复合抛光包括两层意义：一是超声波振动和火花放电同时发生作用，抛光工具（工具电极）在超声波振动的同时，与工件电极产生火花放电；二是超声波振动和火花放电分别作用，相辅相成。前一种意义上的复合是指工件与抛光工具相对，分别连接脉冲电源的正极和负极，也就是采用正极性加工。在超声波振动时，抛光工具端部相对工件表面的距离可以认为是按正弦规律变化的。当抛光工具端部相对工件表面的距离处在放电区间时，电极间隙被击穿并产生火花放电；当距离大于放电区间，则间隙开路，放电停止；而当距离小于放电区间处于短路区时，抛光工具直接或间接与工件短路。这时，火花放电就受到超声波振动的调制。在产生火花放电时，工件电腐蚀而被蚀除，表面被抛光，同时，超声波振动还具有排屑和加速切削液循环的作用。

超声-电火花复合抛光的优点如下：

（1）生产率高。超声-电火花复合抛光效率比传统超声抛光提高 5 倍以上。超声-电火花复合抛光在加工表面产生很薄的软化层，而对基材的硬化无影响。这个软化层很容易用超声抛光方法去除。

（2）可降低生产成本。由于抛光主要依靠电火花的腐蚀作用，一般来说，凡是具有良好导电性、能够传递超声波振动能量的材料，均可用作抛光工具材料。当然，所选抛光工具材料的导电性能越好，能量损耗越小，越有利于电火花超声复合抛光。用黄铜、铁等普通材料取代烧结金刚石、电镀金刚石等昂贵的材料，降低了生产成本。

（3）工具制造容易。由于采用黄铜、铁等金属作为抛光工具材料，采用一般的机械加工方法就很容易制造出各种形状的抛光工具，以适用不同模具型面的抛光。

（4）不易损伤工件表面。使用金刚石抛光工具时，往往在加工表面留下很深的划痕，角部也容易出现倒钝，甚至在抛光工具形状与工件型面不相吻合时使型面变形，而复合加工能明显地减轻甚至避免这种不良现象的发生。

（5）更适合型腔底部加工。当型腔比较狭窄，抛光工具移动距离很小时，超声抛光型腔底部时的效率很低，而超声-电火花复合抛光则能高效地对型腔底部进行抛光，故大大提高了型腔底部的抛光效率。

8.4　化学复合加工

目前，化学复合加工是指通过化学作用与机械作用的复合而形成的一种新的特种加工方法。最典型的化学复合加工为化学-机械复合加工，它是一种超精密的精整加工方法，主要用于陶瓷、单晶蓝宝石和半导体晶片等加工，以防止机械加工磨料引起的表面脆性裂纹和凹痕，避免因磨粒的耕犁作用而产生隆起以及刮擦作用而产生划痕，从而获得光滑无缺陷的表面。化学-机械复合加工主要有机械-化学复合抛光和化学-机械复合抛光两种。

8.4.1 机械-化学复合抛光

机械-化学复合抛光的原理如下：选择比工件材料软的磨料（例如，抛光 Si_3N_4 陶瓷时用 Cr_2O_3 磨料，抛光硅片时用 SiO_2 磨料），借助磨料中运动的磨粒表面活性，以及磨粒与工件之间微观接触摩擦产生的高压、高温，使工件表面在很短的接触时间内出现固相反应；随后这种反应的生成物被运动的磨粒以机械摩擦作用去除，其去除量最小可达到 0.1nm。因为磨粒硬度低于工件材料，所以机械-化学复合抛光不以磨削作用去除材料。如果把磨粒悬浮于化学溶液中进行湿式加工，就会同时出现溶液和磨粒两者生成的反应物，但磨粒的吸水性会使其表面活性和接触点温度降低，因此加工效率比单纯使用磨粒与适量抛光剂的干式加工低。

例如，使用由亚溴酸钠（$NaBrO_2$）+0.6%氢氧化钠（$NaOH$+DN 组成的抛光剂，其中的 DN 剂为非离子溶剂 SiO_2）+磨料微粒（磨粒）组成的抛光剂，对 GaAs（砷化镓）晶片进行抛光，发生下列化学反应：

（1）GaAs 与 $NaBrO_2$ 反应。

$$4GaAs+3NaBrO_2 \longrightarrow 2Ga_2+2As_2O_3+3NaBr$$

（2）As_2O_3 与 NaOH 反应。

$$As_2O_3+6NaOH \longrightarrow 2Na_3AsO_3+3H_2O$$

（3）Ga_2O_3 与水中的 OH^- 反应。

$$Ga_2O_3+6OH^- \longrightarrow 2Ga(OH)_3+3O^-$$

这些化学反应的生成物与 DN 剂作用后产生表面活化物，进而强化磨粒和加工表面之间的摩擦发热效果，加速了化学反应的速度，提高了抛光效率，使 GaAs 晶片表面的薄膜层很容易被磨粒去除。机械-化学复合抛光可以获得表面变质层非常微小的高质量镜面，其装置示意如图 8-11 所示。

大规模集成电路（LSI）芯片直径可达 300mm，采用机械-化学复合抛光加工技术，用由 SiO_2 或 ZrO_2 超微粉与碱性溶液混合而成的抛光液及人造皮革抛光器对这种芯片进行抛光。大规模集成电路芯片的机械-化学复合抛光加工条件及结果见表 8-4。

机械-化学抛光原理示意如图 8-12 所示。随着抛光压力的增加，磨粒的机械作用增强，抛光器与工件的接触面积增大，参与抛光的有效磨粒数量增加，提高抛光

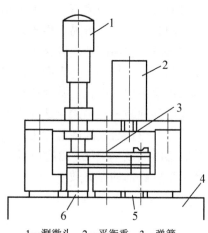

1—测微头；2—平衡重；3—弹簧；
4—抛光盘；5—样件；6—工件

图 8-11 机械-化学复合抛光装置示意

加工速度。机械-化学复合抛光的加工速度比不使用化学液的抛光加工速度高 10～20 倍，表面粗糙度 Ra 可以达到 10～20nm。加工超大规模集成电路芯片还可以使用 0.01μm 级胶质硅微粒（游离磨粒）研抛该芯片表面，整体误差小于 2μm，局部厚度误差小于 1μm。

表 8-4　大规模集成电路芯片的机械-化学复合抛光加工条件及结果

条件 / 工序	抛光液	抛光器	抛光压力/Pa	抛光精度 /μm	主要目标
第一次抛光	SiO$_2$（或 ZrO$_2$）磨粒粒径为 0.1μm 左右,加工液呈碱性, pH 值为 9～11	由聚氨基甲酸乙酯浸渍的聚酯无纺布构成的抛光器	3×10^{-2}～ 8×10^{-2}	15～20	高效率化镜面, 表面粗糙度 Ra=20～40nm
第二次抛光	SiO$_2$ 磨料,平均磨粒径为 10～20nm,加工液呈碱性, pH 值为 9～11	由发泡聚氨基甲酸乙酯和人造皮革软硬质两层构成的抛光器	1×10^{-2}～ 3×10^{-2}	1～10	提高表面质量, 表面粗糙度 Ra=5～10nm
第三次抛光	SiO$_2$ 磨料,平均磨粒径为 9～10nm,加工液呈碱性, pH 值为 8～10	由发泡聚氨基甲酸乙酯和人造皮革软硬质两层构成的抛光器	$<1\times10^{-2}$	0.1～10	提高表面质量, 表面粗糙度 Ra=1～2nm

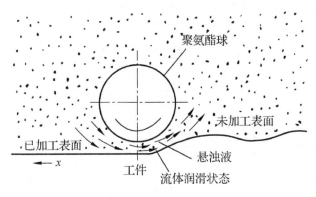

图 8-12　机械-化学复合抛光原理示意

8.4.2　化学-机械复合抛光

随着半导体工业沿着摩尔定律的曲线急速下降，驱使加工工艺向着更高的电流密度、更高的效率和更多的互联层转移。由于器件尺寸的缩小，光学光刻设备焦深的减小，要求基材表面可接受的分辨率和平整度达到纳米级。传统的表面平坦化技术，如基于沉积技术的选择性沉积、溅射玻璃（SOG）、低压化学气相沉积（CVD）、等离子体增强化学气相沉积、偏压溅射、热回流、沉积-腐蚀-沉积等虽然也能提供"光滑"的表面，但它们都属于局部平坦化技术，不能做到全局平坦化。

目前，对于最小特征尺寸不大于 0.35μm 的器件，必须进行全局平坦化，需要发展新的全局平坦化技术。

化学-机械复合抛光技术正是在这种需求背景下发展起来的，是目前最好的全局平坦化技术。20 世纪 80 年代初国外开始对这一技术进行研究开发，1991 年由 IBM 公司在 64MB DRAM 的生产中获得成功应用。根据 Kaufman 等构建的金属材料化学-机械复合抛光模型，复合加工中抛光液的成分主要由腐蚀剂、成膜剂及其助剂、纳米磨粒这三部分组成。腐蚀剂起腐蚀溶解金属的作用，成膜剂在金属表面形成钝化膜而阻止金属的腐蚀溶解，成膜剂的助剂起改善钝化膜性能的作用。可借助纳米磨粒的机械摩擦作用，除去表面凸起的钝化，从而促进金属的腐蚀溶解，凹处则得到钝化膜的有效保护。钝化膜能降低金属表面硬度，使得机械摩擦更容易进行。于是，抛光过程按照钝化、磨损、再钝化、再磨损的方式循环进行，直到全局平坦化为止。因此，金属材料的化学-机械复合抛光过程实际上是机械摩擦作用下的电化学腐蚀过程，是化学抛光作用与机械抛光作用相平衡的过程。

上述两种复合加工方法的工作原理、影响因素及适用范围见表 8-5。

表 8-5　机械-化学复合抛光和化学-机械复合抛光的工作原理、影响因素及适用范围

加工方法		加工原理			工艺条件			应用举例
		作用原理	反应生成条件	主要影响因素	磨粒	抛光轮	加工液	
机械-化学复合抛光	干式	磨粒与工件表面生成固相反应层，由磨料机械作用去除	①磨粒与工件表面点产生高压和高温。②磨粒本身的表面活性	①单晶体或晶片出现固相反应的温度。②磨粒的硬度和摩擦因数。③磨粒的粒径。④磨粒表面能量及它与其他物质的吸附性	软质超微粒	硬质		用 SiO_2 超微磨粒（直径不大于 10nm）对蓝宝石 LaB_6 单晶体和硅晶片抛光，表面精糙度 Ra=2～3mm
	湿式	磨粒的固相反应及加工液的腐蚀作用，化学生成层由磨粒机械作用去除	①磨粒与加工表面的惯性力和摩擦力作用使工件表面温度升高。②晶粒或晶片的工件表层的活性	①单晶体或晶片与磨粒及抛光轮的摩擦因数。②加工液的搅拌和黏度。③溶液对新生表面的吸附性。④单晶体、晶体或晶片表面结晶格架歪斜和无定形化	软质超微粒	软质	对晶体能起化学腐蚀作用	①对单晶硅，用碱溶液加工。②对铁素体，用酸溶液加工
化学-机械复合抛光		加工液的腐蚀作用生成化学反应薄层，由磨粒机械作用或液体动力作用去除	①加工表面的温度。②加工液的流动特性	①抛光轮形成的摩擦热。②加工液的搅拌	无磨粒或添加超微粒	硬质	对晶体能起化学腐蚀作用	砷化镓（CaAs）半导体晶片加工

8.5　LIGA 技术和准 LIGA 技术

微机电系统（MEMS）是微电子技术与机械、光学领域结合而产生的，是 20 世纪 90 年代初兴起的新技术，是微电子技术应用的又一次革命性突破。MEMS 将在众多工业领域，

包括信息和通信技术、汽车、测量工具、生物医学电子等方面成为关键器件，把在硅衬底上的 MEMS 与集成电路（IC）集成在一起，还可以产生许多新的功能。但是，目前制造 MEMS 的主要工艺仍是硅的各向异性刻蚀和多晶硅的表面加工，即硅的表面微加工和体微加工技术。

MEMS 本质上是由三维微结构机械组成的系统。因此，三维微加工技术成为 MEMS 制造的重要环节。在许多现代技术领域，需要数百微米高度的微结构，以增加元件的强度，提供更大的作用力、力矩或功率等。于是，可以实现高深宽比三维微结构的 LIGA 技术迅速发展。LIGA 技术借鉴了平面工艺中的光刻手段，但是它对材料加工的深宽比远大于标准 IC 生产中的平面工艺和薄膜的亚微米光刻技术，并且加工厚度也远大于平面工艺中的典型值 2μm，同时，它还可以实现对非硅材料的三维微细加工，用材也更为广泛。LIGA 技术的产生及在微加工技术上的应用，将推动 MEMS 技术更快地发展，获得更广泛的应用。

8.5.1 LIGA 技术

LIGA 一词来源于德语 Lithographie，Galvanoformung 和 Abormung 三个词语，表示深层光刻、电镀、注塑三种技术的有机结合。早在 20 世纪 60 年代初，德国的 Karlsruhe 原子能研究中心致力于开发一项技术，即用气体弯曲喷射的离心力方法处理六氟化铀和轻的辅助气体，从而分离出铀同位素。为了提高这个方法的加工效率，需要将分离喷嘴的相关结构尺寸缩小到几个微米的尺度，这促使了 LIGA 技术的开发研究。20 世纪 70 年代末，该中心的 Ehrfeld 教授开发了 LIGA 技术。LIGA 典型工艺流程如图 8-13 所示。

LIGA 技术之所以能实现高深宽比的三维微结构，其关键是深层光刻技术。为了实现高深宽比、纵向尺寸达到数百微米且侧壁垂直、光滑的深度刻蚀，一方面需要强度高、平行性很好的光源，这样的光源只有用同步加速器辐射的方法才能得到，即同步辐射 X 射线；另一方面要求用于 LIGA 技术的抗蚀剂必须有良好的分辨率、机械强度、低应力，同时还要求与基材的黏附性好。用于深层 X 射线光刻的光刻胶一般用综合性能良好的有机聚合物聚甲基丙烯酸甲酯（PMMA）。PMMA

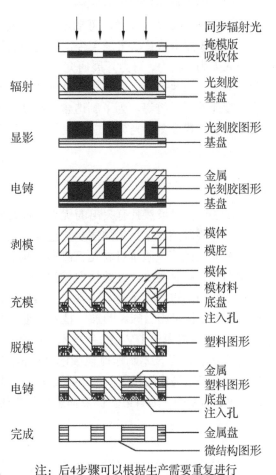

注：后4步骤可以根据生产需要重复进行

图 8-13 LIGA 典型工艺流程

是正性光刻胶，有很好的透光性。这种情况下光源的条件是能量为 10keV，波长为 0.2～0.8nm。然而，PMMA 有其本身的吸收性和热学特性的局限，尤其严重的问题是它的低灵敏度，这将影响生产率。因此，需要尽可能地增大同步加速器的辐射能量。为了减小光刻过程的成本，主要使用具有更高能量的质子，能量达到 MeV 量级。由于增加了 X 射线的穿透能力，同样的时间内可以使更多的光刻胶曝光。使用灵敏度更高的光刻胶是减小光刻成本的另一种方法。

LIGA 技术经过多年的发展，已显示出它的优点，具体如下：

（1）深宽比大，准确度高。所加工的图形准确度小于 0.5μm，表面粗糙度仅为 10nm，侧壁垂直度大于 89.9°，纵向高度可达 500μm 以上。

（2）用材广泛。从塑料（PMMA、聚甲醛、聚酰胺、聚碳酸酯等）到金属（如金、银、镍、铜）到陶瓷（如 ZrO_2）等，都可以用 LIGA 技术实现三维微结构。

（3）图形截面形状不受限制。

（4）采用微复制技术，可批量生产，成本低。

LIGA 技术从首次报道至今，得到飞速发展，引起业界极大的关注，工业发达国家纷纷投入人力、物力、财力开展研究，目前已研制成功或正在研制的 LIGA 产品有微传感器、微电动机、微执行器、微机械零件和微光学元件、微型医疗器械和装置、微流体元件、纳米尺度元件及系统等。为了制造含有叠状、斜面、曲面等结构特征的三维微小元器件，通常采用多掩模套刻、光刻时能在线规律性移动的掩模版、倾斜/移动承片台，以及采取背面倾斜光刻等措施。

8.5.2 准 LIGA 技术

LIGA 技术虽然具有突出的优点，但是它的工艺步骤比较复杂，成本昂贵。为了获得光源，需要复杂而又昂贵的同步加速器，而这只能在一些大的研究机构里才能得到。用于 X 射线光刻的掩模版本身就是三维微结构，需要先用 LIGA 技术制备出来，费时又复杂；可用的光刻胶种类少。这些情况使得 LIGA 技术的发展在一定程度上受到限制，阻碍了其工业化应用的进程。于是，出现了一类应用低成本光刻机光源和掩模版制造工艺而制造性能与 LIGA 技术相当的新的加工技术，通称为准 LIGA 技术或 LIGA-like 技术。例如，用紫外线（UV）光源的 UV-LIGA 技术，用准分子激光（Laser）光源的 Laser-LIGA 技术和用微细电火花加工技术制作掩模版的 MicroEDM-LIGA 技术，用 DRIE（Deep Reactive Ion Etching）工艺制作掩模版的 DEM 技术等。其中，以 SU-8 胶为光敏材料、以紫外线为光源的 UV-LIGA 技术因有诸多优点而被广泛采用。

1. UV-LIGA

该技术使用紫外线光源对光刻胶曝光，紫外线光源一般为汞灯，所用的掩模版是简单的铬掩模版。该工艺分为两个主要的部分：厚胶层的 UV 光刻和图形中结构材料的电镀。其主要困难在于稳定、陡壁、高精度的厚胶模的形成。对于 UV-LIGA 适用光刻胶的研究，应用较多的是 SU-8 胶。SU-8 胶是一种负性胶，在曝光时，这种胶中含有的少量光催化剂发生化学反应，产生一种强酸，能使 SU-8 胶发生热交联。SU-8 胶具有高的热稳定性、化学稳定性和良好的力学性能，在近紫外线范围内光吸收度低，整个光刻胶层可获得均匀一致的曝光量。因此，将 SU-8 胶用于 UV-LIGA 工艺中，可以形成图形结构复杂、深宽比大、侧壁陡峭的三维微结构。其不足之处是存在张应力，以及烘烤量大时在工艺的后段难以除去。值得指出的是，SU-8 胶在 X 射线辐射下无膨胀、龟裂等现象，且对 X 射线的灵敏度比 PMMA 高几百倍，因此有人试图将它用于替代 PMMA，以降低光刻过程的成本。

UV-LIGA 技术也可以采用商业化的 AZ4562 光刻胶，该光刻胶黏性大、透过性好，胶层厚度可以达到 100μm。

厚胶层的烘烤工艺要求很严格，它将决定图形的最小特征尺寸和最大深宽比。烘烤温度和时间取决于胶层厚度。但是为了获得无龟裂的光刻胶，其温度一般不能超过 120℃。

一般情况下，用紫外线对光刻胶进行大剂量曝光时，胶层不宜太厚。用紫外线作为光源，用多层光刻胶技术代替同步辐射 X 射线深层光刻的多层光刻胶 LIGA 工艺，可以看作改进型的 UV-LIGA 技术。此技术是先对最上层胶用 UV 光刻蚀的方法加工图形，然后以此作为掩模版用 RIE 刻蚀下面部分，实现光刻胶图形向下层的转移。

2. 深度反应离子刻蚀

深度反应离子刻蚀一般是选用硅作为刻蚀微结构的加工对象，即高深宽比硅刻蚀（High Aspect Ratio Silicon Etching，HARSE），它有别于 VLSI 中的硅刻蚀，因此又称为先进硅刻蚀（Advanced Silicon Etching，ASE）工艺。它采用的感应耦合等离子体（Inductively Coupled Plasma，ICP）源系统，与传统的反应离子刻蚀（Reaction Ion Etching，RIE）、电子回旋共振（Electron Cyclotron Resonance，ECR）等刻蚀技术相比，有更大的各向异性刻蚀速率比和更高的刻蚀速率，并且系统结构简单。由于硅材料本身较脆，需要将加工好的硅微结构作为模具，对塑料进行模压加工，再利用塑料微结构进行微电铸后，才能用得到的金属模具进行微结构器件的批量生产。或者直接从硅片上进行微电铸，获得金属微复制模具。

受硅的深反应离子刻蚀的启发，Zahn 等人开发了用等离子体直接刻蚀聚合体材料获得高深宽比微结构。所不同的是硅的刻蚀用的刻蚀剂是六氟化硫，而聚合体的刻蚀用的是氧。高能氧分子与聚合体反应生成二氧化碳和水。由于该过程是多步反应，比硅与六氟化硫的化学反应过程复杂，因此其刻蚀速率比硅的低。无论是 LIGA 技术还是准 LIGA 技术，其光刻手段都限制了所用聚合体材料的种类，而该方法可以扩大用于微加工的聚合体的数量。将直接氧离子刻蚀与各向同性八氟化四碳聚合物沉积相结合，相比模铸技术可以实现更大密度器件的封装，以及将器件与底层电子集成。利用此方法已经制作出生物微机电系统（Bio-MEMS）和互补金属氧化物半导体微机电系统（CMOS- MEMS）。

3. Laser-LIGA

准 LIGA 技术是通过受激准分子激光剥离实现深光刻胶模型的。在这里光刻胶直接用脉冲 UV 辐射刻蚀三维结构，或者在光刻胶表面使用扫描光束或透射掩模版，以形成三维结构。受激准分子激光器用的是气态卤化物，脉冲间隔为 10～15ns，能够产生每平方厘米数百焦耳的光束。由于波长小于 250nm 时，光刻胶等有机物材料就可以被融化，在这里通常所用的两个激光波长是 248nm（氟化氪）和 193nm（氟化氩）。每个激光脉冲可以腐蚀 0.1～0.2μm，无须重调镜头焦距系统，就可以剥离几百微米的深度，该方法有许多优点：

（1）它不像 UV 光刻那样在深度上受限制，因为曝光后的材料在下一个脉冲到来之前都被除去。

（2）改变扫描速度和光束形状，无须掩模版，也可以在光刻胶中形成复杂的三维结构。

（3）大范围的聚合体材料可以被剥离，增加了多级加工技术和与其他微工程技术集成的可能性。

LIGA 技术是目前加工高深宽比微结构最好的一种方法。与 LIGA 技术相比，准 LIGA 技术虽然能简化操作、大大降低成本费用，却是以牺牲高准确度、大深宽比为代价的；UV 光刻可达到毫米级，但深宽比不超过 20；深度反应离子刻蚀的深宽比较大，但是一般深度不超过 300μm；Laser-LIGA 技术加工的准确度，在一定程度上受聚焦光斑的影响。因此准 LIGA 技术只适用于对垂直度和深度要求不太高的微结构的加工。尽管如此，在大深宽比微结构加工中，低成本的准 LIGA 技术仍然被看好。LIGA 技术和准 LIGA 技术的主要区别及其典型应用分别如表 8-6 和表 8-7 所示。

表 8-6　LIGA 技术和准 LIGA 技术的主要区别

特　点	LIGA 技术	准 LIGA 技术
光源	同步辐射 X 射线（波长为 0.1～1nm）	常规紫外线（波长为 350～450nm）
掩模版	以 Au 为吸收体的 X 射线掩模版	标准铬掩模版
光刻胶	常用聚甲基丙烯酸甲酯（PMMA）	聚酰亚胺、正性和负性光刻胶
特点	LIGA 技术	准 LIGA 技术
高宽比	一般≤100，最高可达 500	一般≤10，最高可达 30
胶膜厚度	几十微米至 1000μm	几微米至几十微米，最高可达 300μm
生产成本	较高	较低，约为 LIGA 技术成本的 1/100
生产周期	较长	较短
侧壁垂直度	可大于 89.9°	可达 88°
最小尺寸	亚微米	1μm 到数微米
加工材料	多种金属、陶瓷及塑料等材料	多种金属、陶瓷及塑料等材料

表 8-7　LIGA 技术和准 LIGA 技术的典型应用

能制作的元器件	应 用 领 域	备　注
微齿轮	微机械	模数为 40，高 130μm
微铣刀	外科医疗器械	厚度达 200μm
微线圈	接近式触觉传感器、振荡器	高 55μm，平面及三维线圈
微马达	微电机	可分静电和电磁马达两种

续表

能制作的元器件	应 用 领 域	备 注
微喷嘴	分析仪器	高 87μm
微打印头	打印机	宽 4μm，螺距为 8μm，高 40μm
微管道	微分析仪器	外径 40μm，内径 30μm，高 40μm
微阀	微流量计	6.25mm×6.25mm×0.5mm
微开关	传感器、继电器	厚 30μm，以 2μm 厚的铝层作为牺牲层
电容式加速度计	汽车行业等	悬臂梁长 660μm，镀金
谐振式陀螺	汽车业、玩具等	振环结构
超声波传感器	医疗器械	压电陶瓷阵列

习 题

8-1 什么是复合加工？复合加工是否在任何情况下都比单一加工方法优越？

8-2 电化学-机械复合加工包括哪几种具体的加工工艺？电解-磨削加工特点有哪些？

8-3 电解-珩磨加工、电解-研磨加工原理是什么？试绘图分别加以说明。

8-4 什么是超声辅助电解加工？什么是超声-电解复合抛光？什么是超声-电火花复合抛光？

8-5 超声-电火花复合加工的原理是什么？试举例说明。

8-6 简述 LIGA 技术的原理，并比较 LIGA 技术和准 LIGA 技术的特点。

思政素材

■ **主题：**爱国精神、无私奉献、持之以恒、坚定信念、团队协作

给战机一颗"中国心"——记中国"航空发动机之父"吴大观

吴大观，中国"航空发动机之父"。为探索出中国人自行设计航空发动机（简称"航发"）的道路，在发动机人才奇缺的情况下，吴大观建立了新中国第一支航空发动机设计研制队伍。这支当时不到 100 人的队伍披肝沥胆、忘我拼搏，以设计室为家，全身心推动航空发动机的研制工作。1977 年年底，已年过六旬的吴大观从沈阳 606 所调到西安 430 厂。他说："我 62 岁要当 26 岁来用。"他把自己当成一台发动机，高负荷、高效率运转，在技术上精心指导团队成员，在工作上严格要求自己，在学习上分秒必争。

吴大观曾说："投身航空工业后，我一天都没有改变过自己努力的方向。"即使在最艰难的日子里，他的初心也不曾动摇。1982 年，吴大观被调到原航空工业部科学技术委员会任常委。他说："我有看不完的书、学不完的技术和做不完的事。"他用 5 年时间钻研新技

术，写下上百万字的笔记，总结了几十年的工作心得，尽心竭力为航空发动机事业思考、谋划。在决定"太行"发动机前途命运的关键时刻，吴大观大声疾呼："我们一定要走出一条中国自主研制航空发动机的道路，否则，战机就会永远没有中国心！"于是，吴大观等 9 位资深专家联名向党中央写信，"太行"发动机项目得以立项。18 年后"太行"发动机终于研制成功，实现了我国从第二代航空发动机到第三代航空发动机的历史性跨越。

吴大观对我国航空发动机事业的卓越贡献，为航空发动机研制的后来者树起了一座永远的精神丰碑。他用坚定的理想信念、高尚的品德情操、毕生的拼搏奋斗，忠诚地践行了中国航发人"国为重、家为轻"的家国情怀和"择一事、终一生"的价值追求。

——摘自以下资料：

中央电视台官网：给战机一颗"中国心"—记中国"航空发动机之父"吴大观，见 https://news.cctv.com/special/wdg/sy/index.shtml，2009 年 7 月 2 日。

拓展知识

[1] Hassan EI-Hofy. Advanced machining processes:Nontraditional and Hybrid Machining Processes[M]. Egypt: Engineering Department Alexandria University, 2005.

[2] Hassan EI-Hofy. Fundamentals of Machining Processes Conventional and Nonconventional Processes. Thrid Edition[M]. Egypt: Engineering Department Alexandria University.

[3] 电火花加工发展史，见https://www.peakedm.com/WhatIsEDM.html

典型案例

本章的典型案例是用 LIGA 技术加工手表计时秒轮，如图 8-14 所示。

- **应用背景**：计时秒轮是手表运动的基本零件，通过秒轮的运动带动分轮，分轮带动时轮，实现手表的计时。

- **加工要求**：手表计时秒轮具有由悬臂弹簧组成的精细镂空齿，模数一般为 0.4 mm，加工精度在 0.001mm 以下。加工时，必须保证齿面的精度和轮轴的直线度，还要求轮齿排布均匀，齿尖进出角度一致，齿面平整。

- **加工方法选择分析**：手表计时秒轮外观尺寸小，加工精度要求极高。手表计时秒轮的加工方法主要包括电化学微加工、电火花线切割和基于金属或非金属的精密与超精密机械加工。若采用慢走丝电火花线切割加工手表计时秒轮，则加工精度和表面质量都高，但一次只能加工一个零件，生产率低，加工成本高，因此该方法的加工经济性相对较差。用 LIGA 技术加工手表计时秒轮，能满足计时精准的要求，还能成批制造，生产率高，虽然整体价格昂贵，但是单个零件成本较低，是当前加工手表计时秒轮的优选方法之一。

■ **加工效果：** 用 LIGA 技术能够加工出手表计时秒轮的几何形状，公差完美，结构侧壁光滑且平行度偏差在亚微米级，加工精度可达 0.1 μm，表面粗糙度能达到 10 nm，计时准、成本低。

（a）手表计时秒轮

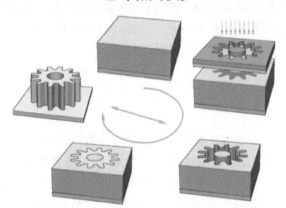

（b）用 LIGA 技术加工手表计时秒轮的原理示意

图 8-14　用 LIGA 技术加工手表计时秒轮

第9章　3D 打印技术

本章重点

（1）3D 打印技术的基本原理，与传统加工的区别。

（2）典型 3D 打印工艺原理、过程、特点及应用。

3D 打印技术也称为增材制造技术（Additive Manufacturing Technology，AMT），是在计算机的控制下通过材料自下而上、逐层累加的方法来制造实体零件的加工技术。自 20 世纪 80 年代后期诞生以来，曾先后被命名为快速原型制造、快速成型、快速制造、实体自由制造和增材制造技术等名称。3D 打印技术集机械工程、CAD、逆向工程技术、分层制造技术、数控技术、材料科学、激光等技术于一身，自动、直接、快速、精确地将设计思想转变为具有一定功能的原型或直接制造零件，从而为零件原型的制作、新设计思想的校验等提供一种高效、低成本的制造手段。对企业产品创新、缩短新产品开发周期、提高产品竞争力等方面都有积极的推动作用。经过近 30 余年的发展，3D 打印技术已经成为当前先进制造领域技术创新和蓬勃发展的源泉。目前，3D 打印技术及产品已经在航空航天、汽车、生物医疗、文化创意等领域得到了初步应用。

9.1　概　　述

随着全球市场一体化的形成，制造业的竞争十分激烈，产品的开发速度成为决定制造业竞争力的主要因素。为满足日益变化的用户需求，制造业要求制造技术有较强的灵活性，能够以小批量甚至单件生产且不增加产品的成本。因此，产品的开发速度和制造技术的柔性就显得十分重要。3D 打印技术是指在计算机控制下，从 CAD 电子模型中离散得到"点"或"面"的几何信息，再与成型工艺参数信息结合，控制材料有规律、精确地由点到面、由面到体地堆叠成零件。

3D 打印技术最早出现在制造技术并不发达的 19 世纪。早在 1892 年，Blanther 主张用分层方法制作三维地图模型。1979 年东京大学的中川威雄教授，利用分层技术制造了金属冲裁模、成型模和注塑模。20 世纪 70 年代末到 80 年代初期，美国 3M 公司的 Alan J. Hebert（1978）、日本的小玉秀男（1980）、美国 UVP 公司的 Charles W Hull（1982）和日本的丸谷洋二（1983）等，在不同的地点各自独立地提出了快速成型技术（Rapid Prototyping，RP）的概念，即利用连续层的选区固化产生三维实体的新思想。Charles W Hull 在 UVP 公司的继续支持下，完成了一个能自动制造零件的被称为"光固化成型"（Stereo Lithography Apparatus，SLA）的完整系统 SLA-1，1986 年该系统获得专利，这是 RP 发展的一个里程碑。同年，Chdles W Hull 和 UVP 的股东们一起建立了 3D Systems 公司，随后许多关于快速成型的技术在 3D Systems 公司中发展成熟。1984 年，Michael Feygin 提出了"分层实体制造"或称"纸叠层成型"（Laminated Object Manufacturing，LOM）的方法，并于 1985 年组建 HeLisys 公司，1990 年前后该公司开发了第一台商业化成型机 LOM-1015。1986 年，美国 Texas 大学的研究生 C Deckard 提出了"激光选区烧结"（Selective Laser Sintering，SLS）的思想，稍后组建了 DTM 公司，于 1992 年开发了基于 SLS 的商业化成型机（Sinterstation 系列）。Scott Crump 在 1988 年提出了"熔丝沉积制造"（Fused Deposition Modeling，FDM）的思想，1992 年开发了第一台商业化成型机 3D-Modeler。1993 年，美国麻省理工学院教授 Emanual Sachs 将金属、陶瓷的粉末通过结合剂结合在一起，从而发明了三维打印快速成型技术（3DP）。1995 年，美国麻省理工学院的毕业生 Jim Bredt 和 Tim Anderson 修改了喷墨打印机方案，把墨水挤压在纸上的方案变为把约束溶剂挤压到粉末床，也以此技术创立了增材制造企业 Z Corporation。同年，美国 Sandia 国家实验室研发出了 LENS 技术。其工作原理为通过粉末喷嘴将金属粉末直接输送到激光光斑在固态基板上形成的熔池中，使之凝固成层实现层层堆叠成型。1996 年 3D Systems 推出了第一台多点喷射 3D 打印机。类似于采用喷墨印刷技术将颜料从液体通道以液滴的方式转移到纸基材上，多点喷射 3D 打印机可以直接通过滴定方式将蜡和光聚合物液滴沉积在基材上进行打印，通过加热或光固化使喷射液滴相变。1997 年，瑞典 Arcam 公司成立，电子束熔融（EMB）是该公司首先开发的一种增材制造技术，EBM 类似于 SLM 工艺，利用电子束在真空室中逐层熔化金属粉末，直接制造金属零件。

目前，增材制造技术最热门的应用领域就是 3D 打印。2005 年是 3D 打印行业的蓬勃发展之年，在这一年 Z Corporation 推出了世界上第一台高精度彩色 3D 打印机 Spectrum2510。英国巴恩大学的 Adrian Bowyer 发起了开源 3D 打印机项目 Rep Rap，目标是通过 3D 打印机本身，制造出另一台 3D 打印机。正是这一项目吸引了更多投资者的目光，使 3D 打印企业开始像雨后春笋般出现。2010 年，第一台 3D 打印轿车出现，如图 9-1 所示。它的所有外部组件都由 3D 打印制作完成，其中的玻璃面板使用 Dimension 3D 打印机和由 Stratasys 公司数字生产服务项目 Red Eyeon Demand 提供的 Fortus 3D 成型系统制作。2016 年 6 月，空中客车公司成功造出了世界上首架利用 3D 打印技术制造的飞机。这架飞机在柏林航空展上亮相。空客公司的第一架 3D 打印无人机名为"索尔"（Thor），全长不到 4m，质量仅为 21kg，外形就像迷你版的客机，如图 9-2 所示。

3D 打印技术自 20 世纪产生以来，主要围绕树脂、塑料、纸、蜡较易成型的材料的成型工艺进行研究，但由于成型材料所限，其应用难以进一步拓展。目前，用金属、陶瓷等材料直接制造功能零件是增材制造技术中的研究热点和重要发展方向。具有代表性的工艺是光固化成型法、熔融沉积成型法、激光选区烧结法、三维立体打印法、材料喷射成型法，以及一些在此基础上发展起来的 3D 打印技术等。

图 9-1　第一台 3D 打印轿车"Urbee"

图 9-2　第一架 3D 打印无人机"索尔"

9.2　3D 打印技术的典型工艺与应用

9.2.1　光固化成型工艺

光固化成型（Stereolithography，SL 或 Stereolithography Apparatus，SLA）工艺，又称为光敏树脂液相固化成型、光固化立体造型或立体光刻成型，由 Charle Hul 发明并于 1984 年获美国专利，1988 年美国 3D Systems 公司推出世界上第一台商业化的快速原型成型机 SLA-250。SLA 基于实体分层制造原理，以液态光敏树脂为原材料，通过 CNC 控制下的激光或紫外线使液态光敏树脂逐层凝固成型。该工艺能简捷、全自动地制造出表面质量和尺寸精度较高、几何形状较复杂的零件。

1. 工艺原理

图 9-3 所示为光固化成型工艺原理示意。液槽中盛放液态光敏树脂，紫外线或激光的光束在偏转镜作用下，在液体表面上扫描，扫描轨迹由计算机控制，被光束扫描到的液体发生光固化反应。成型开始时，升降台的水平工作平台所在高度低于液面一个光斑能固化光敏树脂的厚度，液面始终保持在光束的聚焦平面，聚焦后的光斑在液面上按 CNC 指令逐点扫描即逐点固化。当一层图形扫描完成后，未被光束扫描的地方仍是液态光敏树脂。然后升降

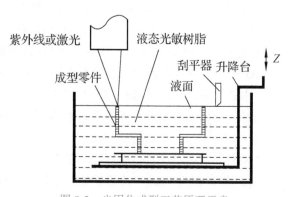

图 9-3　光固化成型工艺原理示意

台带动工作平台下降一层高度，已成型的固化层面上又布满一层液态光敏树脂，刮平器将光敏树脂液面刮平，进行下一层的扫描，新固化的固态光敏树脂牢固地黏在先固化的光敏树脂上。如此循环反复，直到整个零件制造完成为止，从而得到三维实体原型。

工件完全成型后，还需要经过一系列后处理过程：把工件取出并把多余的液态树脂清洗干净，将支撑结构清除掉，把工件放到紫外灯下进行二次固化来提高工件的硬度，最后进行必要的机械加工。

2. 特点与成型材料

SLA 工艺目前是研究最深入、技术最成熟、应用最广泛的 3D 打印工艺之一。该工艺系统工作稳定，成型速度快，尺寸精度较高，工件的尺寸精度能达到或小于±0.05mm，原材料利用率接近 100%；能制造出形状特别复杂（如空心零件）和比较精细（如首饰、工艺品等）的零件；利用制造出的原型件，可快速翻制各种模具或实体零件。SLA 主要用于制造高精度塑料件、铸造用蜡模、样件或模型。但该工艺也有一些不足：

（1）可供选择的材料种类有限，必须是液态光敏树脂。液态光敏树脂具有气味和毒性，并且需要避光保存，以防止其提前发生聚合反应。

（2）液态树脂固化后较脆、易断裂，而且强度和刚度低，耐热性差，不利于长时间保存。

（3）可加工性不好，不能直接作为零件进行应用。

（4）与 FDM 系统相比，SLA 系统造价较高，使用和维护成本高。

（5）制件需要二次固化。在激光扫描过程中，尽管光敏树脂已经发生聚合反应，但只是完成部分聚合作用，零件中还有部分液态的残余树脂未完全固化，需要二次固化，导致后处理过程相对烦琐。

SL 工艺的成型材料称为光敏树脂（或称光固化树脂），光敏树脂中主要包括齐聚物、反应性稀释剂及光引发剂。根据光引发剂的引发原理，光敏树脂可分为三类：自由基光敏树脂、阳离子光敏树脂和混杂型光敏树脂。它们各有优缺点。目前的趋势是使用混杂型光敏树脂。

3. 应用实例

自从光固化成型制造技术出现以来，应用领域和范围不断扩大。目前，该技术主要应用于新产品开发设计检验、市场预测、航空航天、汽车制造、电子器件、民用器具、玩具、工程测试、装配测试、模具制造、医学、生物制造工程等方面。图 9-4 所示为采用光固化成型工艺制作的零件及产品。

近年来，随着 MEMS（Micro Electro-Mechanical Systems）和微电子领域的快速发展，使得微机械结构的制造成为研究的热点，在传统的光固化成型技术的基础上，出现了微光固化快速成型技术——μ-SL（Micro Stereolithography）技术。目前提出并实现的 μ-SL 技术主要包括基于单光子吸收效应的 μ-SL 技术和基于双光子吸收效应的 μ-SL 技术，可将传统的 SL 成型精度提高到亚微米级，开拓了 3D 打印技术在微机械制造方面的应用。

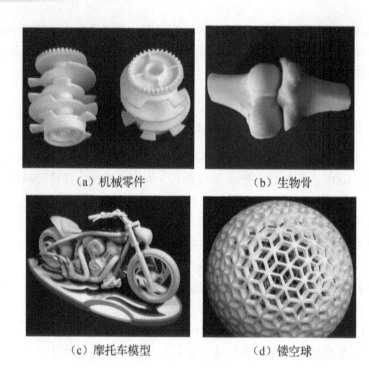

（a）机械零件　　　　　　　　　（b）生物骨

（c）摩托车模型　　　　　　　　　（d）镂空球

图 9-4　采用光固化成型工艺制作的零件及产品

9.2.2　熔融沉积成型

熔融沉积成型（Fused Deposition Modeling，FDM）又称为丝状材料选择性熔覆、熔融挤出成模（Melted Extrusion Molding，MEM），简称熔积成型，1988 年由美国学者 Dr. Scott Crump 提出，并由美国 Stratasys 公司推出商业化机器。FDM 是将各种热熔性的丝状材料（如蜡、工程塑料和尼龙等）加热熔化，然后通过由计算机控制的精细喷嘴按 CAD 分层截面数据进行二维填充，喷出的丝材经冷却黏结固化生成薄层，层层堆叠形成三维实体。FDM 是继光固化成型和分层实体制造工艺后的另一种应用较为广泛的加工方法，FDM 工艺主要应用于桌面级 3D 打印机和较便宜的专业 3D 打印机。

1. 工艺原理

FDM 工艺是利用热塑性材料的热熔性、黏结性，在计算机控制下层层堆积成型。FDM 工艺原理示意如图 9-5 所示。热熔性材料通过加热喷嘴挤出后，随即与前一个层面熔结在一起。一个层面堆叠完成后，工作台按预定的增量下降一个堆叠层的厚度，继续熔喷堆叠，直至完成整个实体零件的堆叠为止。其中热塑性材料的细丝通过加热软化后被挤出，然后逐层沉积在搭建平台上。细丝的标准直径为 1.75mm 或 3mm，由线轴供应。最常见的 FDM 设备具有标准的笛卡儿结构和挤压头。将实心丝材原材料缠绕在供料辊上，由电动机驱动辊子旋转，辊子与丝材间的摩擦力使丝材通过导向套向挤压头的出口送进，丝材经过挤压头内的加热器后被加热熔融并从喷嘴中挤出，在计算机控制下层层堆积起来，冷却固化后最终形成三维实体。为保证原型在成型过程始终保持稳定性或便于后处理操作，FDM工艺在原型制作时一般还需同时制作辅助支撑材料。目前，FDM设备大都采用双喷嘴模式达到这一目的。FDM工艺流程如图9-6所示，在该图中，一个喷嘴用于挤出模型材料，另一个喷嘴用于挤出支撑材料。支撑材料在后处理环节往往被溶解而去除，因此支撑材料与成型材料的亲和性不能太好。

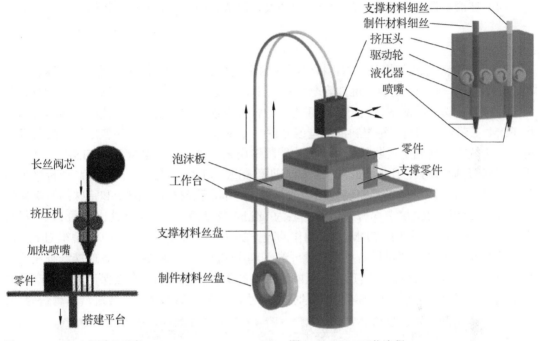

图 9-5　FDM 工艺原理示意　　　　　　　　　图 9-6　FDM 工艺流程

2. 特点及成型材料

FDM工艺主要优点如下：

（1）成型材料广泛。除了ABS、石蜡、人造橡胶、铸蜡和聚酯热塑性塑料等低熔点非金属材料，还可以使用低熔点金属、陶瓷等材料。

（2）成本相对较低。由于FDM用熔融加热装置而不是激光器，设备与运行成本低，且原材料利用率高、无污染、成型过程无化学变化，成型成本较低。

（3）后处理简单。支撑结构容易剥离，无须化学清洗，目前所用的水溶性支撑材料使支撑结构更易剥离；制件的翘曲变形量较小，后续矫正工作量少。

（4）成型效率高。FDM工艺流程中喷嘴的无效动作很少，大部分时间都在堆叠材料，特别是薄壁类制件的成型速度极快。

（5）可以成型任意复杂程度的零件。常用于成型具有复杂的内腔和孔的零件。

但 FDM 工艺也有一些不足：

（1）FDM 工艺只适合制作中、小型模型制件。

（2）由于丝束是在熔融状态下一层层地铺覆的，截面轮廓层之间的黏结力有限，因此原型制件垂直方向的强度较弱。

（3）FDM 工艺需要设计、制作支撑结构，并且需对整个轮廓截面进行扫描和铺覆，因此成型时间较长。

（4）在成型件表面有较明显的一层层条纹，所成型的工件表面比较粗糙。

3. 应用举例

目前，FDM 工艺与相关技术已被广泛应用于航空器、家电、通信工具、电子器件、汽车、医疗器械、机械、建筑、玩具等产品的设计与开发，如产品外观的评估、方案的选择、装配的检查、功能的测试、用户看样订货、塑料件开模前校验设计、少量产品的制造等。用 FDM 工艺可以制造多种材料的原型或零件（见图 9-7），如蜡型、塑料原型、陶瓷零件等。对传统方法需几个星期甚至几个月才能制造出来的复杂产品原型，用 FDM 工艺，不需要任何刀具和模具，几个小时或一至两天即可完成。FDM 工艺所用丝材的商业价格大约是原材料的 40 倍，因为其具有特定的组成材料（纤维增强材料或填料）和特殊的美学特性（光泽，半透明）。IGUS 公司开发了商业名为 Iglidur 的摩擦丝，其耐磨性比普通 FDM 材料大 50 倍。图 9-8 所示为用 FDM 工艺制作的鞋。2010 年，世界首辆 3D 打印轿车 Urbee 问世（见图 9-9）。其主要材料是尼龙玻璃纤维，利用 FDM 工艺制成。尼龙玻璃纤维从喷嘴挤压出来后，呈丝状材料，其尺寸甚至能达到人的头发丝的粗细，有效保证了打印产品的精细度。打印上述整个轿车的零件只耗时 2500 小时，生产周期远小于传统汽车制造周期。

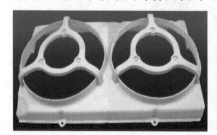

图 9-7　用 FDM 工艺制作的外壳体零件

图 9-8　用 FDM 工艺制作的鞋　　　　图 9-9　用 FDM 工艺制作的轿车

9.2.3　激光选区烧结

激光选区烧结工艺又称为选择性激光粉末烧结成型（Selected Laser Sintering，SLS），该概念由美国得克萨斯大学奥斯汀分校的 C.R.Dechard 于 1989 年提出。目前，研究激光选区烧结工艺的有美国 DTM 公司、德国 EOS Gmbh 公司、北京隆源公司、南京航空航天大学和华中科技大学等。激光选区烧结工艺借助精确引导的激光束使材料粉末烧结或熔融后凝固形成三维原型或制件，除了可以烧结陶瓷材料，还可用于烧结热塑料、聚合碳化物、尼龙、金属、蜡等材料。该成型方法具有制造工艺简单、柔性度高、材料选择范围广、材料价格便宜、成本低、材料利用率高、成型速度快等特点，主要应用于铸造业，并且可以用来直接制作模具。

1. 工艺原理

SLS 工艺利用粉末材料（非金属粉末或金属粉末）在激光照射下烧结的原理，在计算机控制下层层堆积成型。SLS 工艺流程及原理示意如图 9-10 所示，将材料粉末铺在已成型零件的上表面，刮平形成一层薄而均匀的粉末（粒径为 0.1～0.2mm）；在计算机控制下按照零件分层轮廓用高强度的 CO_2 激光器有选择性地扫描材料粉末。材料粉末在高强度的激光照射下被烧结在一起，从而得到零件的截面，并与下面已成型的部分黏结；当一层截面烧结完后，工作台下移，重复铺粉和烧结工序；零件加工完成后，先去掉多余的粉末，再进行打磨、烘干等处理。

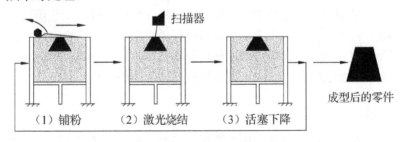

（a）SLS工艺流程

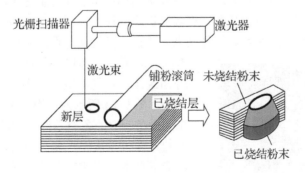

（b）工艺原理示意

图 9-10　SLS 工艺流程及原理示意

2. 特点与成型材料

SLS工艺适应面广。从原理上讲，这种方法可采用加热时黏度降低的任何粉末材料，通过材料或各类含结合剂的涂层颗粒制造出几乎任意形状的零件，以适应不同的需要。它不仅能制造塑料零件，还能制造陶瓷、石蜡等材料的零件。特别是可以直接制造金属零件和形状复杂的零件（如空心、多层镂空零件等），这使SLS工艺颇具吸引力。此外，还有其他方面特点：

（1）制造工艺比较简单。按采用的原材料不同，SLS工艺可直接用于生产复杂形状的原型、型模、三维构件、部件和工具，能广泛适应各种设计，并且无须额外支撑。

（2）成本较低。一般SLS增材制造材料的价格为60～800元/千克，材料价格相对便宜。

（3）精度高，材料利用率高。根据所用材料的种类和粒径、工件的几何形状和复杂程度，SLS工艺通常能够在工件整体范围内实现±（0.05～2.5mm）的公差。对于复杂程度不太高的产品，当粉末的粒径为0.1mm或更小时，所成型的工件精度可达到±0.01mm。因为粉末材料可循环使用，所以其利用率可接近100%。

除了上述优点，SLS工艺也存在一定的缺点，如成型速度较慢，制件表面粗糙、疏松多孔，需要进行后处理，能量消耗高，对某些特定的材料还需要单独处理等。

近年来，用于SLS工艺的材料更多地采用金属、陶瓷等复合粉末。金属粉末的制取一般采用雾化法。主要有两种方法：离心雾化法和气体雾化法。这两种方法的主要原理是使金属熔融，将金属液滴高速甩出并急冷，随后形成粉末颗粒。SLS工艺用的复合粉末通常有两种混合形式：一种是结合剂粉末与金属或陶瓷粉末按一定比例机械混合；另一种则是把金属或陶瓷粉末放到结合剂稀释液中，制取被结合剂包覆的金属或陶瓷粉末，这种被结合剂包覆的粉末制备虽然复杂，但烧结效果较机械混合的粉末好。

3. 应用举例

几十年来，SLS工艺已经成功应用于汽车、造船、航天和航空等诸多行业，为许多传统制造业注入了新的生命力和创造力。SLS工艺在汽车设计与制造中应用广泛，汽车灯具大多数形状是不规则的，曲面复杂，模具制造难度很大。图9-11所示为采用SLS工艺制造的汽车前照灯。在制造业领域，经常遇到小批量及特殊零件的生产，其加工周期长、成本高，对于某些形状复杂零件，甚至无法制造，采用SLS工艺可经济地实现小批量和形状复杂零件的制造，图9-12所示为采用3D Systems公司的sPro系列设备制造的各类零件。此外，采用SLS工艺制造的零件可直接作为模具使用，如熔模铸造、砂型铸造、高精度形状复杂的金属模具等，也可以将成型件处理后作为功能零件使用。图9-13所示为采用SLS工艺制作的高尔夫球头模具及其产品。

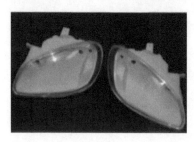

图9-11 采用SLS工艺制造的汽车前照灯

图 9-12　采用 3D Systems 公司的
sPro 系列设备制造的各类零件

图 9-13　采用 SLS 工艺制作的
高尔夫球头模具及其产品

9.2.4　三维立体打印

粉末材料三维立体打印（Three Dimension Printing，3DP），又称为三维印刷或喷涂黏结，该工艺是由美国麻省理工学院 E.M.Sachs 教授等学者开发的一种快速成型工艺，并于 1993 年申请了 3 个专利。该工艺适用的材料范围广，设备成本较低且可小型化，可在办公室使用，因此近年来得到较快发展。3DP 工作过程类似于喷墨打印机，其工艺流程与 SLS 工艺流程类似，区别是材料粉末不是通过激光烧结连接而成，而是通过喷头喷涂黏结剂将零件的截面"印刷"在材料粉末上面并黏结成型。

1. 工艺原理

3DP 工艺中的喷头工作原理类似打印机的打印头，不同之处如下：在 3DP 工艺中，除了喷头在 XOY 平面运动，工作台还沿 Z 轴方向进行垂直运动；喷头喷出的材料是一种特殊的黏结剂；由黏结剂黏结的零件强度较低，还需后处理。3DP 工艺依据使用材料类型的不同及固化方式的不同，可分为粉末材料三维喷涂黏结成型、喷墨式三维打印成型两大类工艺。

图 9-14 所示为以粉末作为成型材料的 3DP 工艺原理示意：铺粉辊将少量的粉末铺平于成型缸的工作台面上，喷头在数控装置（CNC）控制下有选择性地将黏结剂喷在粉末上，使其黏结，形成原型的一层轮廓截面；一层黏结完成后，成型缸下降一个距离（等于层厚：0.013～0.1mm），供粉缸上升一高度，推出若干粉末。这些粉末被铺粉辊推到成型缸，被铺平和压实；喷头进行新粉的黏结工作，如此循环反复，直到原型制件加工成型为止。升起工作台，取出已加工好的原型制件。铺粉辊在铺粉时，多余的粉末被右侧的余料槽收集。未被喷射黏结剂的地方有干粉，这些干粉在成型过程中起支撑作用，零件成型过程结束后，比较容易去除干粉。

2. 特点与成型材料

3DP 工艺的最大特点是成型速度极快、成型材料价格低，特别适合作为桌面型的 3D 打印设备；适用的材料种类范围广，并且可以在黏结剂中添加有色颜料，因此可制作彩色原型制件，这也是该工艺颇具竞争力的特点之一；成型过程中无须单独设计支撑材料，起支撑作用的多余粉末去除方便，因此尤其适用于内腔复杂的原型制件的制作。3DP工艺的缺点：成型制件的强度较低、精度和表面粗糙度较低，不适合结构复杂和细节较多的薄壁零件；因此，成型制件只能用作概念型模型而不能作为功能性试验用途的零件。

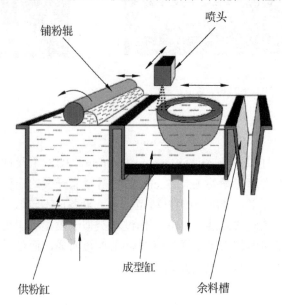

图9-14 以粉末作为成型材料的3DP工艺原理示意

3DP工艺中所用材料包括粉末成型材料和喷头喷射材料。粉末成型材料非由简单的粉末材料，而是由粉末材料及与之匹配的黏结剂和后处理材料等组成，其中粉末材料种类范围比较广，如石英砂、陶瓷粉末、石膏粉末、聚合物粉末（如聚甲基丙烯酸甲酯、聚甲醛、聚苯乙烯、聚乙烯、石蜡等）、金属氧化物粉末（如金、铂、铜、氧化铝等）、淀粉以及喷头喷射的材料（如熔化的热塑性材料、蜡或硅胶等）。

除此之外，根据3DP工艺用粉末材料的硬化原理、环保、成本和使用等因素，还要添加一些润滑剂、黏结剂、快干剂、黏度调节剂、染料及一些防止打印头堵塞的助剂等。

3. 应用实例

3DP工艺在国外的家电、汽车、航空航天、船舶、医疗等领域得到了较为广泛的应用，但在国内尚处于研究阶段。根据打印方式的不同，3DP工艺类型可以分为热发泡式、压电式、数字光处理（DLP）投影式等。3DP设备以小巧、方便、价廉而获得很多用户的欢迎，其销量在最近几年已跃居3D打印设备的第三位。

3DP工艺在模具制造、工业设计等领域被用于制造模型，之后逐渐用于一些产品的直接制造。该工艺在医疗产业、珠宝、鞋类、建筑、工程和施工（AEC）、汽车、航空航天、牙科和教育、土木工程和微型机电制造等方面得到广泛应用。图9-15所示为用3DP工艺制作的零件和产品。

（a）工艺品　　　　　（b）模具　　　　　（c）生物骨　　　　　（d）汽车

图 9-15　用 3DP 工艺制作的零件和产品

9.2.5　喷射成型

喷射成型（Spray Forming，SF）又称为喷射沉积（Spray Deposition）或喷射铸造（Spray Casting），该工艺利用高压惰性气体将合金液流雾化成细小熔滴，在高速气流下飞行并冷却，在尚未完全凝固前沉积成坯件。该工艺是工业发达国家在传统快速凝固/粉末冶金工艺基础上发展起来的一种全新的先进材料制备与成型工艺。这种工艺最早由英国奥斯普瑞（Osprey）金属公司在 1972 年获得专利权，因此通常称之为 Osprey 工艺。因美国麻省理工学院采用超声气雾化喷射技术，喷射成型工艺又称为液态动压实工艺（Liquid Dynamic Compaction，LDC）。采用喷射成型工艺制作的钢板最大尺寸可达 1.2m×2.0m，厚度为 5～10mm；高合金轧辊尺寸为 ϕ800mm×500mm；不锈钢管尺寸为 ϕ0.4m×8m；镍基高温合金管直径为 500～900mm，重达 3.5t。

1. 工艺原理

喷射成型是将材料沉积与成型技术结合在一起用于加工金属或合金成品或半成品的新工艺，其原理示意如图 9-16 所示。在该图中，熔融的金属或合金液流先经高压惰性气体（氮气或氩气）雾化成细小液滴，并使其沿喷嘴的轴线方向高速飞行，在它还未凝固时再被高速气体直接喷射到沉积器上形成连续致密、具有一定形状（如锭、管、板等）的近终形坯件。这种坯件的相对密度可达 96% 以上，经后续热加工（如锻、轧、挤或热等静压加工）进而变成全致密产品。喷射成型也可以通过离心雾化实现，采用喷射成型可制造大型的环形件。

2. 特点与成型材料

与传统的铸/锻工艺和粉末冶金工艺相比较，喷射成型工艺流程短、工序简化、沉积效率高，这种工艺不仅是一种先进的制取坯料技术，而且正在发展成为直接制造金属零件的制程。由于快速凝固的作用，所获金属材料成分均匀、组织细化、无宏观偏析，并且含氧量低，几乎具有粉末冶金制品的优点，可省去制粉、筛分、压制和烧结等工序，降低了生产成本。此外，在喷射成型过程中把增强粒子引入金属雾化流中，就能够在沉积器上得到金属基材复合坯。虽然材料喷射成型产品较低的强度限制了其应用，但该工艺的独特性使其成为新材料开发与应用的一个热点。

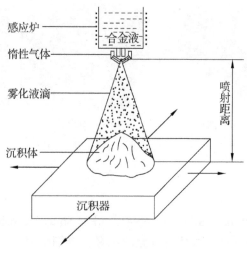

感应炉 —— 合金液

惰性气体 ——

雾化液滴 ——

喷射距离

沉积体 ——

沉积器

图 9-16　喷射成型工艺原理示意

可用于喷射成型的材料非常广泛，原则上任何可高温浇注的粉末材料均可应用，包括非金属和金属材料，如传统制造工艺中的难加工材料和高熔点材料，如特种钢（如特殊钢管和复层钢板）、铜及铜合金、铝及高强度铝合金、铅、镁、镍、钛和钴合金等。此外，喷射成型技术可根据用户的要求，制备任意组合的合金材料，并将其制造成零件，如高比强、高比模量铝合金（Al-Li）、Al-Pb 合金，以及低膨胀、耐磨铝合金（Al-SiC）、耐热铝合金（Al-Fe-V-Si）复合材料及铝基复合材料等，该工艺的应用效果尤为成功。

3. 应用举例

喷射成型工艺近年来在国外发展非常迅速，美国玻璃钢工业中的喷射成型已成为一种相对成熟的工艺，用该工艺制造的产品产量约占玻璃钢总产量的 30% 以上。日本也非常重视喷射成型工艺，目前日本的这类制品的比例达到 16%，并已研制开发出机械手喷射成型装备。这种新的材料制备和成型工艺具有独特的优点，使其在要求高强度、高韧性、高刚度和轻量化的军用材料中得到广泛的应用。主要集中在圆锭坯和管坯上，对平板产品的应用较少。目前已经能生产直径 450mm 和长度为 2500mm 的棒材，其收得率高达 70%～80%，当所生产的管坯直径为 150～1800mm、长度为 8000mm 时，其收得率为 80%～90%。用于成型的合金材料主要有铝硅合金、不锈钢和特种合金等，这些材料已被用于制作火箭壳体、尾翼、涡轮发动机的涡轮盘、海洋中的耐腐蚀管道、轧辊、导电材料、汽车连杆、活塞及体育器材等。图 9-17 所示为用喷射成型工艺制造的零件和产品。

（a）树脂喷涂壳体　　　　（b）管坯　　　　（c）汽车外壳

图 9-17　用喷射成型工艺制造的零件和产品

9.3　其他 3D 打印技术

9.3.1　激光选区熔化成型工艺

激光选区熔化成型又称为选择性激光熔化成型（Selected Laser Melting，SLM），是 20 世纪 90 年代中期在激光选区烧结（SLS）工艺的基础上发展起来的。该工艺不仅具备 SLS 工艺的优点，而且成型的金属零件致密度高，力学性能好，是未来 3D 打印技术的主要发展趋势。世界上第一台 SLM 设备由德国 MCP 公司于 2003 年底推出。近年来，英国、德国、法国等工业发达国家先后开发出高温合金、AlSi10Mg、Ti6Al4V 等合金的精密激光选区熔化成型商业化设备，并且开展应用基础研究。目前，精密激光选区熔化成型商业化设备的最大加工体积可达 300mm×300mm×250mm。

激光选区熔化成型工艺是以原型制造技术为基本原理发展起来的一种先进的激光 3D 打印技术，该工艺原理示意如图 9-18 所示。在该图中，零件的三维模型被切片分层处理并导入设备后，水平刮板动作，把薄薄的一层金属粉末均匀地铺在基板上，高能束发射器按照三维模型当前层的数据信息选择性地发射激光，聚焦成束的激光熔化基板上的粉末，加工出零件当前层的形状。然后水平刮板在已加工好的层面上再铺一层金属粉末，高能束发射器按照三维模型的下一层数据信息有选择性地发射激光。如此循环反复，直至完成整个零件的制造为止。

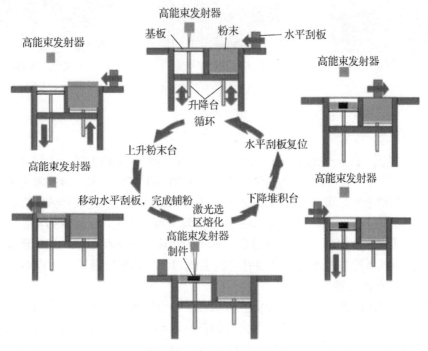

图 9-18　SLM 工艺原理示意

激光选区熔化成型工艺突破了传统的去除材料加工思路，有效解决了传统加工工艺不可达部位的加工问题，尤其适合传统工艺（如锻造、铸造、焊接等工艺）无法制造的、内部有异型复杂结构的零件制造；能得到具有非平衡态过饱和固溶体及均匀细小金相组织的实体，致密度几乎能达到100%，用SLM工艺制造的零件的力学性能与锻造零件的力学性能相当。此外，激光选区熔化成型工艺所用的激光光斑直径很小，因此能以较低的功率熔化高熔点金属，使得用单一成分的金属粉末制造零件成为可能，而且可供选用的金属粉末种类也增多。激光选区熔化成型工艺也存在一些不足，例如，进给速度较小，加工速度仅为 20mm³/s，导致成型效率较低；此外，零件尺寸还受到铺粉工作箱的限制，不适用于制造大型的整体零件。

SLM工艺的优点使其具有广阔的应用前景和广泛的应用范围，例如，机械领域的工具及模具，包括微制造零件[见图9-19（a）]、微器件、工具插件、模具等，以及生物医学领域的生物植入零件或替代零件（齿、脊椎骨等）、电子领域的散热器件、航空航天领域的超轻结构件和梯度功能复合材料零件等。特别是在航空航天领域，SLM工艺较多用于多品种小批量零件的生产过程。采用 SLM 工艺可以很方便、快捷地制造出机械加工方法无法加工的复杂工件[见图9-19（b）和图9-19（c）]，在产品开发阶段，可以大大缩短样件的加工生产时间，节省大量的开发费用。

（a）微制造零件　　　　　（b）发动机燃烧室　　　　　（c）喷气引擎排气管

图 9-19　用 SLM 工艺制造的零件

9.3.2　激光近净成型工艺

激光近净成型（Laser Engineered Net Shaping，LENS），又称为激光工程化近净成型或激光近形制造。该技术以激光作为热源，是一种新的 3D 打印技术。该技术将激光选区烧结（SLS）工艺和激光熔覆（Laser Cladding）工艺相结合，能快速获得致密度和强度都较高的金属零件。LENS 工艺由美国 Sandia 国家实验室首先提出，于 1998 年由 Optomec 公司成功推出商业化的 LENS 系统。目前各国提出的相应技术名称不同，但原理和方法是一致的。LENS 系统所配备的激光器主要有 CO_2 激光器（气体激光器）、Nd:YAG 激光器（固体激光器）及光纤激光器等。

LENS 工艺采用高能激光束，使激光束聚焦于由金属粉末注射形成的熔池表面，整个装置处于惰性气体的保护之下，通过激光束的扫描运动，使金属粉末材料逐层堆积而形成新零件或修复旧零件。LENS 工艺原理示意如图 9-20 所示。其铺粉方式一般有两类：活塞式展粉器铺粉和喷嘴喷粉。与激光选区熔融工艺的不同之处是，LENS 工艺所用的金属粉末不需要低熔点黏结剂，所采用的高功率激光器产生的激光可直接熔化金属粉末，实现熔覆作用。

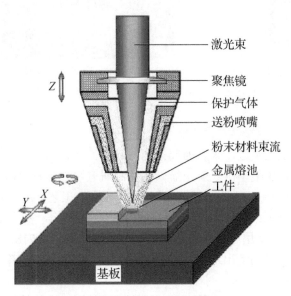

激光束
聚焦镜
保护气体
送粉喷嘴
粉末材料束流
金属熔池
工件
基板

图 9-20　LENS 工艺原理示意

　　LENS 工艺在加工异质材料（梯度功能复合材料）方面有优势。采用 LENS 工艺可以很容易地实现零件不同部位具有不同的成分和性能，不需要反复成型和中间热处理等步骤；激光直接制造过程属于快速凝固过程，金属零件致密、晶粒细小，其成型件的力学性能达到或超过相应的铸造零件及锻造零件的力学性能。LENS 工艺的缺点是加工过程需要惰性气体保护，成本较高；制件成型效率较低，堆叠速率较小，成型件表面较粗糙，需要通过后继加工提高表面质量；需要使用高功率激光器，设备造价昂贵；成型时热应力较大，成型精度不高。

　　激光近净成型工艺可用于制造金属注射模、修复模具和大型金属零件、制造大尺寸薄壁形状的整体结构零件，也可用于加工活性金属，如钛、镍、钽、钨、铼及其他特殊金属。目前，已成功采用 LENS 工艺制造了使用不锈钢、镍基高温合金、工具钢、钛合金及镍铝金属间化合物等材料的零件，还制造了使用 304 不锈钢-A690 合金、Fe-Cu、Ti-V 和 Ti-Mo 梯度功能复合材料的零件，显示出其在梯度功能复合材料制备方面的独特优势。Optomec 公司专门从事该工艺的商业化工作，已开发出 1kW 的 LENS 850 成型机，在 X、Y 轴方向的运动定位精度为 0.05mm，Z 轴方向的运动定位精度为 0.5mm，最小成型层厚为 0.0756mm，最大成型速度为 8.19cm^3/h。图 9-21 为 Optomec 公司开发的 LENS 850 成型机及其加工的零件。

（a）LENS 850 成型机

（b）零件

图 9-21　LENS 850 成型机及其加工的零件

9.3.3　电子束熔丝沉积工艺

电子束熔丝沉积工艺是近年来发展起来的一种新的 3D 打印技术。根据发明者的不同，其名称也不同。例如，由美国国家航空航天局兰利研究中心开发的这类工艺称为电子束自由成型制造（Electron Beam Free Form Fabrication，EBF）工艺，由 Sciaky 公司开发的这类工艺称为直接制造（Direct Manufacturing，DM）工艺。1995 年，美国麻省理工学院的 John Edward Matz 在世界上首次用电子束自由成型制造工艺试制了 In718 合金涡轮盘。目前，用电子束熔丝沉积工艺可以制造出形状比较复杂的零件，最大沉积速率超过 3500cm³/h，性能达到锻造零件水平。

与其他快速成型技术一样，电子束熔丝沉积工艺需要对零件的三维 CAD 模型进行分层处理，然后生成加工路径。图 9-22 所示为电子束熔丝沉积工艺原理示意，在该图中，电子束聚焦于基板上，形成小熔池，熔化被送丝装置同步送进溶池的金属丝，电子束因扫描运动而离开熔化点后，熔化的金属沉积并覆盖于基板上。然后电子束在基板的下一个位置形成小熔池，继续熔化金属丝，熔化了的金属按照预定的加工路径逐层堆积，并且与上一层金属形成冶金结合的条件，直至形成致密的金属零件为止。

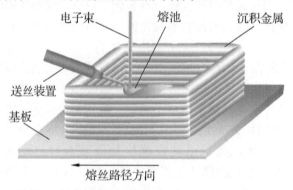

图 9-22　电子束熔丝沉积工艺原理示意

电子束熔丝沉积工艺具有一些独特的优点：成型速度快、保护效果好、材料利用率高、能量转化率高、成本低、零件性能好。对钛合金及铝合金，最大成型速度可以达到 15kg/h；电子束熔丝沉积在真空环境中进行，对处于高温状态的金属材料的保护效果更好，非常适合钛、铝等活性金属的加工；与锻造/铸造+机械加工相比，电子束熔丝沉积工艺不需要大型铸/锻模具，直接由零件 CAD 模型转化成近净成型的零件毛坯，不需要中间态热处理和粗加工等工序；材料可节省 80%～90%，可减少 80%的机械加工工作量，缩短 80%以上的生产周期；有效降低成本，对于航空航天领域的昂贵金属材料，如钛合金、铝合金、镍基合金等，节约的成本尤为可观；适合大中型钛合金、铝合金等活性金属零件的加工。用电子束熔丝沉积工艺制造的典型零件如图 9-23 所示。

图 9-23　用电子束熔丝沉积工艺制造的典型零件

9.3.4　电弧增材制造技术

电弧增材制造（Wire Arc Additive Manufacturing，WAAM）技术又称为电弧法熔丝沉积成型技术。该技术以电弧作为热源将金属丝熔化，按照成型路径层层堆叠，逐层堆叠形成所需的三维实体。与其他增材制造技术相比，电弧增材制造技术具有材料利用率高、成型效率高、制造成本低等优点，适用于制造大型零件。然而，电弧增材制造因其热输入量大、成型精度相对较低而存在一定局限性。电弧增材制造技术在航空航天领域零件的小批量生产中有广阔的应用前景。欧洲空中客车公司、庞巴迪公司、英国宇航系统公司、欧洲导弹集团、阿斯特里姆公司、洛克希德·马丁公司等均利用电弧增材制造技术，实现了钛合金及高强钢材料大型结构件的直接制造。英国克兰菲尔德大学（Cranfield University）焊接工程和激光工艺研究中心多年来一直从事电弧增材制造技术的研究工作，并于 2018 年成立了 WAAM3D 公司。

9.3.5　激光熔丝增材制造技术

采用激光熔丝增材制造（Laser Wire Additive Manufacturing，LWAM）技术加工的零件精度较高，因此该技术适用于复杂金属零件近净成型。美国 ADDere 公司利用激光熔丝增材制造技术制造航空器和货车等工业零件，如 3D 打印的全尺寸火箭推进室组件（见图 9-24）。其高度为 1070mm（42in），直径为 610mm（24in）。

图 9-24　3D 打印的全尺寸火箭推进室组件

9.4　3D 打印技术的应用与发展

30 多年来，3D 打印技术发展日渐成熟，根据 3D 打印原理与不同的材料和工艺开发了许多 3D 打印设备，目前已有的 3D 打印设备达到 20 多种。该技术在消费电子产品、汽车、航空航天、医疗、国防、地理信息、艺术设计等领域得到了广泛应用，3D 打印技术在生产单件或小批量零件时体现出快速制造的特点，因此该技术在产品创新和研发中可发挥巨大作用。

2013 年，美国的科学家 Skylar Tibbits 首先提出了 4D 打印的概念。4D 打印是指在 3D 打印的基础上，加入"时间"这一个维度，能够让一个物品在离开打印机后根据外界环境改变自身形状。想要实现 4D 打印，离不开智能材料的应用。智能材料是一种可以根据外界因素改变自身形状的材料，而不同的智能材料也赋予了 4D 打印物品不同的反应机制。例如，除了可以吸水膨胀的材料，还有不少材料能对灯光、酸/碱性、磁场、重力、气压等外界条件做出反应。目前，4D 打印技术仍然处于发展初期，但一些与 4D 打印相关的技术在制造业、医疗行业甚至在艺术领域逐渐发展起来。

从上述 3D 打印技术发展现状来看，未来几年的 3D 打印技术发展趋势主要表现在以下4 个方面：

（1）向日常消费品制造方向发展。3D 打印技术是近年来的发展热点，其设备称为 3D 打印机，可将其作为计算机的一个外部输出设备。3D 打印机可直接将计算机中的三维图形输出为三维零件，在工业造型、产品创意、工艺美术等方面有着广阔的应用前景和巨大的商业价值。

（2）向功能零件制造方向发展。采用激光或电子束直接熔化金属粉，逐层堆积金属，由此产生了金属直接成型技术。采用该技术可直接制造复杂结构金属功能零件，该技术进一步的发展方向是陶瓷零件的 3D 打印技术和复合材料的 3D 打印技术。

（3）向组织与结构一体化制造方向发展。实现从微观组织到宏观结构的可控制造。例如，在制造复合材料零件过程中，将复合材料组织设计制造与外形结构设计制造同步完成，从而实现结构体的"设计—材料—制造"一体化。美国正在开展具有梯度功能复合材料结构的人工关节、陶瓷涡轮叶片等零件的 3D 打印技术研究。

（4）向绿色制造方向发展。绿色制造是可持续发展的基本要求。Brent STE-PHENS 等发现 FDM 设备在工作中排放的微细及超微颗粒被定为"高排放"，因此，清洁、无污染绿色制造直接关系到 3D 打印技术的未来。

培育中国制造竞争新优势，既要瞄准世界产业技术发展前沿，加强 3D 打印等核心技术和原创技术的研发，又要加快成果推广运用和产业化进程。促进创新链和产业链紧密联结，以个性化定制满足广阔市场需求，以 3D 打印技术降低能源资源消耗，以绿色生产赢得可持续发展的未来，推动新兴产业集群不断壮大，使中国制造兼具价格优势、性能优势和质量优势。

习 题

9-1 什么是 3D 打印技术？其基本原理是什么？其基本原理与传统加工技术的基本原理有什么区别？

9-2 3D 打印技术的特点是什么？主要有哪些应用？

9-3 SL 工艺原理和过程是什么？有什么特点？主要应用场合和范围是什么？

9-4 SLS 工艺原理和过程是什么？有什么特点？主要应用场合和范围是什么？

9-5 FDM 工艺原理和过程是什么？有什么特点？主要应用场合和范围是什么？

9-6 3DP 工艺原理和过程是什么？有什么特点？主要应用场合和范围是什么？

9-7 金属 3D 打印技术的主要工艺有哪些？

9-8 试列举 3D 打印技术在航空航天领域和生物医学领域的应用。

思政素材

■ 主题：爱国主义、创新精神、工匠精神、环保意识

特殊时期的特殊礼物——3D 打印的急救物资

2020 年初，在党的领导下，全国上下一心，全力应对新型冠状病毒感染，14 亿中国人民汇聚成磅礴力量，展现出中华民族伟大的团结精神。

当时，武汉当地医院的床位非常紧张。然而，此时武汉雷神山、火神山的方舱医院火速建成，向世人展现了中国基建的强大实力。传统基建蒸蒸日上，而高新科技也势如破竹！2020 年 2 月 13 日，苏州一家企业通过一台 3D 打印机，在 24 小时内打印出了 15 套隔离病房（见图 9-25），火速驰援湖北，整个过程与速度令人为之惊叹。

利用神奇的 3D 打印技术打印出隔离病房，在特殊时期发挥了解燃眉之急的重要作用。此次 3D 打印用的材料是固废材料，在环保方面，也是一次华丽的展示。3D 打印助力特殊时期，其速度与优势得以完美体现，在挽救生命的同时，也刷新了人们对 3D 打印技术的认知。

图 9-25　3D 打印隔离病房

在特殊时期，防护物资紧缺，拥有 3D 打印技术和设备的应忠博士运用已有的技术，在短短几天内，反复进行试验、研发、研究技术标准等，打印了 300 个护目镜（见图 9-26）和简易防护面具，用于捐赠。然后，应忠博士又引进更多的 3D 打印设备，打印出更多的护目镜，继续运往抗疫前线。应忠博士被采访时说，自己只是做了应该做的事情，自己是学理工专业的，在特殊时期，能以所学科技报国是很光荣的事情。语言朴素却让人感动，引发听者尤其是理工专业学生的共鸣。

图 9-26　3D 打印护目镜

——摘自以下资料：

[1] 真硬核！"3D 打印"的病房驰援湖北，网友：搬砖的机会都没了，见 https://baijiahao.baidu.com/s?id=1663915153429859208&wfr=spider&for=pc

[2] 北京科协：战疫现场，3D 打印技术"不打烊"！见 https://baijiahao.baidu.com/s?id=1661202611450935003&wfr=spider&for=pc

拓展知识

[1] 国家增材制造创新中心, 见 https://www.niiam.com/
[2] 中国 3D 打印网, 见 http://www.3ddayin.net/index.html
[3] 3D 打印网, 见 http://www.3drrr.com/
[4] 中国增材制造产业联盟, 见 http://www.amac-china.com/index.html
[5] 李涤尘, 卢秉恒, 连芩. 光固化增材制造技术[M]. 北京: 国防工业出版社, 2021.
[6] 吴立军, 等. 3D 打印技术及应用[M]. 杭州: 浙江大学出版社, 2022.

典型案例

本章的典型案例为用 3D 打印技术重建因肿瘤而产生缺陷的下颌骨——钛合金生物骨, 如图 9-27 所示。

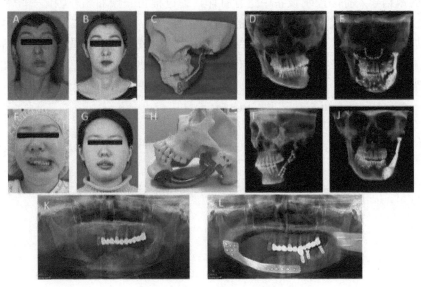

图 9-27　3D 打印钛合金生物骨

（图片来自 *Nature*, 见 https://www.nature.com/articles/s41598-022-11200-0）

■ **应用背景**：钛及钛合金因具有质轻耐腐蚀、亲生物性等的优良性能而广泛应用于医学领域, 大量用于外科人体骨骼的植入并取得了良好的人体骨骼损伤治疗效果。其性价比高在与人体相融性方面, 钛及钛合金是至今发现的金属中亲生物性最好的医用材料, 可长期与人体融合生长在一起, 已成为医学界不可或缺的生物金属材料。数字技术的快速发展为骨外科领域开辟了新的途径, 借助 3D 打印技术的一体化构建能力，钛合金可以被加工成具有复杂结构、个性化定制的医用植入物。3D 打印钛合金医用植入物的新模式极大地降低原材料浪费，节约人工和时间成本，3D打印技术使外科手术更快、更准确。

- **加工要求：** 医用植入物应符合患者原生骨骼形状，具有良好的耐腐蚀性和良好的生物相容性，能最大限度地恢复创伤部位的功能。

- **加工方法选择分析：** 传统的金属产品通常通过等材模具铸造或减材工艺制造得到，骨植入物的制造对于单件或少量的复杂结构产品来说，生产成本较高，采用上述传统加工方法只能加工出全致密或全多孔的结构，不能实现多孔结构与致密体之间的良好配合。因此，这些传统加工方法并不适合加工形状复杂、尺寸符合患者原生骨骼形状的骨植入物。采用 3D 打印技术，能够根据患者原生骨骼的特征进行个性化定制，打印出与患者原生骨骼完全匹配的替代品，从而减少植入物对人体的影响，最大限度地恢复人体骨骼的正常功能。钛合金生物骨是通过电子束熔化（EBM）和选择性激光烧结（SLS）工艺进行 3D 打印的：根据计算机辅助成型或断层扫描数据，形成预打印植入物的三维模型；然后，按照一定的厚度对该三维模型进行分层切片处理，将三维数据离散成一系列二维数据；最后，将所有的数据导入打印控制设备中进行打印，通过铺粉—预加热—融化—平台下降—铺粉的循环加工过程，得到最终的成型件。

- **加工效果：** 一体化加工，优化结构设计、显著减小结构质量，节约材料，降低加工成本；可加工形状复杂、具有中空微结构的功能性部件，突破传统加工方法带来的设计约束。

第 10 章　微纳加工技术

本章重点

（1）光刻的原理及加工过程。
（2）典型体硅微结构加工技术和面硅微结构加工技术的原理、特点及应用。
（3）典型纳米加工技术的原理、过程、特点及应用。

微纳加工技术（Micro/Nano Manufacturing Technology）一般指对微米级（10μm～100nm）、纳米级（0.1～100nm）的材料进行设计、制造、测量、控制和产品的研究、加工、制造及应用技术，是微机电系统（Micro Electro Mechanical System，MEMS）技术和纳米科学技术（Nano Science and Technology，Nano ST）的简称，是 20 世纪 80 年代末在美国、日本等发达国家新兴的高新科学技术。因具有巨大的应用前景，微纳加工技术自问世以来便受到各国政府和学者的普遍重视，成为当前科技界的热门研究领域之一。从微小化和集成化的角度，MEMS 专指外形轮廓尺寸在毫米级以下，构成它的机械零件和半导体元器件尺寸在微米至纳米级，可对声、光、热、磁、压力、运动等自然信息进行感知、识别、控制和处理的微型机电装置。NEMS（或称纳机电系统，其英文全称为 Nano Electro Mechanical System）是 20 世纪 90 年代末提出来的一个新概念，是继 MEMS 后在系统特征尺寸和效应上具有纳米技术特点的一类超小型机电一体化系统，一般指特征尺寸在亚纳米到数百纳米，以纳米级结构所产生的新效应（量子效应、接口效应和纳米尺度效应）为工作特征的器件和系统。

微纳加工不同于传统加工，其本质的区别是加工的部件或结构本身的尺寸在微米或纳米级。从狭义的角度来讲，微纳加工主要是指半导体集成电路制造技术。这是因为微细加工和超微细加工是在半导体集成电路制造技术的基础上发展的，它们是大规模集成电路和计算机技术的基础，是信息时代、微电子时代、光电子时代的关键技术之一。

10.1　MEMS 加工工艺

半导体加工工艺是集成电路技术和微机电系统的基础。集成电路技术和微机电系统的根本区别在于硅在集成电路中是作为功能材料的，而硅在微机电系统中常被用作结构材料。用硅制造微型器件，不仅是因为硅具有良好的力学性能和电性能，更重要的是可以利用硅微加工技术制作从亚微米级到纳米级的微型组件和结构。微纳加工的最终目的是在被加工材料上制作出具有各种功能的微纳米级结构。光刻是微纳加工的第一步，即在硅片上制作光刻胶图形；第一步就使用了能将光刻胶图形复制和转移到功能材料表面的硅微加工技术。根据加工结构位置的不同，硅微加工技术可分为面硅微结构加工技术和体硅微结构加工技术。面硅微结构加工技术主要指可在硅片表面上制备光刻胶图形的各种薄膜制备工艺及技术（其原理示意见图 10-1）；体硅微结构加工技术主要指可在硅片上制备二维或三维结构的各种刻蚀技术（其原理示意见图 10-2），其工艺分为湿法刻蚀和干法刻蚀两类。

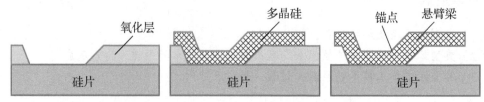

图 10-1　面硅微结构加工技术原理示意

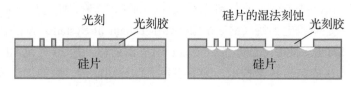

图 10-2　体硅微结构加工技术原理示意

10.1.1　光刻

光刻（Lithography）是通过在光敏光刻胶材料上一次或多次可控制的曝光，改变曝光部分光刻胶的性质，用溶剂去除光刻胶可溶解部分，在基材（如硅片）表面形成二维或者三维的光刻胶图形，其实质是将图形转移到光刻胶平面的复制过程。通过掩模版的遮挡，将所需的图形复制和转移到基材表面的光刻胶上，使光刻胶上显现所需的形状。典型光刻工艺包括基材表面前处理、涂敷光刻胶、前烘（软烘）、对准、曝光、显影、后烘（硬烘）、图形的复制和转移等工序。

光刻的成型材料一般是光刻胶，又称为抗蚀剂（Resist），是指一种具有光敏化学作用的高分子聚合物材料。其作用是作为抗蚀层保护基材表面，主要成分包括树脂型聚合物、溶剂、光活性物质和添加剂等。光刻胶的材料性质会影响图形复制和转移的方式与精度。光刻胶按其形成图形的方式分为正胶和负胶。聚合物的长链分子因光照而被截断成短链分子，这种光刻胶称为正胶；聚合物短链分子被光照成为长链分子，这种光刻胶称为负胶。短链分子聚合物容易被显影液溶解，因此正胶的曝光部分易被溶剂去除，而负胶的曝光部分被保留。图 10-3 为光刻工艺的一般步骤（以负胶为例），曝光后，与光接触的光刻胶自身性质和结构发生变化，曝光部分的负胶由可溶性物质变成了非溶性物质，之后通过光刻胶溶剂将未曝光的可溶部分溶解，硅片表面就留下了具有掩模版不透光部分形状的光刻胶图形。

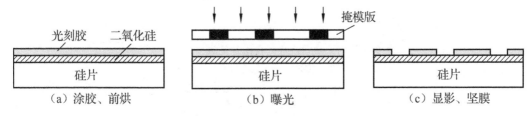

图 10-3　光刻工艺的一般步骤

光刻过程所用的掩模版材料一般为石英，石英对紫外线具有高光学透射能力。沉积在掩模版表面的不透明材料一般为铬。常用的掩模版制造技术是电子束直写光刻技术，但在微机电系统技术中，当微结构特征线宽在微米级时，常用成本较低的激光直写刻蚀技术。

光刻作为一种微纳加工工艺，如何提高分辨率是其最为重要的核心技术问题。光刻的分辨率与光源的波长成反比。若要提高分辨率，则需要使用波长更短的光源。相比于可见光紫外线波长较短，这也是常用紫外线作为光刻机光源的原因之一。如果把紫外线中的深紫外线（DUV）、真空紫外线（VUV）甚至波长更短的极紫外线（EUV）作为光刻机光源，就会大大提高光刻胶图形的分辨率；若把比紫外线波长更短的 X 射线作为光刻机光源，则可获得更高的分辨率。此外，如果把电子束、离子束作为光源进行光刻，就可获得纳米级线宽。

10.1.2　体硅微结构加工技术

体硅微结构加工技术是指利用腐蚀原理选择性去除部分硅材料，实现对硅片的三维加工，以形成诸如槽、平台、膜片、悬臂梁、固支梁等微结构元件的一种工艺技术。体硅微结构加工技术的腐蚀工艺主要是刻蚀，包括干法刻蚀、化学湿法刻蚀和其他物理与化学刻蚀技术。

刻蚀是用化学或物理方法有选择地从功能材料表面去除不需要的材料的过程。刻蚀的基本目标是在功能材料上正确地复制光刻胶图形。光刻胶用来在刻蚀过程中保护其下的区域以使刻蚀源有选择性地刻蚀掉未被保护的区域，使得有光刻胶图形的功能材料在刻蚀过程中不受刻蚀源的侵蚀。常用的干法刻蚀有反应离子刻蚀、等离子体刻蚀、离子溅射刻蚀和反应气体刻蚀等几种。在湿法刻蚀中，液体化学试剂（如酸、碱或混合腐蚀剂等）以化学反应方式去除硅表面上的材料。湿法刻蚀一般用于工件尺寸较大的情况，或用于去除干法刻蚀后的残留物。

在刻蚀工艺参数中，刻蚀的方向性、刻蚀速率、选择比和刻蚀偏差是主要参数。

1. 反应离子刻蚀

反应离子刻蚀（Reactive Ion Etching，RIE），也称为反应溅射刻蚀（Reactive Sputter Etching，RSE），是一种兼有物理刻蚀和化学刻蚀的综合性的干法刻蚀技术。进行刻蚀加工时，大都以卤素为化学活性气体。这些气体在零点几到几十帕的低真空下进行辉光放电，产生有大量化学活性的等离子体，这些等离子体参与三个过程并发挥作用（见图 10-4）。

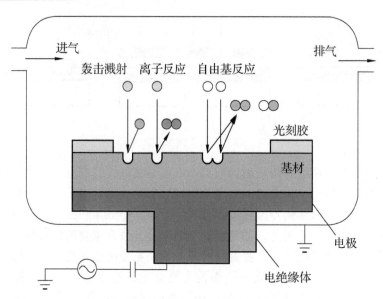

图 10-4　反应离子刻蚀的基本过程

（1）轰击溅射。等离子体在电场的加速作用下以较大的动量对材料表面进行轰击溅射、去除材料表面的原子以达到物理刻蚀的目的。

（2）离子反应。轰击所产生的离子与材料表面的原子发生剧烈的化学反应，生成挥发性物质，这些挥发性物质被真空抽气系统排出。

（3）自由基反应。离子源气体通过电离产生具有化学活性的分子或原子（自由基），这些自由基与被加工材料反应生成挥发性物质，这些挥发性物质也被真空抽气系统排出。

反应离子刻蚀技术的优点：

（1）具有各向异性。等离子体由含有各种形式的活性基团组成，因而能获得理想的各向异性的刻蚀效果。

（2）具有较好的选择比和较快的刻蚀速率。

（3）具有灵活性。由于化学作用和物理作用均有助于刻蚀，因此可以更灵活地选取工作条件，以获得最佳的刻蚀效果。

反应离子刻蚀工艺的缺点是刻蚀终点监测困难、被加工材料受辐射损伤情况也较严重等。目前，反应离子刻蚀已成为应用范围最广的干法刻蚀。

2. 等离子体刻蚀

等离子体刻蚀（Plasma Etch）是指在工件表面产生纯化学反应而蚀除材料的过程。它是利用气压为 10～1000Pa 的特定气体（或混合气体）的辉光放电，产生能与被加工材料发生离子化学反应的分子或分子基团，与被加工材料反应生成的挥发性物质在真空室中被抽走，从而实现刻蚀。等离子体刻蚀主要是化学反应刻蚀，因而表现为各向同性，即图形的横向刻蚀速率与纵向刻蚀速率相同。通过选择和控制放电气体的成分，可以得到较好的选择比和较大的刻蚀速率，但刻蚀精度普遍不高。

等离子体刻蚀在大规模集成电路制造中主要作为表面干法清洗工艺，进行大面积非图形类刻蚀。例如，以氧气为主要反应气体清除光刻胶。

3. 离子束溅射刻蚀

离子束溅射刻蚀是利用具有一定能量的离子轰击材料表面，使材料原子发生溅射，从而达到刻蚀目的。在刻蚀时，把 Ar、Kr 或 Xe 之类惰性气体充入离子源放电室并使其电离形成等离子体，然后由栅极将离子呈束状引出并加速；具有一定能量的离子束进入反应室后，射向材料表面，撞击材料表面的原子，使材料原子发生溅射，从而达到刻蚀目的，这种刻蚀方式属纯物理过程。离子束溅射刻蚀系统的结构示意如图 10-5 所示。

相比于等离子体刻蚀，离子束溅射刻蚀有很多特点。首先，离子通过一个垂直强电场加速，反应室的压力很低，离子之间的碰撞概率也低，撞击被加工表面的离子的运动方向几乎都是垂直的，对所有材料都能做到各向异性刻蚀，因此其方向性好、各向异性好、陡直度高；其次，不受刻蚀材料限制，该工艺可用于金属、化合物、无机物、有机物、绝缘体和半导体的加工；其分辨率较高，达到 0.01μm。

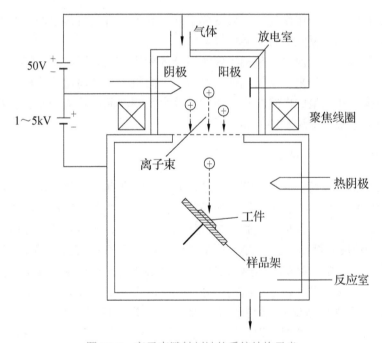

图 10-5　离子束溅射刻蚀的系统结构示意

4. 反应气体干法刻蚀

反应气体干法刻蚀是指利用二氟化氙（XeF_2）等物质在气态下可以直接与硅反应，生成挥发性物质 SiF_4，从而对硅表面进行各向同性刻蚀的一种刻蚀工艺。XeF_2 在常温常压下是白色固体粉末，但其蒸气压力很低（约 3.8Torr，25℃），可在 1～4Torr（1Torr=1.33322 ×10²Pa）的低压下（接近真空）升华为气态。因此，这种气相刻蚀不需要等离子体，只需要一个真空容器和排气系统。XeF_2 只对硅起化学腐蚀作用，因此具有非常高的抗刻蚀比，XeF_2 刻蚀硅的速率一般为 1～3μm/min。反应气体干法刻蚀是完全的各向同性刻蚀，而且横向钻蚀（见 6.4.3 节）能力特别强，使之成为清除牺牲层、制作悬挂式微结构的有效方法。

5. 湿法刻蚀

湿法刻蚀（Wet Etch）是最早应用于半导体器件上的图形复制和转移的技术，其原理是通过腐蚀液的化学反应去除多余的材料。湿法刻蚀最显著的特点是各向同性刻蚀。刻蚀不同基材，需要采用不同类型的刻蚀剂。但对于具有不同晶面结构的硅而言，不同的刻蚀剂可能产生各向同性或各向异性的刻蚀结构。硅的各向同性刻蚀剂一般为由 HF、HNO_3、CH_3COOH 三种酸配制的复合溶液，即 HNA；硅的各向异性刻蚀剂包括氢氧化钾（KOH）、乙二胺和邻苯二酚（EDP）、四甲基氢氧化铵（TMAH）以及肼等相对应 pH 值大于 12 的碱性化学刻蚀剂。

湿法刻蚀的优点是操作简便、对设备要求低、易于实现大批量生产，并且刻蚀的选择性也好；其缺点是化学反应的各向异性较差。

影响湿法刻蚀的因素很多，包括反应物组分的配比、工艺温度、搅拌方式与强度、反应物的消耗程度等。近年来，湿法刻蚀主要应用于微机电系统与微流体器件制造领域，该领域器件的结构尺寸比集成电路芯片的结构尺寸大得多，而湿法刻蚀完全能够满足要求，并且其加工成本远低于干法刻蚀的加工成本。

10.1.3 面硅微结构加工技术

面硅微结构加工技术以硅片为基材，通过光刻技术和薄膜沉积技术在硅片表面加工三维微结构，而硅片本身不被加工，器件的部分结构由沉积的薄膜层加工而成。利用面硅微结构加工技术，可以加工各种悬式微结构，如微型悬臂梁、微型桥等，还可以用于微型谐振式传感器、加速度传感器、应变式传感器及各种执行器等的加工。其基本工艺流程如下：首先在硅片上沉积一层隔离层，该隔离层作为绝缘层或基材保护层；其次先沉积一层牺牲层并在其上加工图形，再沉积一层结构层并在其上加工图形；最后溶解牺牲层，形成所需结构。隔离层、牺牲层或结构层的形成主要依赖于各种薄膜沉积技术，包括氧化、扩散、物理气相沉积、化学气相沉积、外延沉积、离子注入及电镀（电镀内容见本书其他章节）等。

1. 氧化

氧化是指半导体晶片与含有氧化物质的气体反应并在半导体晶片表面生成一层致密氧化膜的加工方法，它是集成电路芯片和半导体器件制造中的基本工艺。该工艺生成的氧化膜与半导体晶片紧密附着，成为良好的绝缘层。图 10-6 为硅片表面氧化过程示意。反应发生时，硅片置于反应管中，反应管用电阻丝加热炉加热一定温度（通常温度为 600～1250℃）后通入氧气或水气，当氧气或水气通过反应管时，在硅片表面发生化学反应，生成的 SiO_2 膜层厚度一般在几十埃到上万埃之间。

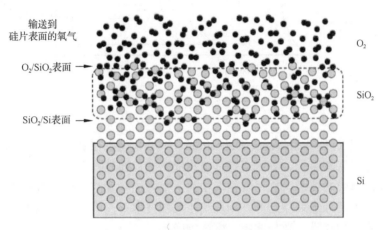

输送到
硅片表面的氧气

O_2/SiO_2 表面 ←

SiO_2/Si 表面 ←

O_2

SiO_2

Si

图 10-6　硅片表面氧化过程示意

通过氧化工艺制备得到的氧化膜一般是二氧化硅氧化膜，其用途十分广泛，既可作为绝缘层以防止短路，又可作为金属层间的介质层、电容的绝缘介质、器件保护盒的隔离层、器件的栅氧化层，以及扩散过程中掺杂剂的阻挡层、硅片的保护层、离子注入过程中的掩蔽层等。其制备方法有高温热氧化、化学气相沉积、反应溅射等。经过高温热氧化的硅片氧化膜质量最好，因此高温热氧化工艺应用最广泛，至今该工艺仍是集成电路芯片制造过程中用于生成二氧化硅氧化膜的最主要加工工艺。

2. 扩散

扩散是指用加热的方法把一种或几种元素掺入基材（金属或半导体）表面，以得到一层扩散层的工艺。该工艺也称为热扩散工艺，扩散原理示意如图 10-7 所示。利用固态扩散原理，可把特定元素按要求的深度掺入基材表面或指定区域。该工艺的突出特点是扩散层的形成主要依靠热扩散的作用，因而不存在结合力不足的问题。扩散工艺主要有两类应用，一类是为强化基材表面而进行的表面热扩散，又称为热渗镀；另一类是为使基材（Si、Ge、GaAs 等材料）表面获得特定的电学特性而进行的杂质（硼、磷等）扩散。

扩散的有效深度用结深描述。结深是半导体器件制造工艺的重要参数之一。通常把结深定义为从硅表面到扩散层浓度等于基材或衬底浓度处之间的距离，一般以微米为单位。在集成电路芯片制造工艺中，扩散主要指掺入ⅢA 族和ⅤA 族元素，例如，掺入ⅢA 族元素以形成 P 区，掺入ⅤA 族元素以形成 N 区。因此，扩散工艺常用于制作 PN 结或构成集成电路中的电阻、电容、互连布线、二极管和晶体管等器件，以及器件之间的隔离层。

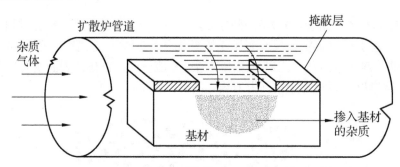

图 10-7　扩散原理示意

3. 物理气相沉积

物理气相沉积（Physical Vapor Deposition，PVD）是指在真空条件下，将材料源（固体或液体）气化成气态原子、分子或部分电离成离子，通过物理过程在基体表面沉积具有某种特定功能的薄膜的技术。物理气相沉积的主要方法有真空蒸镀、溅射镀膜、电弧等离子体镀、离子镀膜及分子束外延等。物理气相沉积技术不仅可沉积金属膜、合金膜，还可以沉积化合物膜、陶瓷膜、半导体膜、聚合物膜等。

物理气相沉积主要有三个物理过程：

（1）提供气相的镀料。通过加热的方法使镀料蒸发的称为蒸发镀膜；若用带有一定能量的离子轰击靶材，从靶材上轰击出镀料原子，则称为溅射镀膜。

（2）气相镀料向工件的输运。

（3）镀料在基材上沉积并形成薄膜。镀料原子在沉积过程中，若与其他活性气体分子发生反应而形成化合物膜，则该过程称为反应镀膜；若该过程同时存在一定能量的离子轰击膜层并改变膜层结构和性能，则该过程称为离子镀膜。

目前，制膜质量最好、应用最广泛的薄膜沉积技术是溅射镀膜技术。该技术是指利用带有电荷的离子在电场中加速后具有一定动能的特点，将离子引向待溅射的靶材，在离子能量合适的情况下，入射离子与靶材表面的原子碰撞，把靶材表面原子溅射出来，这些被溅射出来的原子具有一定的动能并沿一定方向溅射到基材上，从而在基材上沉积一层薄膜。溅射镀膜原理示意如图 10-8 所示。溅射镀膜一般可用于制备金属、半导体、绝缘体等材料，并且具有设备简单、易于控制、镀膜面积大和附着力强等优点。20 世纪 70 年代发展起来的磁控溅射镀膜具有高速、低温、低损伤等优点，应用更加广泛。

4. 化学气相沉积

化学气相沉积（Chemical Vapor Deposition，CVD）是指利用加热、等离子体增强、光辅助等手段在常压或低压条件下，使气态物质通过化学反应在基材表面上形成固态薄膜的一种成膜技术。根据在 CVD 过程中参与反应的气体压力的大小、反应程度的高低及采用的化学手段的不同，将 CVD 分为常压 CVD、低压 CVD、等离子体增强式 CVD、金属有机化合物 CVD 和光辅助 CVD 等。

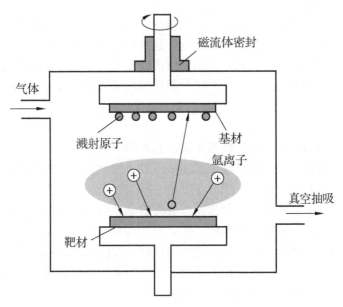

图 10-8　溅射镀膜原理示意

CVD 具有如下特点：

（1）设备的工艺操作较简单、灵活性较强，能制备出单一或配比各异的复合膜层和合金膜层。

（2）CVD 适用性较广泛，可制备各种金属涂层或金属膜层。

（3）沉积速率大，生产率高。

（4）膜层均匀性与重复性较好，具有优良的台阶式覆盖性，适用于涂敷形状复杂的基体结构（沟槽、通孔甚至不通孔等）表面。

（5）膜层致密性好。由于沉积过程中的温度较高，膜界面上的附着力很强，因此膜层牢固。

CVD 的缺点如下：一是沉积过程中的温度较高，不适用于在高温下易变形或易变质工件和高精度尺寸工件的加工；二是参与沉积的反应物质及反应后产生的气体大部分易燃易爆、有毒或具有一定腐蚀性，必须采取一定的防护措施。

利用 CVD 制备的涂层种类较多，CVD 在半导体加工工艺中用途广泛。例如，半导体原材料的精制、高质量半导体单晶膜的制备/多晶膜和非晶膜的生长、电子器件与集成电路芯片的制造以及材料的表面处理都与 CVD 有关。

5. 外延沉积

外延（Molecule Beam Epitaxy，MBE）沉积是在真空镀膜技术基础上发展起来的一种用于制备单晶膜的技术。所谓外延，是指在低于晶体熔点的温度下，在合适的单晶基材上，沿其晶向生长出一层有电导性且电阻率、厚度和晶格完整性都符合要求的新单晶层（单晶膜）的过程。

用外延沉积法制备单晶膜时，应具备以下 3 个条件：较高的基材温度、较小的沉积速率和选用高晶格完整性的单晶表面作为薄膜非自发形核的基材。满足上述条件的制备方法

精密与特种加工技术（第3版）

包括液相外延、气相外延和分子束外延。液相外延是指通过基材与含有用于沉积组分的过饱和液体之间的接触使薄膜外延生长。气相外延是指采用化学气相沉积获得薄膜的方法。相比液相外延和气相外延，分子束外延工艺所需温度低，可生长出超薄而平整的膜，还可精确控制膜厚和杂质浓度，获得有原子级平整度的大表面和界面外延生长膜。

6. 离子注入

离子注入工艺是 20 世纪 60 年代开始发展起来的一种掺杂工艺，其基本原理是把杂质电离成离子并聚焦成离子束、在电场中加速获得极高的动能后注入基材中，以实现掺杂。离子进入基材后，与基材中的原子或分子发生一系列物理和化学的相互作用，入射离子能量逐渐损失，最后停留在基材中，引起基材表面成分、结构和性能的变化，从而优化基材表面性能，或者获得某些新的优异性能。

与扩散工艺相比，离子注入工艺具有均匀性好、被注入的材料适应性强、工艺温度低和对掩蔽层要求较低等优点，已经在半导体材料的掺杂，以及金属、陶瓷和高分子聚合物等材料的表面改性方面获得了极为广泛的应用。

10.1.4 键合技术

键合技术是器件封装中必不可少的一种技术，它是指通过物理和化学作用将硅片与硅片、硅片与玻璃或其他两种材料紧密地组合在一起的技术。在实际应用中，通常把该技术与面硅微结构加工技术和体硅微结构加工技术相结合，用于 MEMS 器件的制造。此外，在微机电系统中，常需要把加工好的硅片通过键合技术组合在一起，以形成最终的传感器和驱动器结构。

常见的硅片键合技术包括金-硅共熔键合、硅片与玻璃静电键合、硅片与硅片直接键合，以及玻璃焊料烧结等。图 10-9（a）为硅片与硅片直接键合的原理示意，图 10-9（b）为硅片与玻璃静电键合的原理示意。其中，硅片与硅片直接键合是指将两个硅片通过高压或高温处理后直接键合在一起，不需要任何黏结剂和外力，工艺简单；将玻璃与硅片键合在一起时，也不用任何黏结剂，但要把硅片连接到电源正极，把玻璃连接到负极，电压为 500～1000V，加热温度为 300～500℃，在电压作用下，玻璃中的 Na 离子向负极方向漂移，在紧邻硅片的玻璃表面形成耗尽层，耗尽层宽度为几微米；耗尽层带负电荷，硅片带正电荷，硅片与玻璃之间存在较大的静电引力，从而使两者紧密接触。

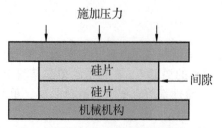

（a）硅片与硅片直接键合的原理示意

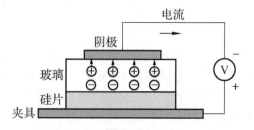

（b）硅片与玻璃静电键合的原理示意

图 10-9　硅片与硅片直接键合和硅片与玻璃静电键合的原理示意

10.2 纳米技术与纳米加工技术

纳米技术一般指对纳米级（0.1～100nm）的材料进行设计、制造、测量和控制产品质量的技术。要获得纳米级加工精度的和纳米级表层加工精度，涉及加工材料原子/分子的去除、搬迁和重组，这是纳米加工技术的主要内容之一。国防工业发展的需要和纳米级精度产品高利润市场的吸引，促使纳米加工技术产生和迅速发展。目前，纳米加工技术已成为衡量一个国家科学技术发展水平的重要尺度之一。

按加工方式，纳米加工可分为切削加工、磨料加工（分固结磨料和游离磨料）、特种加工和复合加工四类。纳米加工还可分为传统加工、非传统加工和复合加工。传统加工是指刀具切削加工、固结磨料和游离磨料加工（以上技术见本书其他章节）；非传统加工是指主要利用机械、热、电、光、化学等能量对材料进行加工和处理；复合加工是采用多种加工方法的复合作用进行加工。非传统加工常用的纳米加工技术有扫描探针加工技术、电子束光刻直写加工技术、聚焦离子束技术和纳米压印技术等。

10.2.1 扫描探针加工技术

扫描探针加工会用到扫描隧道显微镜（Scanning Tunneling Microscope，STM），该显微镜是利用探针与样品近距离接触时的电位差产生的隧道电流进行工作的，它对距离的改变非常敏感。在正常情况下，互不接触的两个电极之间是绝缘的。然而，当把两个电极之间的距离缩短到 1nm 以内时，根据量子力学中粒子的波动性，电流在外加电场的作用下，穿过绝缘势垒，从一个电极流向另一个电极。当其中一个电极是非常尖锐的探针时，会发生尖端放电而使隧道电流增大。当计算机系统控制探下的针在样品表面扫描时，因样品表面高低不平而使针的探针尖与样品之间的距离发生变化，两者距离的变化引起了隧道电流的变化；计算机系统控制和记录隧道电流的变化，并对变化信号进行图像处理，得到高分辨率的样品表面形貌图像。若长时间使用 STM 观察样品，则会在样品表面留下一些扫描线图形。这些图形是样品表面局部氧化现象，标志着扫描探针加工的开始。

STM 探针的针尖不仅可以成像，还可以用于操纵样品表面原子和分子。1990 年，美国 IBM 公司的 Eigler 研究小组在超高真空和液氮温度（4.2K）条件下用 STM 成功地移动了吸附在镍（Ni）表面上的惰性气体 Xe 原子，并用 35 个 Xe 原子排列成"IBM"三个字母。1993 年，Eigler 研究小组进一步将吸附在 Cu 表面上的 48 个 Fe 原子逐个移动并排列成一个圆形量子栅栏。与此同时，他们还在 Cu 表面上成功地用 101 个 Fe 原子写下"原子"两个迄今为止最小的汉字（见图 10-10）。利用 STM 进行原子表面修饰和单原子操纵，具有十分广泛的应用前景。STM 在制作单分子/单原子和单电子器件、大幅度提高信息存储量、生命科学中的物种再造，以及材料科学中的新原子结构材料的研制等方面都有很重要的应用前景。

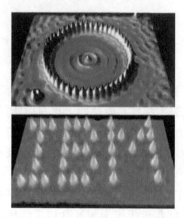 

图 10-10　采用扫描隧道显微镜制造的纳米图形

10.2.2　电子束直写光刻技术

电子束直写光刻（Electron Beam Direct-Write Lithography，EBL）技术原理如下：在真空条件下，使聚焦后能量密度极高的电子束以极高的速度轰击工件表面，在很短的时间（几分之一微秒）内，大部分动能转化为热能，使工件材料被轰击部位的温度达到几千摄氏度，引起工件材料的局部熔化或气化，从而达到加工目的。电子束直写光刻加工装置结构示意如图 10-11 所示。使用低能量密度的电子束轰击高分子材料，会使该材料分子链被切断或重新组合，引起分子量的变化，即产生潜像，将其浸入溶剂中使潜像显影。

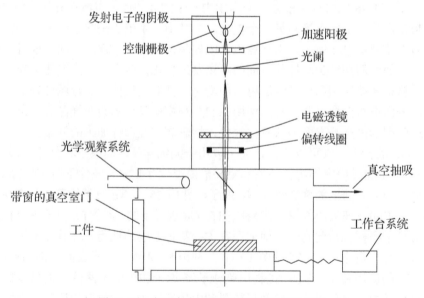

图 10-11　电子束直写光刻加工装置结构示意

电子束直写光刻技术具有以下特点：由于电子束能够进行极其细微的聚焦，因此加工面积可以很小，材料去除量小，加工精度高，表面质量好；又由于电子束能量密度很高，工件不受外界机械力作用，不产生宏观应力和变形量，因此加工材料范围非常广，而且可以加工脆性和韧性的导体、非半导体和半导体等材料。加工时能够通过磁场或电场对电子束的强度、位置、聚焦程度进行直接控制，自动化程度高；电子束直写光刻加工是在真空中进行的，尽可能地避免外界对加工材料的污染，并且加工表面在高温时也不易氧化。但是，电子束直写光刻加工需要一整套专用设备和真空系统，设备价格较贵，加工成本高。

10.2.3　聚焦离子束技术

聚焦离子束（Focused Ion Beam，FIB）技术与聚焦电子束技术在本质上都是利用电透镜，将带电粒子聚焦形成细束进行加工的。因为离子的质量远大于电子的质量（最小的氢离子质量是电子质量的 1840 倍），离子束具有较大能量，所以离子束可以直接将固体表面的原子溅射出来。目前，聚焦离子束加工工艺主要有离子束溅射刻蚀和沉积。

离子束溅射刻蚀加工的基本原理如下：在真空条件下，将惰性气体氩气、氪气和氙气等电离并产生离子束，使经过加速、集束、聚焦后的离子束轰击工件表面，将工件表面的原子溅射出来，以达到加工目的。利用聚焦离子束，还可在工件表面进行沉积加工，以形成三维微结构。其原理如下：受离子束激发的特定区域发生化学气相沉积，即将特定气体喷射到工件表面，这些气体吸附在工件表面上。在聚焦离子束作用下，这些气体被分解并沉积在工件表面，通过一层一层沉积而形成三维微结构。

利用聚焦离子束技术虽然能够加工出微结构，但是精度一般不太高，而且离子源发生器的价格昂贵、操作复杂。因此，在生产中使用该技术的场合不多。

10.2.4　纳米压印技术

纳米压印技术（Nano-imprint Lithography，NIL）的研究始于 20 世纪 90 年代，它实质上是将传统的模具复型原理应用到微观制造领域。该技术采用图形复制的加工方法，省去了光刻掩模版制作成本与光学成像设备使用成本，具有低成本、高产出的经济优势，这为纳米制造提供新的机遇。下面介绍 3 种典型纳米压印技术：热压印光刻技术、紫外固化压印光刻技术和软刻蚀技术。

1. 热压印光刻技术

热压印光刻技术是最早被提出的纳米压印技术之一，该技术原理如下：利用微纳米模具压印基材上的热压印胶（聚合物材料），热压印前需将热压印胶加热到玻璃转化温度以上，使其具有一定流动性；热压印后，在热压印胶上形成与模具相反的图形，然后利用 O_2 等离子体刻蚀技术去除残留的热压印胶，或者根据需要进行后继的图形复制和转移。图 10-12 所示为热压印光刻工艺流程，包括模具的制作、压膜、脱模、刻蚀等。

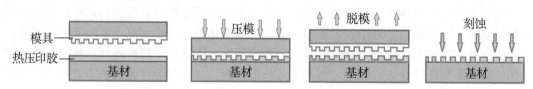

图 10-12　热压印光刻工艺流程

热压印光刻技术优点包括可并行复制微结构、成本低、速度快。例如，仅利用一个模具，就可按需大量复制图形，并且复制精度高，图形分辨率可达 5nm。热压印光刻技术的研究最充分，因此应用最广泛。目前，它仍是纳米压印的主流技术。

2. 紫外固化压印光刻技术

紫外固化压印光刻工艺流程（见图 10-13）与热压印光刻工艺流程类似，首先利用热压印光刻技术，在透明的石英基材上制作模具，其次在基材上涂敷对紫外线敏感的光刻胶，将模具压入光刻胶形成的胶层，同时用紫外线照射光刻胶，使之发生聚合反应而固化成型，从而完成图形的复制和转移。

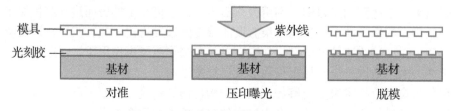

图 10-13　紫外固化压印光刻工艺流程

相比于热压印光刻技术，紫外固化压印光刻具有以下特点：不需要高温、高压的条件，避免了热膨胀影响因素，缩短了压印时间；模具透明，易于实现层与层之间的对准，其对准精度可达到 50nm，但紫外固化压印光刻设备昂贵；对工艺和环境要求也非常高，例如，若没有加热过程，则光刻胶中的气泡难以排出，将会在微结构内形成缺陷。实际生产中常采用紫外固化压印光刻技术和步进技术相结合，形成步进式快闪紫外固化压印光刻技术，同时采用小型模具分步压印方式，大大提高了基材上的大面积压印图形的复制和转移能力，降低了模具制作成本，也避免了采用大型模具带来的误差。

3. 软刻蚀技术

软刻蚀也称为软压印，其概念最早是由哈佛大学的 Whitesides 教授提出，它是一种通过弹性模具进行压印复型的技术。软刻蚀的工艺主要包含三个步骤：

（1）制作母模。通过电子束光刻或是激光衍射光刻等方法在硅片或其他金属基材上刻蚀图形，把它作为母模。

（2）从母模上翻制出弹性模具。通常选用聚二甲基硅氧烷（PDMS）作为弹性模具的材料。

（3）用弹性模具进行压印。

软刻蚀技术实际是一类技术的总称，包括微接触式压印、复制模塑、转移微模塑、毛细微模塑、溶剂辅助微模塑等。图 10-14 所示为微接触式压印工艺流程，这类技术所使用的弹性模具或弹性印章流程相同，都是通过弹性模具实现图形的转移和复制，因此统称为软刻蚀。软刻蚀技术适用于多种材料和不同化学性质的表面加工，既可在平面基材上加工出三维微型图形，也可在非平面基材上加工出三维微型图形。

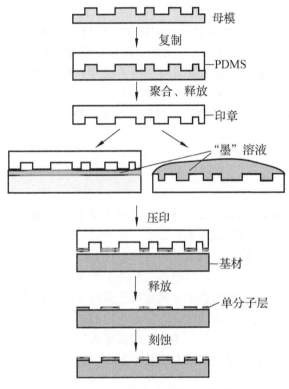

图 10-14　微接触式压印工艺流程

10.3　微型机械和微机电系统

MEMS 和 NEMS 是一种多学科交叉的技术。几乎所有的自然及工程领域都可应用和发展相应的 MEMS，如 Optical-MEMS、RF-MEMS、Bio-MEMS、Power-MEMS 等。

微型机械和微机电系统的需求使微纳加工技术走向实用化。机械微型化以后，其尺寸缩小到微米和纳米尺度，使其中的许多物理现象与宏观世界有很大不同，原来宏观世界中的各种基础规律，如力学、运动学、热力学、流体力学等，在微观世界将不再完全适用。由于原子间的作用力起主导作用，宏观力学将被量子力学规律及一些新的力学规律代替，因此，设计微型机械时，不能把它认为是普通机械按比例缩小，而要根据新的工作原理进行设计与应用。

微型机械的特性在很大程度上依赖材料的物理特性，其力学性能的计算虽然仍用经典公式，但由于微尺寸效应，各种物理特性对微型机械的影响较普通机构有较大改变。

微型机械和微机电系统由于具有独特的工作特点，不仅在使用结构材料时有特殊要求，而且常需要使用大量和种类繁多的功能材料。常用的结构材料有单晶硅和多晶硅、Si_3N_4、不锈钢、钛合金、陶瓷、有机聚合物等；常用的功能材料有单晶硅、记忆合金、压电材料、热敏材料等。

现已成功研制出多种三维微型机械，如微梁、微针、微齿轮、微凸轮、微轴承等，用于位置、速度、加速度、压力、力、力矩、流量、温度、磁力、成分、离子浓度等精密测量的多种微型传感器，以及用微型制动器完成预先设定的微传感器。

微机电系统经历由低到高、由简单到复杂的发展过程。现已得到广泛应用的微机电系统有专用集成微型仪器、微型惯性仪表、微型机器人、微型飞行器和微小卫星等。

习　　题

10-1　什么是 MEMS？其加工工艺主要分为哪几类？分析其各自的特点。

10-2　什么是体硅微结构加工技术？

10-3　什么是面硅微结构加工技术？

10-4　刻蚀工艺有哪几种类型？简述各类刻蚀工艺及其特点。

10-5　试简述电子束直写光刻技术和聚焦离子束技术的工作原理、特点及区别。

10-6　各向同性和各向异性是指什么？指出相应的加工工艺。

10-7　纳米压印技术包括哪几种技术？说明其工艺流程。

10-8　在基材表面制备薄膜的工艺有哪些？各有什么优缺点？

思政素材

■　**主题：** 科技报国、求真务实、工匠精神、家国情怀

我国电子显微镜的主要开拓者——姚骏恩

姚骏恩，1952 年毕业于大连工学院（现为大连理工大学）应用物理系，应用物理学家，中国工程院院士，北京航空航天大学教授。

虽然年逾九十，姚骏恩院士依然对六十多年前国庆期间北京展览馆的盛况记忆犹新：1959 年 10 月 1 日，北京展览馆中央大厅排起了长队，蜂拥而至的人们争相一睹我国自主设计的第一台电子显微镜的风采。这台 10 万倍电子显微镜能将蚊子翅膀上的"汗毛"看得一清二楚。这台型号为 XD-100 的电子显微镜，正是由姚骏恩主持设计与研制的，该项成

果被列为中国仪器仪表行业从仿制到自主设计制造的一个标志。从此，我国仪器仪表领域在自主创新之路行稳致远。

1952 年，为支持国家第一个五年经济建设计划的需要，姚骏恩进入中国科学院仪器馆（现为长春光学精密机械与物理研究所）参加工作。1958 年 9 月，中国科学院仪器馆成立电子显微镜研究小组，决定自行研制 100kV 大型电子显微镜，由姚骏恩任组长和课题负责人。姚骏恩全力以赴投身科研任务，快速完成了电子显微镜的电子光学系统和电磁透镜的设计，并且提出了对机械、电子电路等要求。1959 年 9 月底，经过 10 个月夜以继日的科研攻关，姚骏恩率领研究小组终于研制成功我国自主设计的第一台 XD-100 型电子显微镜。1964 年，姚骏恩在 XD-100 型电子显微镜的基础上，设计研制了 100kV DX-2 型电子显微镜，重点解决了电子显微镜的"心脏"——物镜极靴的研制和高稳定度的 100kV 高压电源的问题，该显微镜的分辨率达到当时的国际先进水平（0.4～0.5nm）。

1989 年，世界上诞生了光子扫描隧道显微镜（PSTM），分辨率突破了传统光学显微镜光束半波长的衍射限制，引发世人瞩目。1991 年，姚骏恩提出研制本国的 PSTM，与大连理工大学物理系合作，于 1993 年 6 月研制出我国第一台光子扫描隧道显微镜。该显微镜的图像横向分辨率小于 10nm、纵向分辨率为 1nm，达到国际先进水平。与此同时，姚骏恩还开展了应用研究，不断推动我国的电子显微镜事业跟上世界发展的步伐。

姚骏恩回首自己的一生时，说道："只有经历磨难，生命才有厚度！"正是千千万万像姚骏恩院士这样的科技工作者心坚如磐、几十年如一日地为国家科研事业兢兢业业地工作和奉献，才使得我国科技持续快速发展。

——摘自以下资料：

[1] 大连理工大学校友风采：面孔|电子显微镜的主要开拓者——大工人姚骏恩，见 http://alumni.dlut. edu.cn/info/1041/7627.htm

[2] 传感器专家网：仪器领域院士风采系列|姚骏恩：成功创制我国第一台电子显微镜，成为中国仪器由仿制到自研标志，见https://www.sensorexpert.com.cn/article/120782.html

拓展知识

[1] 中国纳米科技网，见http://www.namikeji.3.biz/

[2] 纳米科技，见https://www.nmsci.cn/info/nanotech

[3] 微米纳米网，见https://www.csmnt.com/

[4] MCNC 主页：提供 MEMS 的设计和制作业务，见http://www.mcnc.org

[5] 美国 Microsensors 公司官网，见http://www.microsensors.com/mems.html

[6] 麻省理工学院（MIT）的 MEMS 实验室，见http://www-mtl.mit.edu

[7] 伯克利学院 MEMS 主页，见http://mems.me.berkeley.edu

本章的典型案例为用 MEMS（微机械系统）工艺加工金属压膜阻尼接触式增强惯性开关，如图 10-15 所示。

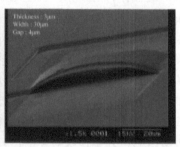

图 10-15　金属压膜阻尼接触式增强惯性开关

- **应用背景**：金属压膜阻尼接触式增强惯性开关是一种常见的 MEMS 惯性传感器，用于检测和测量加速度，以及倾斜、冲击、振动、旋转和多自由度（DoF）运动。与采用传统工艺制造的惯性传感器相比，MEMS 惯性传感器具有体积小、质量小、成本低、功耗低、可靠性高、适合大批量生产、易于集成和智能化等特点，被广泛应用于航空航天、石油化工、汽车、船舶、消费电子、医疗等领域。基于 MEMS 惯性传感器构建低成本、高性能的微惯性导航系统，已成为惯性技术领域的研究热点。

- **加工要求**：金属压膜阻尼接解式增强惯性开关的最小尺寸为亚微米级，体积小、质量小，功耗低；表面质量高，要求具有更高的灵敏度和可靠性。

- **加工方法选择分析**：采用传统的精密与超精密加工工艺，不能制作出微纳米级的多层微结构器件。目前，以硅片为基材的惯性开关的主流加工工艺为基于半导体晶片的 MEMS 工艺。采用 MEMS 工艺制造的惯性开关具有微型化、集成化、成本低、效能高、可大批量生产等特点。因此，可采用 MEMS 工艺+面硅微结构加工工艺，经过薄膜制备、光刻掩模版的制作、光刻、刻蚀、薄膜沉积等工艺加工出惯性开关。

- **加工效果**：采用 MEMS 工艺制作的惯性开关具有平面内几何图形的任意性、高深宽比、高精度、表面粗糙度小等突出优点。

参 考 文 献

[1] 白基成，刘晋春，郭永丰，等. 特种加工[M]. 6 版. 北京：机械工业出版社，2013.

[2] 明平美，等. 精密与特种加工技术(第二版)[M]. 北京：电子工业出版社，2018.

[3] 刘志东. 特种加工[M]. 3 版. 北京：北京大学出版社，2022.

[4] 赵万生. 特种加工技术[M]. 北京：高等教育出版社，2001.

[5] 张建华. 精密与特种加工技术[M]. 北京：机械工业出版社，2003.

[6] 韩荣第，王扬，张文生. 现代机械加工新技术[M]. 北京：电子工业出版社，2004.

[7] 王贵成，张银喜. 精密与特种加工[M]. 武汉：武汉理工大学出版社，2001.

[8] 袁根福，祝锡晶. 精密与特种加工技术[M]. 北京：北京大学出版社，2007.

[9] 左敦稳，黎向锋，赵剑峰，等. 现代加工技术[M]. 北京：北京航空航天大学出版社，2005.

[10] 张辽远. 现代加工技术[M]. 北京：机械工业出版社. 2002.

[11] 王润孝. 先进制造技术导论[M].北京：科学出版社，2004.

[12] 宾鸿赞，王润孝. 先进制造技术[M]. 北京：高等教育出版社，2006.

[13] Hassan EI-Hofy. Advanced Machining Processes: Nontraditional and hybrid machining processes[M]. New York: McGraw-Hill Professional, 2005.

[14] 王贵成，王振龙. 精密与特种加工[M]. 北京：机械工业出版社，2013.

[15] 李圣怡，朱建忠. 超精密加工及其关键技术的发展[J]. 中国机械工程，2000，11（Z1）：177-179.

[16] 杨辉 编著. 精密与超精密加工技术新进展[M]. 北京：航空工业出版社，2016.

[17] 孙涛，宗文俊，李增强 编著. 天然金刚石刀具制造技术[M]. 哈尔滨：哈尔滨工业大学出版社，2013.

[18] 王振忠，施晨淳，张鹏飞，等. 先进光学制造技术最新进展[J]. 机械工程学报，2021，57（8）：23-56.

[19] 王景贺，陈明君，董申，等. KDP 晶体光学零件超精密加工技术研究的新进展[J]. 工具技术，2004，（9）：56-59.

[20] 张飞虎，张强. 大口径 KDP 晶体光学元件超精密飞切加工工艺与装备[J]. 金属加工(冷加工)，2021，（11）：1-5.

[21] 樊非，徐曦，许乔，等. 大口径强激光光学元件超精密制造技术研究进展[J]. 光电工程，2020，47（8）：5-17.

[22] 刘璇，冯凭. 先进制造技术[M]. 北京：北京大学出版社，2012.

[23] 杨世春. 表面质量与光整技术[M]. 北京：机械工业出版社，2000.

[24] 曹甜东，盛永华. 磨削工艺技术[M]. 沈阳：辽宁科学技术出版社，2009.

[25] 左敦稳. 现代加工技术[M]. 2 版. 北京：北京航空航天大学出版社，2009.

[26] 袁哲俊，王先逵. 精密与超精密加工技术（[M]. 2 版. 北京：机械工业出版社，2007.

[27] 王先逵. 精密加工技术实用手册[M]. 北京：机械工业出版社，2001.

[28] 罗松保. 金刚石超精密切削刀具技术概述[J]. 航空精密制造技术，2007，43（1）：1-4.

[29] 袁巨龙. 超精密加工领域科学技术发展研究[J]. 机械工程学报，2010，46（15）：161-177.

[30] 李圣怡，戴一帆，王建敏，等. 精密和超精密机床设计理论与方法[M]. 长沙：国防科技大学出版社.2009.

[31] 郭东明，康仁科. 硅片的超精密磨削理论与技术[M]. 北京：电子工业出版社，2019.

[32] 庄召鹏，崔仲鸣，王也，等. 超精密磨粒加工新发展及应用[J]. 内燃机与配件，2020，（13）：102-106.

[33] 李圣怡，等. 超精密加工及其关键技术的发展[M]. 中国机械工程，2000，11（1）：177-179.

[34] 刘贺云，柳世传. 精密加工技术[M]. 武汉：华中理工大学出版社，1991.

[35] 章锦华. 精密切削理论与技术[M]. 上海：上海科学技术出版社，1986.

[36] Kawano Y，Minami A, et al.Behavior Monitoring of small-diameter Milling-cuter during High-speed Milling[J]. Key engineering Materials. 2004,358-259;165-169.

[37] 袁巨龙. 功能陶瓷的超精密加工技术[M]. 哈尔滨: 哈尔滨工业大学出版社，2000.

[38] 机械工程标准手册总编委会. 磨料与磨具卷[M]. 北京: 中国标准出版社，2000.

[39] 王德泉，陈艳. 砂轮特性与磨削加工[M]. 北京: 中国标准出版社，2001.

[40] 李伯民，赵波. 现代磨削技术[M]. 北京: 机械工业出版社. 2003.

[41] 庞涛，郭大春，庞楠. 超精密加工技术[M]. 北京: 国防工业出版社，2000.

[42] 杨世春. 表面质量与光整技术[M]. 北京: 机械工业出版社. 2000.

[43] 张永乾，陈志军，孙永安，等. 高精度陶瓷球研磨加工[J]. 轴承，2002，（3）: 8-11.

[44] 赵万生，刘晋春，等. 实用电加工技术[M]. 北京: 机械工业出版社，2002.

[45] 赵万生. 先进电火花加工技术[M]. 北京: 国防工业出版社，2003.

[46] 郭永丰. 电火花加工技术[M]. 2 版. 哈尔滨: 哈尔滨工业大学出版社，2005.

[47] 张学仁. 数控电火花线切割加工技术[M]. 哈尔滨: 哈尔滨工业大学出版社，2004.

[48] 曹凤国. 电火花加工技术[M]. 北京: 化学工业出版社，2005.

[49] 张学仁. 数控电火花线切割加工技术[M]. 哈尔滨: 哈尔滨工业大学出版社，2000.

[50] 王建业. 电解加工原理及应用[M]. 北京: 国防工业出版社，2001.

[51] 苑伟振，马炳和. 微机械与微细加工技术[M]. 西安: 西北工业大学出版社，2000.

[52] 刘文波. 准分子激光微加工的应用研究[D]. 武汉: 武汉工业大学，2000.

[53] 朱树敏. 电化学加工技术[M]. 北京: 化学工业出版社，2005.

[54] 曹凤国. 超声加工技术[M]. 北京: 化学工业出版社，2005.

[55] Hsueh-Ming Wang S, Louis Plebani, Sathyanaryanan G. Ultrasonic machining:1907 to present[J]. Manufacturing Science and Technology, ASM, 1997, 2: 169-176.

[56] 张雷，周锦进，金洙吉，刘爱华. 磁力研磨加工技术[J]. 电加工，1998，1: 38-43.

[57] 张建华，张勤河，贾志新. 复合加工技术[M]. 北京: 化学工业出版社，2005.

[58] 卢清萍. 快速原形制造技术[M]. 北京: 高等教育出版社，2001.

[59] 王广春. 增材制造技术及应用实例[M]. 北京: 机械工业出版社，2014.

[60] Chee Kai Chua, Kah Fai Leong. 3D printing and additive manufacturing: principles and applications[M]. World Scientific Publishing Company, 2014.

[61] 魏青松. 增材制造技术原理及应用[M]. 北京: 科学出版社，2018.

[62] 李涤尘，卢秉恒，连芩. 光固化增材制造技术[M]. 北京: 国防工业出版社，2021.

[63] 田小永. 纤维增强树脂基复合材料增材制造技术[M]. 北京: 国防工业出版社，2021.

[64] 吴立军等. 3D 打印技术及应用[M]. 杭州: 浙江大学出版社，2022.

[65] 苏州电加工机床研究所. 电加工及模具，2000—2018 年各期.

[66] 杰克逊. 微纳制造（影印版）[M]. 北京: 科学出版社，2007.

[67] 崔铮. 微纳米加工技术及其应用[M]. 4 版. 北京: 高等教育出版社，2021.

[68] 王跃林. 硅基 MEMS 制造技术[M]. 北京: 电子工业出版社，2022.

[69] 张德远，蒋永刚，陈华伟，等. 微纳米制造技术及应用[M]. 北京: 科学出版社，2015.

[70] （加）Maria Stepanova, Steven Dew. 纳米加工技术与原理[M]. 段辉高，等译. 北京: 国防工业出版社，2021.

[71] 赵波. 超声加工技术的研究现状和发展方向简介[J].金刚石与磨料磨具工程，2020，40(01): 1-4.

[72] 张德远，刘逸航，耿大喜，等. 超声加工技术的研究进展[J]. 电加工与模具，2019，（5）: 1-10+19.

[73] 李增强，赵佩杰，宋雨轩，等. 微磨料水射流加工技术研究现状[J]. 纳米技术与精密工程，2016，14（2）: 58-68.